U0241336

“十二五”国家重点图书出版规划项目
世界兽医经典著作译丛

兽医血液学彩色图谱

[美] 约翰 · 哈维（John W.Harvey） 著
刘建柱　成子强　主译

中 国 农 业 出 版 社

图书在版编目（CIP）数据

兽医血液学图谱 / （美）哈维（Harvey, J. W.）著；刘建柱，成子强译. — 北京：中国农业出版社，2012.9
（世界兽医经典著作译丛）
ISBN 978-7-109-15061-4

Ⅰ. ①兽… Ⅱ. ①哈… ②刘… ③成… Ⅲ. ①动物疾病—血液学—图谱 Ⅳ. ①S856.2-64

中国版本图书馆CIP数据核字（2010）第196764号

中国农业出版社出版
（北京市朝阳区农展馆北路2号）
（邮政编码100125）
责任编辑　邱利伟　黄向阳

北京通州皇家印刷厂印刷　　新华书店北京发行所发行
2012年9月第1版　　2012年9月北京第1次印刷

开本：889mm×1194mm　1/16　　印张：14
字数：300 千字
定价：168.00元

本书作者

John W.Harvey　教授

（佛罗里达州立大学兽医学院病理系主任）

本书译者

主　　译　刘建柱　成子强

副 主 译　刘玉芹　何高明　王　林　闫振贵　葛　林

参译人员（按姓名笔画排序）

于琳琳　王　林　王学梅　王振勇　成子强　刘玉芹

刘永夏　刘建柱　闫振贵　何高明　葛　林

主　　审　王振勇

《世界兽医经典著作译丛》译审委员会

支持单位

《世界兽医经典著作译丛》总序

引进翻译一套经典兽医著作是很多兽医工作者的一个长期愿望。我们倡导、发起这项工作的目的很简单，也很明确，概括起来主要有三点：一是促进兽医基础教育；二是推动兽医科学研究；三是加快兽医人才培养。对这项工作的热情和动力，我想这套译丛的很多组织者和参与者与我一样，来源于“见贤思齐”。正因为了解我们在一些兽医学科、工作领域尚存在不足，所以希望多做些基础工作，促进国内兽医工作与国际兽医发展保持同步。

回顾近年来我国的兽医工作，我们取得了很多成绩。但是，对照国际相关规则标准，与很多国家相比，我国兽医事业发展水平仍然不高，需要我们博采众长、学习借鉴，积极引进、消化吸收世界兽医发展文明成果，加强基础教育、科学技术研究，进一步提高保障养殖业健康发展、保障动物卫生和兽医公共卫生安全的能力和水平。为此，农业部兽医局着眼长远、统筹规划，委托中国农业出版社组织相关专家，本着“权威、经典、系统、适用”的原则，从世界范围遴选出兽医领域优秀教科书、工具书和参考书50余部，集合形成《世界兽医经典著作译丛》，以期为我国兽医学科发展、技术进步和产业升级提供技术支撑和智力支持。

我们深知，优秀的兽医科技、学术专著需要智慧积淀和时间积累，需要实践检验和读者认可，也需要具有稳定性和连续性。为了在浩如烟海、林林总总的著作中选择出真正的经典，我们在设计《世界兽医经典著作译丛》过程中，广泛征求、听取行业专家和读者意见，从促进兽医学科发展、提高兽医服务水平的需要出发，对书目进行了严格挑选。总的来看，所选书目除了涵盖基础兽医学、预防兽医学、临床兽医学等领域以外，还包括动物福利等当前国际热点问题，基本囊括了国外兽医著作的精华。

目前，《世界兽医经典著作译丛》已被列入“十二五”国家重点图书出版规划项目，成为我国文化出版领域的重点工程。为高质量完成翻译和出版工作，我们专门组织成立了高规格的译审委员会，协调组织翻译出版工作。每部专著的翻译工作都由兽医各学科的权威专家、学者担纲，翻译稿件需经翻译质量委员会审查合格后才能定稿付梓。尽管如此，由于很多书籍涉及的知识点多、面广，难免存在理解不透彻、翻译不准确的问题。对此，译者和审校人员真诚希望广大读者予以批评指正。

我们真诚地希望这套丛书能够成为兽医科技文化建设的一个重要载体，成为兽医领域和相关行业广大学生及从业人员的有益工具，为推动兽医教育发展、技术进步和兽医人才培养发挥积极、长远的作用。

农业部兽医局局长
《世界兽医经典著作译丛》主任委员 张仲秋

献给 Liz

本书译者序

随着我国国民经济的快速发展，动物饲养规模的不断扩大和集约化程度的日益提高，动物疾病的发生日趋复杂，同时兽医工作者国际交流的日益频繁，对我国兽医从业者提出了更高的要求。为了适应国际发展的新形势，拉近与发达国家兽医诊疗水平的差距，引进技术和书籍是一条行之有效的途径。经过一年多的努力，由美国著名病理学专家 John W.Harvey 编著的《兽医血液学彩色图谱》(ATLAS OF VETERINARY HEMATOLOGY) 中文翻译本，今天终于同读者见面了。

本书是一本兽医血液形态学方面的参考书。它涵盖了不同的物种，包括犬、猫、马、牛、绵羊、山羊、猪和骆驼。该书分为上、下两篇，上篇介绍血液（第一章至第五章），下篇介绍骨髓（第六章至第十章）。包含了家畜血液及骨髓的样本采集、检测方法及一些常见的血液、骨髓疾病。本书内容对临床兽医、兽医技术人员及兽医专业学生具有重要的指导意义。

全书的译者及分工如下：海南大学王学梅、山东农业大学刘建柱、刘永夏负责第一章、第五章、第六章；河北师范科技学院刘玉芹负责第二章；山东农业大学王振勇负责第三章；山东农业大学闫振贵负责第四章和第十章；石河子大学何高明、山东农业大学刘建柱负责第七章；山东农业大学成子强、于琳琳负责第八章；山东农业大学王林负责第九章；对外经济贸易大学葛林负责全书英文技术翻译；山东农业大学刘建柱负责中英文对照及组织编排等工作。全书由王振勇、刘建柱审校。在翻译的过程中，力求在忠实原文的基础上做到翻译准确，文字流畅，但是由于时间仓促，书中难免会出现一些错误，敬请广大读者批评指正。

本书出版过程中得到了中国农业出版社的多位领导和编辑的关心和帮助。在此书的翻译出版过程中得到了山东农业大学动物科技学院的院领导和临床系各位老师的关心、支持与帮助，在此一并致谢。

刘建柱

于山东农业大学

Atlas of Veterinary Hematology: Blood and Bone Marrow of Domestic Animals, 1/E
John W. Harvey
ISBN-13: 9780721663340
ISBN-10: 0721663346

Authorized Simplified Chinese translation from English language edition published by the Proprietor.
ISBN-13: 978-981-272-750-3
ISBN-10: 981-272-750-7

Elsevier (Singapore) Pte Ltd.
3 Killiney Road
#08-01 Winsland House I
Singapore 239519
Tel: (65) 6349-0200
Fax: (65) 6733-1817

First Published 2010
2010 年初版

前　言

该彩色图谱作为常见家畜（包括鸟）的兽医临床血液形态学方面的参考书，涵盖的动物种类包括犬、猫、马、牛、绵羊、山羊、猪、无峰驼。该彩色图谱分为血液和骨髓两部分。该图谱既包含初学者所需的基本资料，也包括进一步深造所需要的内容。书中论述了采集并制备血液及骨髓涂片、骨髓组织切片检查技术，另外，还论述了所采集组织的形态学。由于细胞的形态随环境的不同而异，因此书中显示的细胞类型或异常环境均不是一种。血液部分和骨髓方面的技术可能对兽医专家是最有帮助的。即使没有直接涉及骨髓诊断，兽医专业学生和实习兽医也将会从这整本书中获益很多，因为它提供了理解疾病对骨髓影响的基础知识。骨髓穿刺液涂片细胞学检查和骨髓组织活检法两部分对临床病理学家、组织病理学家、住院医生很有益处。这不仅是一本完整的血液学教科书，也是更重要的一本参考书，因为这本书从插图上反映了形态学异常的重要性。衷心希望本书能对读者有所帮助。

John W.Harvey　教授

佛罗里达州立大学

致　谢

我想感谢那些希望我成为一名临床病理学家而教育过我的人，很少有人有机会接受专业名人的训练，而我就有幸师从“兽医临床生物化学之父”Jerry Kaneko 和“兽医血液学之父”Oscar Schalm。我也受益于那些帮助我成为血液病学专家的同仁们，特别要感谢 Victor Perman 和 Alan Rebar，因为我们一起在各种读者面前挑战了一个又一个不知名的血液病学切片。非常感谢鼓励我编写本图谱的 Denny Meyer，还要感谢 Rose Raskin，Leo McSherry 和 Shashi Ramaiah 的认真编辑审核，并提出良好的建议。我感谢 Melanie Pate 对本书的仔细校对，并十分感激 W.B.Saunders 公司的 Ray Kersey 对这项工作的非凡耐心和一如既往的支持。

编者的话

这本书（或图谱）旨在为兽医师、兽医专业的学生、兽医技术人员提供一本完整的有关血液和骨髓细胞学的书籍。本书旨在用一种方便的方法，即利用彩色照片和适当的文字来说明诊断的意义。只有通过治疗的反应进行确切诊断以后，病案才能进行引用，因此本书百分之九十的信息将集中在经过确诊的疾病基础上。

目录

CONTENTS

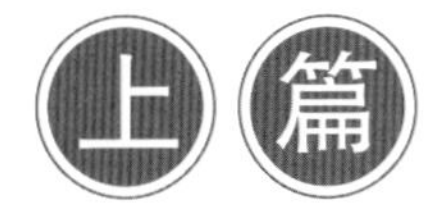
上篇

血 液
BLOOD

第一章

血液样本的检验

（Examination of Blood Samples）

样本采集和处理

对于单胃动物而言，样本采集前要禁食一整晚，以消除动物食后脂肪过多而干扰血浆蛋白、纤维蛋白原、血红蛋白的测定。对大部分物种而言，在全血细胞计数（CBC）测定中，乙二胺四乙酸（EDTA）是首选的抗凝剂，但是当向鸟类和爬行类的血液中添加EDTA抗凝剂时会发生溶血。对这类动物经常用的抗凝剂是肝素。肝素的不足之处在于使粒细胞不能保持完好（可能是因为肝素黏附粒细胞）以及使血小板凝集，使得其抗凝效果不如EDTA好。然而，正如我们后面所讨论的，在EDTA作为抗凝剂的血液样本中，血小板聚集物和白细胞聚集物也可能出现。在有些病例里使用其他抗凝剂（如柠檬酸盐）也可能会预防细胞聚集物的形成。当血液被冷藏保存后，细胞凝集会更加明显。所以，当血液采集后要迅速处理，使白细胞和/或血小板的聚集形成最小。

将血液直接采集到真空管比通过注射器采集后再转移到真空管好。这种方法在CBC检测中可减少血小板凝集和血液样本中的凝块。由于在血液样本出现凝块时，血小板数量明显减少，有时发生血细胞比容（HCT）降低，白细胞也一样，因此即使出现小凝块也会导致样本不能使用。另外，当试管内部处于真空状态，并且样本与抗凝剂的比例适宜时，可以得到满意的样本。由于样本量不足使EDTA抗凝剂过量导致HCT降低。谨慎的态度可避免由于检测人员的疏忽造成的溶血，这种溶血会影响血液中血浆蛋白、纤维蛋白原和各种细胞测量。可行的方法是血液样本应该尽快提交给检验室，并且血涂片也要尽快制作和干燥，以减少形态学上的改变。

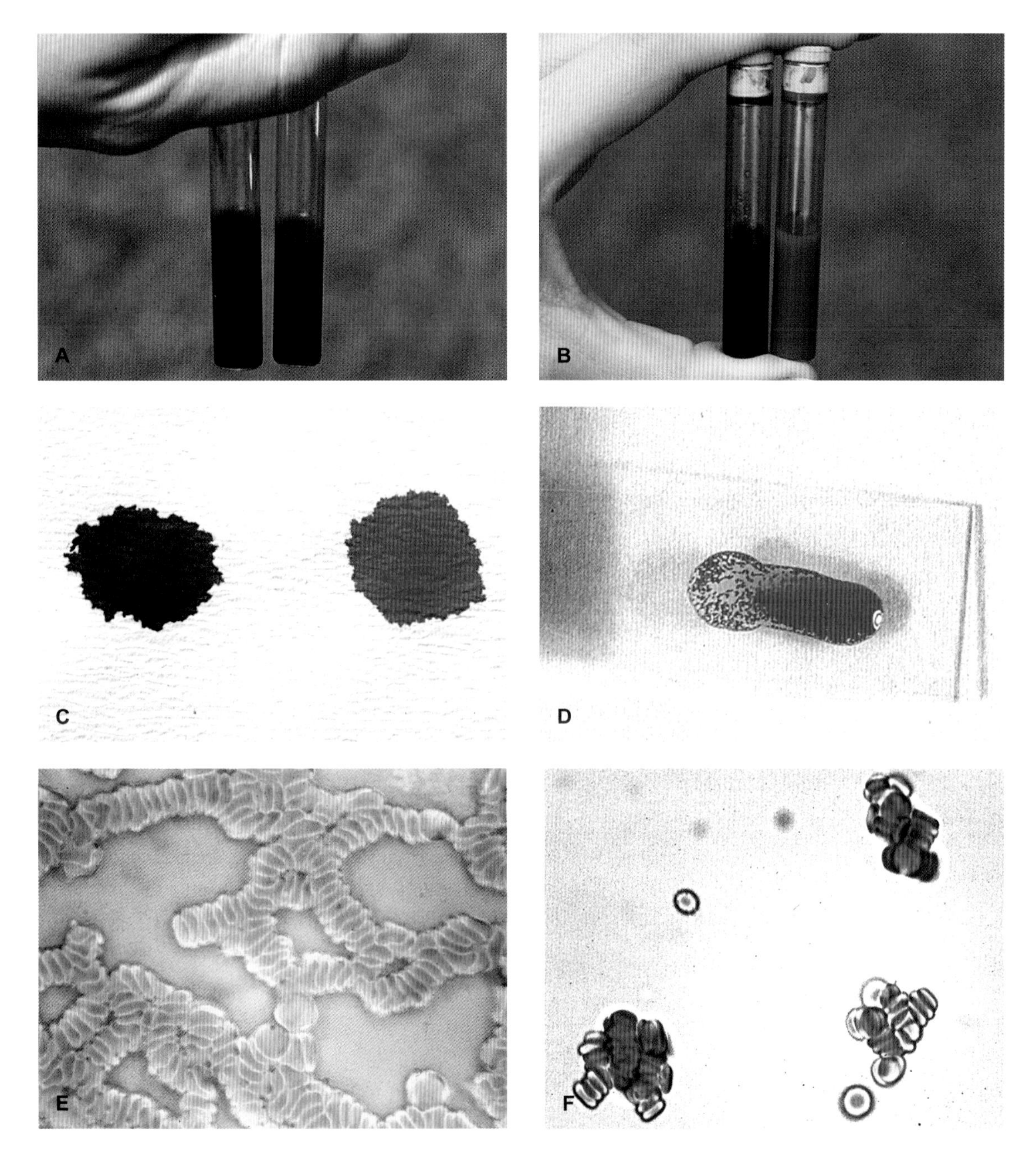

图1　氧合血红蛋白、脱氧血红蛋白和高铁血红蛋白混合物的大体外观以及红细胞凝集与红细胞重叠的差异

A. 猫的高铁血红蛋白含量为28%的静脉血（左侧血样）与正常猫静脉血比较（高铁血红蛋白含量低于1%）（右侧血样）。两个血样同时含有氧合血红蛋白和脱氧血红蛋白混合物。

B. 猫的高铁血红蛋白为28%的氧合血样（左侧血样）与正常猫血样（高铁血红蛋白含量少于1%）比较（右侧血样）。左侧的血样是高铁血红蛋白和氧合血红蛋白的混合物。右侧的血样几乎没有高铁血红蛋白。

C. 患有高铁血红蛋白还原酶缺乏症（高铁血红蛋白含量为50%）的猫的血液滴加一滴到白色吸水纸上（左），另外一滴是正常猫血液（高铁血红蛋白含量少于1%）。

D. 患有免疫介导性溶血性贫血犬的血液凝集现象。

E. 显微镜下正常猫血液的红细胞重叠现象。

F. 显微镜下患有新生幼驹溶血性贫血的幼驹的血样，在用生理盐水洗涤后未染色的涂片中的红细胞凝集。

肉眼检查

血液样本在进行血液学检查之前应检查血样，并迅速混合均匀（轻轻地倒置20次）。由于马的红细胞形态变化很快，易发生粘连（红细胞像一叠硬币一样黏附在一起），尤其要快速处理。我们应该用眼睛检查血液的颜色和红细胞凝集现象。存在显著血脂症的样本，血液经氧合时，可能会出现乳红色的“番茄汤”样。

高铁血红蛋白症

血红蛋白由4条球蛋白多肽链构成，每条肽链含有一个位于疏水中心的亚铁血红素辅基。血红素分子是一个具有卟啉结构的小分子，在卟啉分子中心与一个亚铁离子（+2）配位结合，与氧的结合是可逆的。高铁血红蛋白与血红蛋白的区别在于血红素辅基的铁分子被氧化成三价铁离子（+3），而不再具有结合氧的能力。血中由于大量脱氧血红蛋白的存在，使带蓝色的正常静脉血样本发黑。当混有脱氧血红蛋白时，由于血红蛋白的暗褐色不容易被发现，所以高铁血红蛋白症在静脉血中不能被识别（图1 A）。当脱氧血红蛋白结合氧形成氧合血红蛋白的时候，它就会变成鲜红色，所以，在充氧的血液样本（图1 B）中高铁血红蛋白的暗褐色变得更明显。在临床上通过一滴血即可迅速地检测氧化静脉血样本，并确定血样中是否存在大量的高铁血红蛋白。从患者体内取一滴血置于一张白色吸水纸上，并取一滴正常的血样作对照。如果高铁血红蛋白含量在10%或大于10%时，患者的血液将呈现明显的褐色，而对照血样呈鲜红色（图1 C）。如果要精确测定血红蛋白的数量应将血液样本送到有检测资格的实验室进行检测。

高铁血红蛋白血症不是源于由氧化剂导致的高铁血红蛋白的生成增加，就是源于与红细胞高铁血红蛋白还原酶缺乏症相关的高铁血红蛋白还原量减少。试验研究表明，许多药物在动物体内可引起高铁血红蛋白血症。犬和猫的明显的高铁血红蛋白血症，与苯佐卡因、对乙酰氨基酚和非那吡啶的毒性有关；牛的则与亚硝酸盐中毒有关；绵羊和山羊的与铜中毒有关；马的则与红花槭中毒有关。

凝集

在充分混合的血液样本中出现红色颗粒（图1 D）表明红细胞出现凝集、红细胞聚集或红细胞团块。凝集反应是因为免疫球蛋白黏附在红细胞表面引起的。这种现象与红细胞重叠（红细胞像一串硬币一样黏附在一起）的现象不同。红细胞重叠在健康的马和猫的血液中经常可以见到（图1 E）。红细胞凝集和重叠可以通过生理盐水洗涤红细胞，或向血液中加入等滴生理盐水的方式，看红细胞是否分散（红细胞重叠）或维持原有状态（红细胞凝集）来区别。结果表明，在洗涤的血液样本中存在少量的凝集（图1 F）。

微量血细胞比容管诊断

当血液送检进行CBC检测时，大多数商业实验室利用自动设备检测HCT，这种检测不需要对充满血液的微量血细胞比容管进行离心。其缺点是不能提供血浆的相关信息，除非血清或血浆样本同时进行临床化学检验。

浓缩细胞

除了检测HCT之外，还要评价血沉棕黄层。血沉棕黄层含有血小板和白细胞。由于网织红细胞的存在可使血沉棕黄层呈现淡红色。在有些动物，某些白细胞也可能存在于浓缩的红细胞上部（如牛中性粒细胞）。大量的血沉棕黄层的出现说明白细胞增多（图2 A）或血小板增多，血沉棕黄层少则说明这些细胞的数量较低。

血浆特征

对所有动物来说血浆一般是透明的。在小动物、猪和绵羊，血浆基本上是无色的，但是马的血浆是淡黄色，因为马天生胆红素浓度比较高。牛血浆的颜色从无色到淡黄色（类似胡萝卜色素），这种变化主要取决于采食的饲料。黄色增强通常说明胆红素浓度增加。这种黄色增强的现象经常发生在厌食的马（空腹高胆红素症）上，原因是由肝脏清除的非结合胆红素减小。在有些品种，HCT正常，血浆呈黄色说明肝病继发高胆红素血症。与HCT显著降低有关的高胆红素血症，说明红细胞的破坏增加；然而，随之而来发生的肝脏疾病和非溶血性贫血也会产生相似的结果（图2 B）。

血浆变红说明发生了溶血。这种变色可能是由血管内溶血引起的真实的血红蛋白血症（图2 C，2 D）或者在样本采集后因处理不慎、细胞易碎、脂血或保存时间过长而产生的溶血所致。血细胞比容值可以帮助区别这两种可能性——红色血浆和正常的红细胞比容表明体外溶血。如有高血红蛋白血症的发生，说明存在血管内溶血。

脂血是由乳糜微粒和极低密度脂蛋白（VLDL）引起的白色不透明物质。乳糜微粒的存在也导致在血浆柱顶部出现白色亮层（图2 E）。脂血的存在经常是因为进餐的原因（餐后血脂），但是包括糖尿病、胰腺炎、甲状腺机能障碍等疾病都会导致犬的脂血。遗传性因素包括猫和犬的脂蛋白脂肪酶缺乏和迷你雪纳瑞犬的先天性高血脂。矮种马（尤其是肥胖的）、小型马和驴容易患与妊娠、哺乳和/或厌食相关的脂血。这些因素可引起脂肪组织的非酯化脂肪酸代谢紊乱和随之而来的肝脏产生过多的VLDL。

血浆蛋白检测

检测HCT后，注意血浆特征和血沉棕黄层。随之在血沉棕黄层上部打破微量血细胞比容毛细管，并将血浆转移至折射计测定血浆蛋白。刚出生动物血浆蛋白质值（约4.5 ~ 5.5g/dL）比成年动物低，在3 ~ 4月龄时达到成年动物水平。脂血和溶血的存在将增加实测的血浆蛋白值。同时，通过进行HCT和血浆蛋白浓度检测能够获得大量的信息。

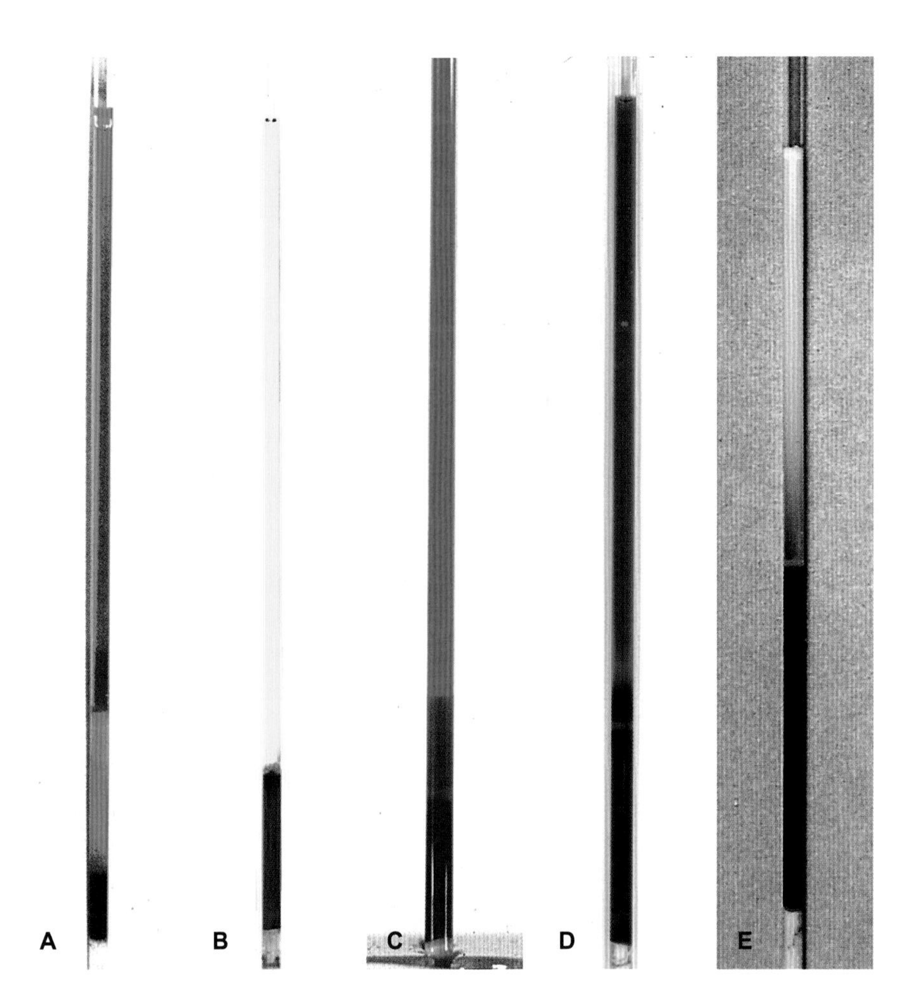

图2　微量血细胞比容管显示的白细胞增多、黄疸、溶血和脂血症的外部特征

A. 患有严重的骨髓白血病引起高度贫血的猫带有大量血沉棕黄层的微量血细胞比容管，白细胞总数为23.6万个/μL。血浆中出现溶血，这种现象是由于血液样本通过邮寄送检放置几天所致。

B. 来自贫血并伴有黄疸的继发性肝脏脂肪沉积症的猫微量细胞比容管。

C. 对乙酰氨基酚所致亨氏体贫血的猫血浆中具有溶血迹象的微量血细胞比容管。在红细胞层上部可见较稀薄的红细胞“血影”。

D. 具有溶血现象的马血浆的微量血细胞比容管，这种马的血管内溶血是由于低渗液体进入静脉和腹膜内引起的。在（血沉）棕黄层上部可见较稀薄的红细胞“血影”。

E. 甲状腺功能低下伴有明显脂血症的犬微量血细胞比容管，这种甲状腺功能低下是由于用强的松治疗过敏性皮炎引起。病历上没有记载此样本是否为空腹采集的血液。

纤维蛋白原检测

纤维蛋白原能够在红细胞压积测定管中测定，因为56～58℃加热3min时，纤维蛋白原容易从血浆中沉淀出来。区分血浆总蛋白和诱导去纤维蛋白原的（加热）血浆总蛋白的差异，可用于估计血浆中纤维蛋白原的浓度。这个方法可用于确定高纤维蛋白原的浓度，但是不能确定低纤维蛋白原的浓度。

血涂片的制备

为避免人为原因造成血细胞形态发生变化，血涂片应该在血液样本采集后2h内制备完成。血涂片的制备有很多方法，如涂片法、盖玻片法和自动计数法。为了准确检验和进行白细胞分类计数，有必要将一完好的薄层细胞平铺在载玻片上。

载玻片血涂片法

取一片干净的载玻片放在平的操作台上，并将一小滴充分混合的血液滴到载玻片的一端（图3 A）。将这片玻片用一只手固定，另一只手拇指和食指夹住另一片载玻片（推片），放在第一片玻片的上方，推片一端置于血滴前方并与载玻片呈30°角。推片向后移动接触到血滴，血滴一接触到推片后端时（图3 B），推片就迅速向前推（图3 C）。血涂片涂抹的厚度受血液黏度的影响。当血液黏性比正常值小时（低HCT），两片玻片间的角度要增加：当血液黏性比正常值大时（高HCT），两片玻片间的角度要减小，这样才能制作出厚度适宜的涂片。

如果血滴大小合适，血液全部留在载玻片上，则后端较厚，前端较薄。如果血滴太大，一部分血液将被推到载玻片的前端，造成潜在的问题。首先，血涂片太厚不能准确诊断；其次，细胞团块推离载玻片，使涂片不能用于诊断。

血涂片一旦制备好，就迅速在空气中摇动，使之自然干燥或使用吹风机吹干。放置在吹风机热风下吹干会引起细胞破碎。用不易被酒精擦除的石墨铅笔或含有油墨的圆珠笔在载玻片厚的一端或磨砂面一端作上标记。

盖玻片血涂片法

取两片22mm的方形盖玻片用来制作盖玻片血涂片（图3 D）。用骆驼绒毛刷清除将要接触血液的盖玻片表面的灰尘。一张盖玻片置于一只手的食指和拇指之间，用微量血液比容管取一小滴血滴在这张盖玻片的中央位置。血滴要尽可能完好，近似球形，以便于在两个盖玻片之间散布。第二片盖玻片交叉着置于第一片的上方。血滴在两张盖玻片

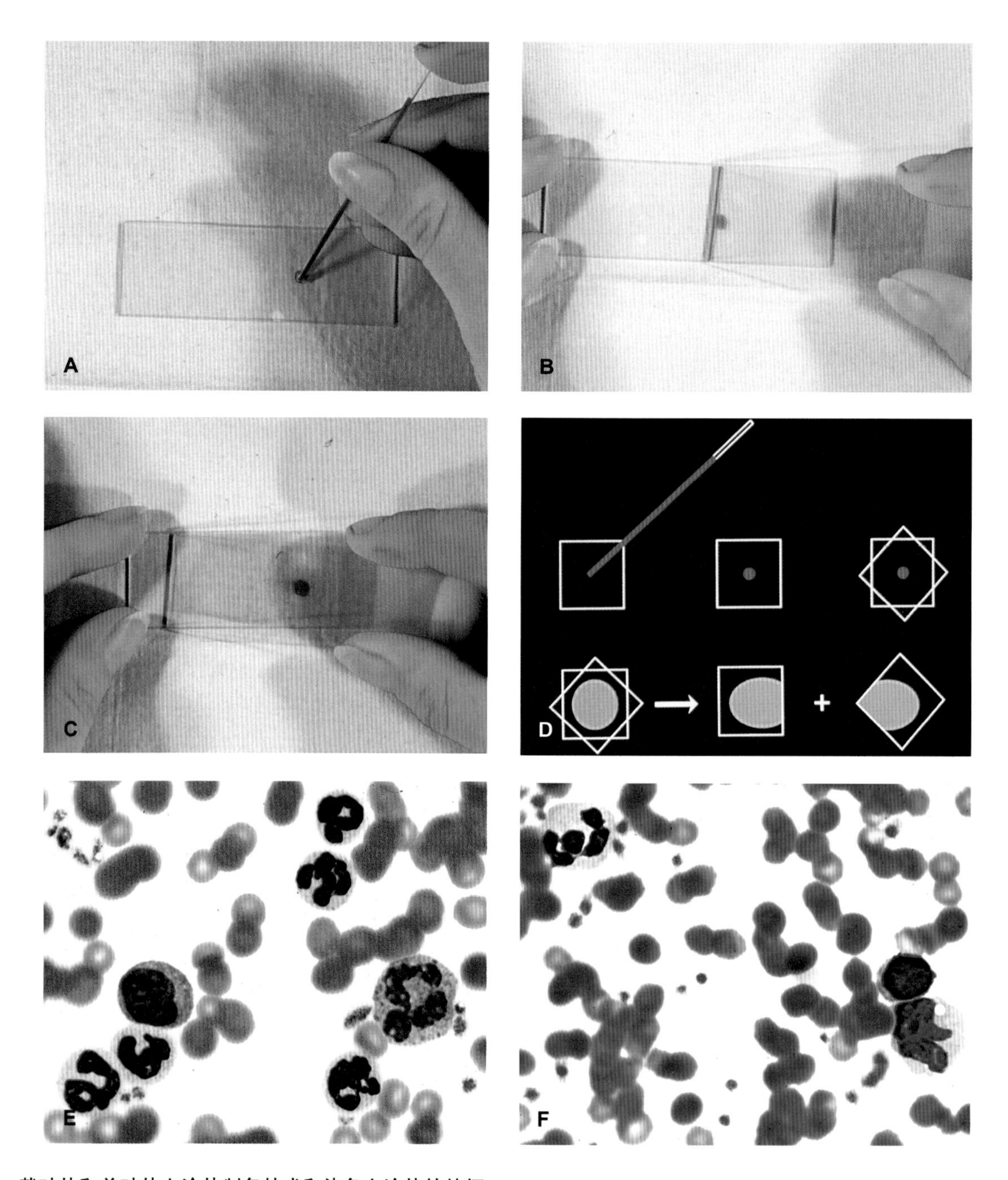

图3　载玻片和盖玻片血涂片制备技术和染色血涂片的特征

A. 载玻片血涂片制备第一步，将一小滴充分混合的血液置于一片干净的载玻片的一端。

B. 载玻片血涂片制备第二步，第二片载玻片（推片）以约30° 角置于第一张盖玻片血滴的前端，然后倒退至血滴。

C. 载玻片血涂片制备第三步，当血流蔓延到推片的背面时，就将推片迅速向前推。

D. 文中叙述的制备盖玻片血涂片的步骤。

E. 正常猫血用瑞氏–姬姆萨法染色，并用蒸馏水冲洗。可见4个中性粒细胞，1个嗜碱性粒细胞（右侧）和1个淋巴细胞（圆形细胞核）。红细胞呈现钱串状，这是猫的正常血涂片。

F. 正常猫血用瑞氏–姬姆萨法染色，并用自来水冲洗。可见1个中性粒细胞（左侧），单核细胞（底部右侧）和淋巴细胞（顶部右侧）。红细胞呈现蓝色说明使用的水的pH不合适。

间均匀涂布后，在涂片的外围形成薄层，用另一只手通过抓住盖玻片暴露的一角水平地将两个盖玻片分离。按照上述方法吹干盖玻片，用不易被酒精擦除的石墨铅笔或含有油墨的圆珠笔在载玻片厚的一端或磨砂面一端作上标记。

如果用的血滴太大，因不会形成薄的边缘，血涂片就会很厚。在装有固定剂和染色剂的烧杯、小的带有槽沟的科普林缸（coplin jars）或在陶瓷染色篮子中可以放多个盖玻片血涂片进行染色。

血涂片染色方法

罗曼诺夫斯基染色法（Romanowsky-Type Stains）

不论手染还是使用自动染色机，常规的血涂片染色使用罗曼诺夫斯基染色（如瑞氏或瑞氏-姬姆萨染色）。罗曼诺夫斯基染色用染色液主要由伊红和氧化亚甲基蓝组成。亚甲蓝染料染酸性物质，使其变成蓝紫色；伊红染料染基质，使颜色变红（图3 E）。其着色的特征与染料的pH、冲洗所用的水以及细胞的种类有关（图3 F）。染色时间不合适、染料不好或者冲洗过度会造成细胞着色淡。

如果没有固定的血涂片，在染色前保存几周或暴露于福尔马林蒸气中，血涂片整体呈现淡淡的蓝色，当血涂片用含有福尔马林固定过的组织的包装箱运送到实验室时，也会发生这种情况。用肝素作为抗凝剂采集的血液，由于黏多糖的存在，制备的血涂片整体呈现紫红色。

在血涂片干燥、固定和染色过程中出现的各种问题都可能导致劣质血涂片的产生。干燥或固定会造成红细胞变形、折叠形成折光的包涵物，这种物质可能会与红细胞中的寄生虫混淆（图4 A）。析出的染料与白细胞和血液寄生虫很难鉴别（图4 B）。染料沉淀物的存在可能是因为染料没有过滤、染色过程太长或冲洗时间不够造成的。为了预防术后腹部粘连，将羟甲基化纤维素注入马和牛的腹膜腔。这些物质可以在血液中析出，与染料沉淀物相似（图4 C）。

也可利用各种快速染色方法。染色的血涂片的质量通常比通过长时间染色程序获得的涂片稍微低些。快速鉴别染色法（Diff-Quik stain）是常用的血液快速瑞氏染色法。通过使血涂片在固定剂中保持几分钟，而大大提高染色过程的质量。这种染色的局限性是对嗜碱性粒细胞不着色，或对肥大细胞颗粒着色效果不好。不过，这种染色方法对犬瘟热包含体的染色效果优于瑞氏或瑞氏-姬姆萨染色。

网织红细胞染色（Reticulocyte Stains）

网织红细胞染料可在市场购买或自己制备染色液（将0.5g亚甲蓝、1.6g草酸钾溶解在100ml蒸馏水中，接着过滤）。在试管中将血液和染液同体积混合，并在室温下孵化10～20min。孵化后，制备血涂片，在显微镜下计数1000个红细胞中网织红细胞的百分比或数值。使用Miller窥盘法（即将Miller窥盘置于显微镜的一个目镜内）计数网织红细胞可以节省时间。

在网织红细胞中出现的蓝色的聚集物或“网状组织”（图4 D）在活的细胞中不会出现，这些“网状组织”是由未成熟的红细胞中的核糖体核糖核酸（RNA；在多染性红细胞中看到的浅蓝色物质是RNA）沉积产生的。随着网织红细胞成熟，核糖体的数量减少，直到形成一个小的点状物（点状网织红细胞）（图4 E）。为了降低因人工染色把成熟的红细胞错认为点状网织红细胞的可能性，可以使用网织红细胞染色。如果发现细胞上有两个或更多的分散的蓝色颗粒，这些颗粒不需要精细调焦就可以看到，应把它归为点状网织红细胞。

正常猫和患有再生障碍性贫血的猫一样，点状网织红细胞数量比其他物种的动物多得多。之所以发生这种情况是因为猫的网织红细胞成熟（核糖体损失）比其他物种慢。所以，猫的网织红细胞被归为聚集体网织红细胞（如果观察到粗糙的团块）或点状网织红细胞（如果出现小的分散物）。应该注意两种类型的百分率。综合几个研究者的结论可知，通过手工方式计数时，正常猫通常有0%～0.5%的聚集体网织红细胞，有1%～10%点状网织红细胞。使用流式细胞仪计数时，点状细胞的数量高达2%～17%。

在瑞氏–姬姆萨染色中，猫的网织红细胞聚集体的百分比与血涂片中的多染性红细胞百分比有直接的关联。

聚集体网织红细胞成熟到点状网织红细胞需要一天或少于一天的时间。猫的点状网织红细胞到成熟的红细胞（核糖体完全消失）需要若干天的时间。

与猫相比，其他动物的大部分网织红细胞是聚集体型，因此不要企图像猫那样来区别一些动物的网织红细胞的不同阶段。大部分动物的网织红细胞的百分比与利用常规染色的血涂片中多染性红细胞的比例有直接的关系。

亨氏小体由变性和沉淀的血红蛋白构成，呈球形，网织红细胞染色呈淡蓝色，通常在红细胞的周围可以观察到。

新亚甲蓝“湿片法”（New Methylene Blue “Wet Mounts”）

新亚甲蓝湿片制备是目前用来快速测定网织红细胞、血小板和亨氏小体的方法。0.5%的新亚甲蓝溶解在0.85%的氯化钠溶液中。每100mL染液加入1mL福尔马林作为防腐剂。染液配好后过滤并保存在滴瓶中，也可以保存在装有0.2μm滤网的胶针筒中，以便在使用时过滤。没有固定的干血片在盖玻片和载玻片之间滴一滴染液来染色，这种制品不能持久使用，也不能使成熟的红细胞和嗜酸性颗粒着色。虽然不能显示点状网织红细胞，但是聚集体网织红细胞呈现红细胞血影一样的外观，细胞内出现蓝色到蓝紫色的颗粒物质（图4 F）。血小板染成蓝色到蓝紫色，亨氏小体染成类似于红细胞血影中能折

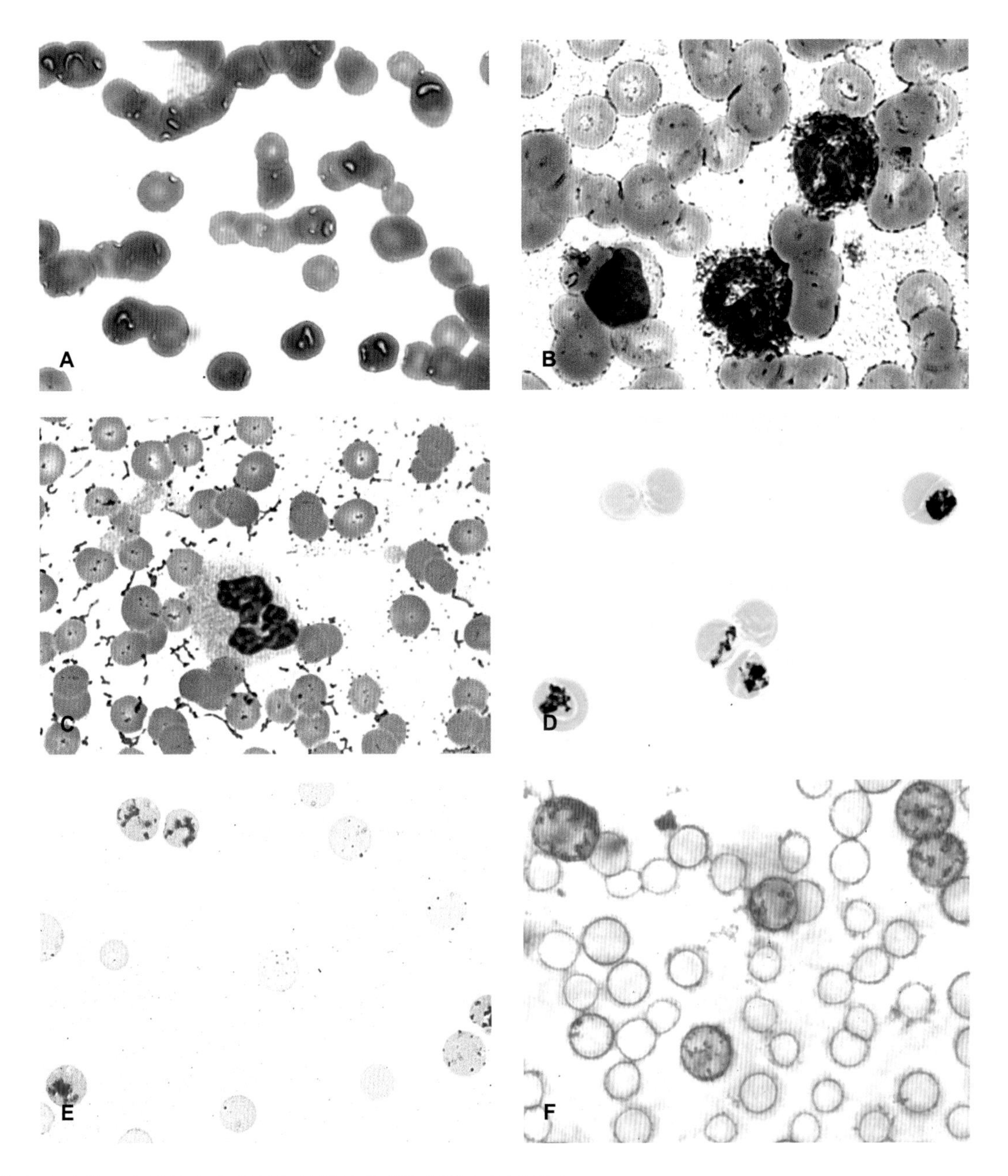

图4　染色血涂片，血涂片中羟甲基化纤维素外观和网织红细胞形态

A. 由干燥或固定问题引起马的红细胞中具有折光性的包涵物涂片。马红细胞呈正常的钱串状。瑞氏–姬姆萨染色。

B. 犬血液中染料析出。由于析出的染料黏附使两个中性粒细胞被误认为嗜碱性粒细胞。瑞氏–姬姆萨染色。

C. 经羟甲基化纤维素治疗的马血液中出现的蓝紫色沉淀。瑞氏–姬姆萨染色。（图片引自1995年ASVCP的幻灯片，由M.J.Burkhard，M.A.Thrall，and G.Weiser提供）

D. 患有再生障碍性贫血的犬血液中观察到的4个网织红细胞（带有蓝染）和3个成熟的红细胞。新亚甲基蓝网织红细胞染色。

E. 患有严重再生障碍性贫血的猫血液中的3个完好的聚集体网织红细胞（含有蓝染的RNA聚集物）和半个聚集体网织红细胞（右侧）。其余大部分细胞是点状网织红细胞，其中包括离散的点状物。新亚甲蓝网织红细胞染色。

F. 患有再生障碍性贫血的犬新亚甲蓝染色血涂片中的5个网织红细胞（带有蓝染物质）。用标准网织红细胞染色与新亚甲蓝染色比较解释形态学上的差异（图4 D）。新亚甲蓝染色湿片。

光的内容物。尽管这种染色方法对于白细胞分类计数不很理想，但是能够鉴别白细胞的数量和类型。

铁染法（Iron Stains）

铁染法，例如普鲁士蓝染色，用于检验血液、骨髓细胞中铁包涵物和评估骨髓中铁的储备。把涂片送到商业实验室来染色，或者购买和应用染色试剂盒（Harleco Ferric Iron Histochemical Reaction Set）。当应用这种染色时，铁阳离子物质染成蓝色，相比之下细胞和背景染成深粉色。

使用罗曼诺夫斯基方法染色在染色的红细胞内存在嗜碱性点染时，说明斑点含有铁。含铁的红细胞称为高铁红细胞，含铁的有核红细胞被称为铁幼粒红细胞。当采用罗曼诺夫斯基方法染色时，中性粒细胞和单核细胞细胞质中含有深蓝黑色或绿色的铁离子颗粒。含有铁阳性离子物质的白细胞叫做高铁白细胞。

普鲁士蓝染色适用于骨髓穿刺液涂片，是评估骨髓中铁储备量的有效方法。在缺铁性贫血动物体内有极小量的或不含铁（虽然正常情况下猫的骨髓里不含可染色的铁），但是在溶血性贫血和由红细胞产生量减少引起贫血的动物体内可以观察到正常的或过量的铁。

细胞化学染色（Cytochemical Stains）

各种细胞化学染色用于患有急性骨髓性白血病的动物细胞分类中，如过氧化物酶、氯乙酸酯酶、碱性磷酸酶和非特异性酯酶。不仅细胞类型、成熟阶段，而且不同品种反应也不同。这些染色方法应用在数量有限的实验室、特殊要求的染色和/或要求解释结果的实验中。良好的反应特征也根据所使用的试剂的不同而变化。因为，染色过程和结果解释的复杂性，将在本图谱细胞化学染色部分作简单介绍。

染色血涂片的检验

这里只介绍血涂片检验概述和系统的方法。在后面的章节中将介绍正常的和不正常血细胞形态学、包涵物和传染性病原体的说明和照片。

血涂片一般检查用下述的罗曼诺夫斯基方法染色，如瑞氏或瑞氏-姬姆萨染色法。这些染色考虑到红细胞、白细胞和血小板形态学的检查。首先应在低倍物镜下观察血涂片评估总白细胞数及寻找红细胞凝集体（图5 A），白细胞凝集体（图5 B），血小板凝集体（图5 C），微丝蚴（图5 D）和在白细胞分类计数中漏掉的不正常的细胞。血涂片中血膜薄的部位尤其重要，因为白细胞（图5 E）和血小板凝集体（图5 F）可能集中分布在这一区域。细胞的聚集体趋向盖玻片血涂片的中央而不是周边。

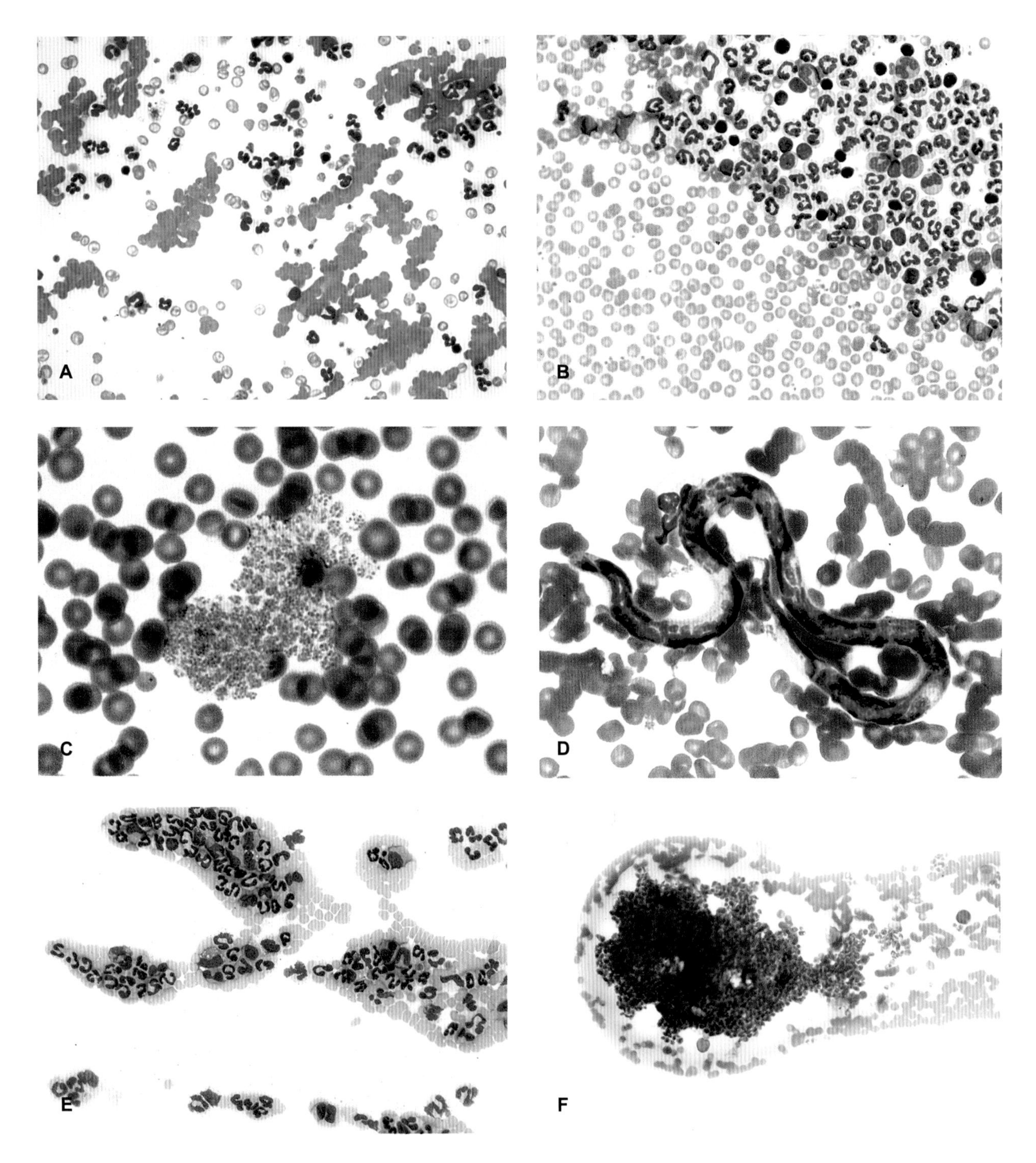

图5 在低倍显微镜下观察到的血涂片异常情况

A. 患有免疫介导性溶血性贫血和明显的白细胞增多症病犬的血液中的红细胞自身凝集。瑞氏–姬姆萨染色。

B. 犬血液中的白细胞聚集体。当用EDTA作为抗凝剂时会出现白细胞聚集体，而柠檬酸盐作为抗凝剂则不会出现。

C. 母牛血液中的血小板聚集体。瑞氏–姬姆萨染色。

D. 患有犬恶丝虫病的猫血液中犬恶丝虫微丝蚴。瑞氏–姬姆萨染色。

E. 犬的血涂片边缘白细胞密集。使用载玻片制备血涂片。瑞氏–姬姆萨染色。

F. 猫的血涂片边缘血小板凝集。使用载玻片制备的血涂片。瑞氏–姬姆萨染色。

在检验载玻片涂片时，载玻片末端血膜太薄不能估计血细胞形态（图6 A），因为载玻片边缘由于血膜分布很薄使细胞被压扁（图6 C）。对于计数最适当的区域通常在涂片边缘后的前1/2处（图6 B）。这一区域为染色完好的单细胞层（在此区域红细胞大约有一半相互接触）。

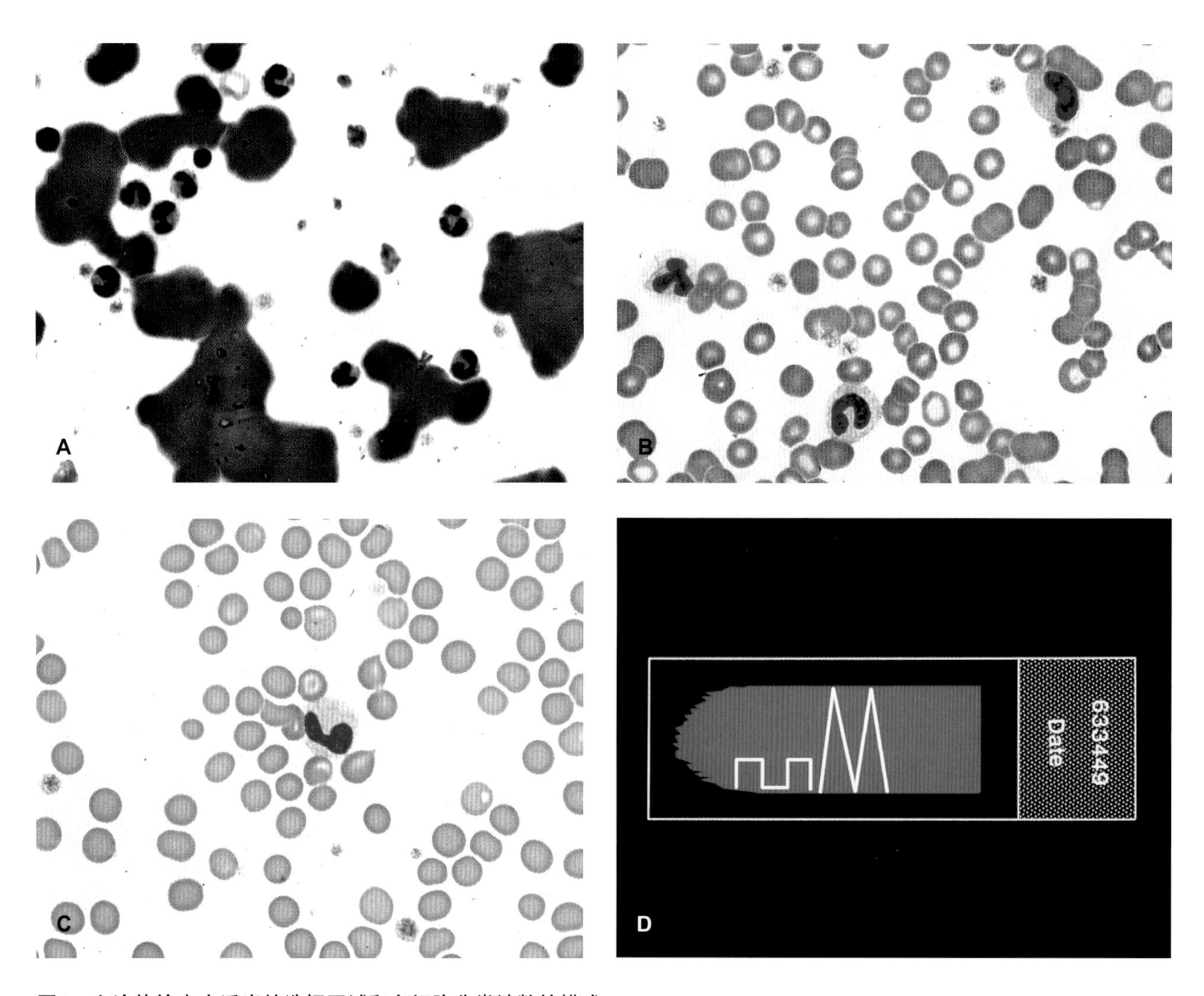

图6　血涂片检查中适当的选择区域和白细胞分类计数的模式

A. 犬血涂片后端密集区。载玻片制备的血涂片。瑞氏-姬姆萨染色。

B. 犬血涂片形态学评价最佳区域即前半部（同样的血涂片如图6 A）。载玻片制备的血涂片。瑞氏-姬姆萨染色。

C. 载玻片制备的犬血涂片（同样的血涂片如图6 A和6 B）前部的稀薄区。中心染色过浅的扁平红细胞不明显。瑞氏-姬姆萨染色。

D. 血涂片检查的模式，此模式可以提高白细胞分类计数的准确性。

白细胞评估

作为质量控制措施，准确估计白细胞的数量确保涂片上出现的数量与总白细胞一致。如果使用10倍目镜和10倍物镜（100倍放大率），血液中总白细胞数（个细胞/μL）应该由每个视野出现的平均白细胞数乘以100～150。如果使用20倍物镜，总白细胞数应该由每个视野的平均数乘以400～600。校正因子随着使用的显微镜而改变，因此，通过大量的已经准确估计总白细胞数的血涂片的观察，来确定对应于显微镜的适当校正因子。

通过使用40倍或50倍物镜识别出200个连续白细胞进行白细胞分类计数。因为，中性粒细胞趋于被拉向楔形血涂片的边缘，淋巴细胞留在涂片的中心，通过评价涂片边缘和中心的方式进行分类计数（图6 D）。计数完成后，每一种白细胞出现的比例乘以总白细胞数即可得到每毫升血液中每种白细胞的绝对数。

每种白细胞的绝对数是很重要的。当总白细胞数异常时相对值（百分比）具有误差。举两只犬为例，一只含有7%淋巴细胞和40000/μL的总白细胞，另一只含有70%淋巴细胞和4000/μL的总白细胞。第一个病例应该说“相对”淋巴细胞减少症，第二个是“相对”淋巴细胞增多，但是这两个病例均具有相同的正常的绝对淋巴细胞数（2800/μL）。

白细胞形态的异常比例应记录在血液学报告表中，如中性粒细胞中的有毒细胞质或升高的反应性淋巴细胞（如，5%以上的淋巴细胞是活跃的）。退化中性粒细胞发生率减少（5%～10%），中等（11%～30%）或多（>30%），报告单上退化病变的严重性记录为1+到4+（表1）。

红细胞形态

用正常和异常来检验和描述红细胞的形态。正常马、猫和猪血涂片的红细胞常常呈现卷轴状，而且正常马和猫红细胞可能含有较低比例的小的、球形核碎片，这种物质被称为豪-若二氏体（Howell-Jolly bodies）。钱串状和豪-若二氏体的出现应该记录在血液学报告单上，并告知这个动物是非正常的动物。

关于红细胞形态的额外观察值也应记录，如红细胞多染性的程度（多染性红细胞的出现）、红细胞大小不等症（大小的变化）和异形红细胞症（异常形状）。多染性红细胞是染成蓝红色的网织红细胞，这种蓝红色是由于血红蛋白（红染色）和核糖体（蓝染色）结合物的存在造成的。异常红细胞的形状应尽可能明确的划分，因为特定的形状异常有助于确定可能出现的疾病。红细胞形态异常的例子有棘红细胞、皱缩红细胞、裂红细胞、角膜细胞、泪细胞、椭圆红细胞和球形红细胞。异常细胞的数量应该用半定量形式报告，如表2所示。

表1　中性粒细胞变性的半定量评价

退行性病变的中性粒细胞	
低	1～10（%）
中	11～30（%）
高	>30（%）
退行性病变的程度	
杜勒体	1+
嗜碱性细胞质	1+
泡沫细胞质	2+
深蓝灰色泡沫状细胞质	3+
毒性颗粒	3+
模糊核膜	4+
核溶解	4+

摘自 Weiss 1984。

表2　基于1000倍显微镜下每个单细胞层区域[a]异常红细胞的平均数进行的形态学半定量评价

	1+	2+	3+	4+
细胞大小不等症				
犬	7～15	16～20	21～29	>30
猫	5～8	9～15	16～20	>20
牛	10～20	21～30	31～40	>40
马	1～3	4～6	7～10	>10
多色性				
犬	2～7	8～14	15～29	>30
猫	1～2	3～8	9～15	>15
牛	2～5	6～10	11～20	>20
马	很少观察到	—	—	—
染色过浅[a]	1～10	11～50	51～200	>200
红细胞畸形[a]	3～10	11～50	51～200	>200
编码细胞（犬）	3～5	6～15	16～30	>30
球状红血球[b]	5～10	11～50	51～150	>150
棘红细胞[b]	5～10	11～100	101～250	>250
其他形状[c]	1～2	3～8	9～20	>20

[a] 在单层细胞区域红细胞相互重叠约半个细胞。在严重的贫血动物体内不会出现这样的单层细胞。当红细胞相互分离时（如，分离的距离往往是一个细胞的直径距离），形态异常的红细胞数量由两个区域计数。摘自 Weiss 1984。

[b] 同样的参数应用于所有的物种。

[c] 参数用于所有物种的棘红细胞、裂片红细胞、角膜细胞、椭圆红细胞、泪细胞、镰状红细胞和裂口红细胞。

血小板

血小板的数量通常用低、正常或增加来评估。当用10倍目镜和100倍物镜（1000倍放大率）评估时，大部分家畜的血涂片通常平均每个区域10～30个血小板。每1000倍区域小于6个血小板的情况可能在正常马的血涂片中出现。

血小板数量可以用每个区域的平均数乘以15000～20000，即得到每微升血液中血小板数量。然而，我们特别关注的是服用止血药后的动物血小板的评估，这对于常规评估血涂片中血小板的数量很重要，因为很多患有血小板减少症的动物不表现特有的特征或没有出血的病史。一旦怀疑是血小板减少症，就应该利用血小板数量来确认。犬和猫的血小板比马和反刍动物的大。血小板含有红紫色的颗粒，但是对于马来说这些颗粒通常染色不佳。异常形态血小板（大血小板和早幼血小板）的比例应该记录在血液学报告上。

传染性病原微生物及包含体

检查血涂片传染性病原微生物和细胞内杂物的比例应使用100倍物镜。在血涂片中观察到的传染性病原微生物及包涵物包括豪–若二氏体、海因茨小体（未染色）、嗜碱性颗粒、犬瘟热包含体、铁质沉着物、杜勒小体、巴贝斯虫、猫胞殖原虫、血巴通氏体、埃里希氏体、肝簇虫、泰勒虫和伯氏螺旋体。这些颗粒和包含体的特征将在随后章节中阐述。

第二章

红 细 胞

（Erythrocytes）

红细胞形态

在哺乳动物中，成熟的红细胞没有细胞核，大多数哺乳动物的红细胞呈双面凹陷的圆盘形，所以红细胞又被称为盘状细胞。由于这种双面凹陷的特殊形态使得红细胞在染色时有过渡平滑的中心性淡染，中央部位为生理性淡染区（图7 A）。在普通家养动物中，犬的红细胞最大，且红细胞的双凹圆盘状结构以及生理性淡染区较为明显（图7 B），其他的家养动物并不十分明显。这种形状不但可以有效地提高红细胞表面积对体积的比值（可以使氧气和二氧化碳能够快速地渗透细胞内外），而且可以提高红细胞的柔韧性，使其更容易通过毛细血管。除此之外，有一些动物的红细胞会呈现特殊形态，山羊的红细胞的表面凹陷要浅得多，在临床表现正常的一些山羊体内也会出现各种不规则形态的红细胞（异形红细胞）（图7 C）。驼科动物（骆驼、美洲驼、羊驼、骆马）的红细胞较细长，呈椭圆状，所以又称为卵圆红细胞或卵形红细胞（图7 D），它们没有双面凹陷的形状。鸟类、爬行类、两栖类动物的红细胞多数呈椭圆形，中心具有细胞核，并且直径要比哺乳类动物的红细胞大。

钱串状

在健康的马、猫和猪的血涂片中会发现它们的红细胞呈钱串状排列（图7 A）。由炎性反应引起的纤维蛋白原和红细胞内血红蛋白含量的升高，及由淋巴组织增生性疾病引起的一种或多种免疫球蛋白分泌量增高均会造成红细胞呈钱串状排列（图7 E）。当钱串状红细胞出现于马、猫和猪以外的动物时就要引起注意，这是一种异常现象。

凝集反应

当红细胞并不是像钱串状红细胞那样以链状排列，而是聚集或凝聚在一起时，将其称为红细胞凝集（图7 F）。免疫球蛋白吸附于红细胞表面便会引起红细胞凝集，尤其是IgM更会促进红细胞凝集的发生。如果给马注射高剂量的肝素也会造成其红细胞凝集，但是其作用机理尚未明确。

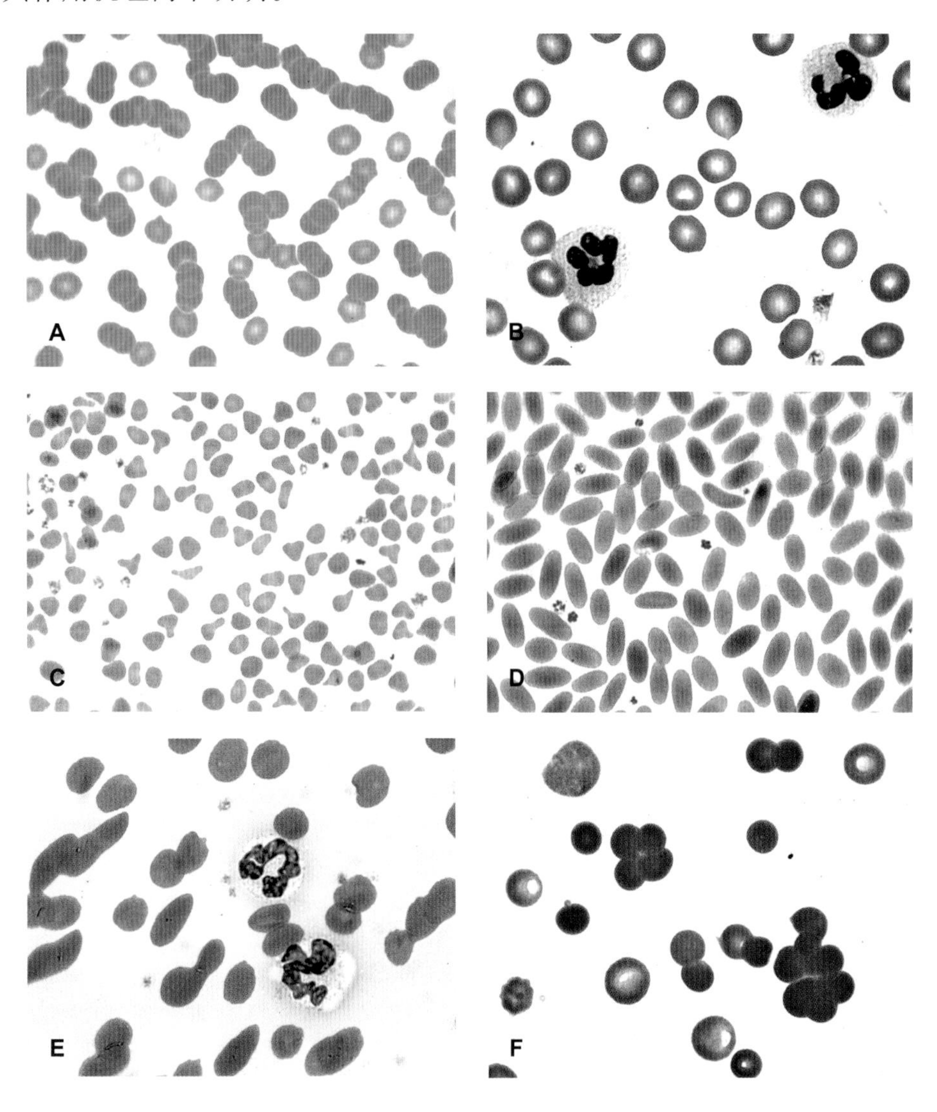

图7 家畜的红细胞形态

A. 马血涂片：可见许多红细胞成串地黏附在一起（钱串状），在马较为常见。未粘连独自存在的红细胞可以见到有双面凹陷形成的中央淡染区。瑞氏–姬姆萨染色。

B. 犬血涂片：该犬血涂片可见严重的缺血性贫血和正常的血细胞的性态，中央淡染区较为明显。图中还显示出两个成熟中性粒细胞和两个血小板（右下角）。瑞氏–姆萨染色。

C. 山羊血涂片：正常山羊体内的异性红细胞。瑞氏–姬姆萨染色。

D. 正常美洲驼血涂片：卵圆红细胞。瑞氏–姬姆萨染色。

E. 犬血涂片：患有多发性骨髓瘤和单细胞高球蛋白血症的犬所显示出的钱串状红细胞。图中两个中性粒细胞的细胞质与淡蓝色的染色背景相比，由于其蛋白质增多而颜色苍白。瑞氏–姬姆萨染色。

F. 犬血涂片：患有血管性假血友病的犬在输血后体内出现的红细胞聚集和球形红细胞。在图的左上角可见一大的嗜碱性红细胞（巨核细胞或受到挤压的网织红细胞），在图的左下角可见一皱缩红细胞。瑞氏–姬姆萨染色。

多染性

血涂片染色以后红细胞呈蓝红色，这种现象叫做多染性（图8 A）。经H.E染色，细胞内的血红蛋白显红色，单核糖体和多核糖体显蓝色，这种多染性红细胞就是网织红细胞。一般认为犬和猪体内存在少量的多染性红细胞是正常的，因为有数据显示在临床检查红细胞比容正常的情况下，在犬和猪体内分别检出至少存在有1.5%和1%的多染性红细胞。在猫的红细胞中会有轻微的多染性，但通常不会在血涂片看到。由于多染性红细胞几乎不存在于牛、绵羊、山羊、和马的体内，所以在这些动物的血涂片中同样也很难找到多染性红细胞。

最有效的贫血分级的方法就是看血液中是否有骨髓对贫血现象做出反应的生理变化。这个机制是通过观察网织红细胞的绝对数量是否增加而进行判断的，其适用于除马以外的所有动物，因为马即使是在骨髓产生红细胞的时候，也很少伴随产生网织红细胞。当网织红细胞的绝对数量开始增加时，可以判定该贫血动物患有再生障碍性贫血。再生性反应的存在说明造成贫血的原因可能是红细胞被破坏或失血过多，再生障碍性贫血是由红细胞的生成量降低（图8 B）造成的；网织红细胞对于严重贫血的反应时间是3～4d，所以在溶血或失血后机体会表现为非再生障碍性贫血（图7 B）。

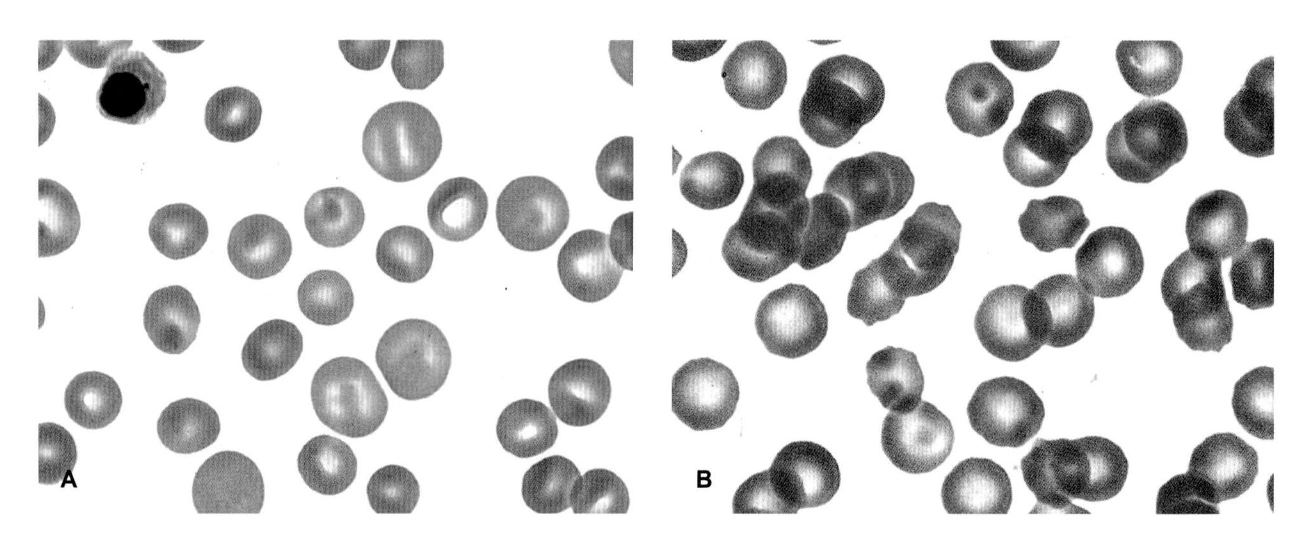

图8　贫血犬和猫的红细胞形态

A. 由血巴尔通氏体引起的溶血性贫血的犬血涂片，多染性红细胞和异型性红细胞数量增加，在视野中几乎见不到正常的红细胞。4个多染性红细胞（网织红细胞）分布在视野中央，1个有核红细胞（晚幼红细胞）位于视野的左上角。瑞氏–姬姆萨染色。

B. 使用甲氧苄啶–磺胺嘧啶治疗后引发非再生障碍性贫血的犬的血涂片，大多数细胞的形态较为完整，但少数几个红细胞边缘不平滑（皱缩红细胞）。瑞氏–姬姆萨染色。

因为网织红细胞会在常规染色方法下被染成蓝红色，所以当发生非再生障碍性贫血时，就会在血涂片里发现红细胞染色异常现象（图8 A）。当贫血的程度较为严重时，机体会释放嗜碱性的巨网织红细胞（图8 C），该细胞被认为是在有丝分裂中只分裂一次，是一种不成熟且有着两倍于红细胞体积的细胞。在犬的体内，多染性红细胞的百分比与网织红细胞的百分比成正比（猪可能也有同样的关系），而猫的多染性红细胞的百分比与聚集网织红细胞的百分比成正比（图8 D～图8 F）。

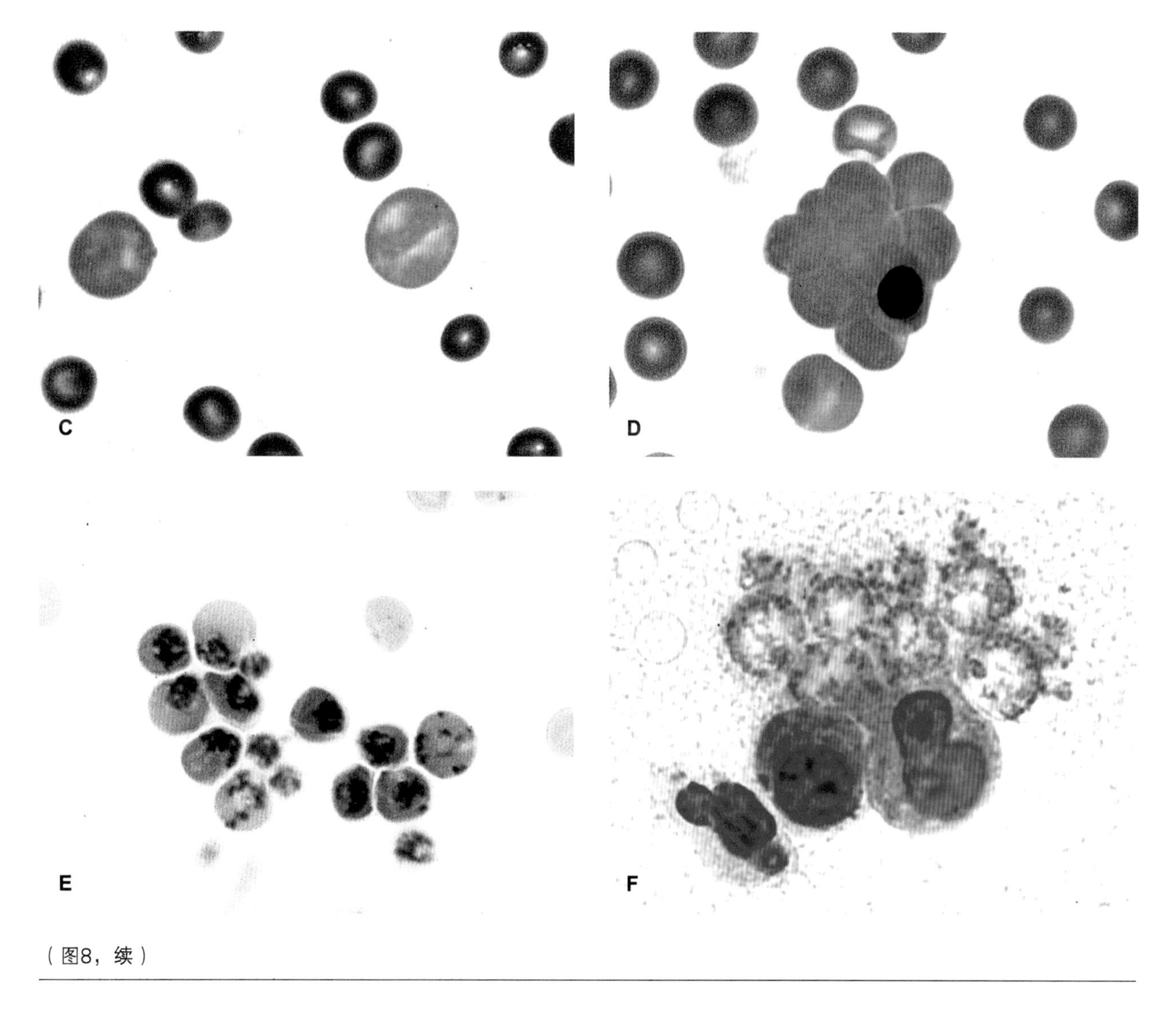

（图8，续）

C. 免疫介导溶血性贫血血涂片中的两个体积异常大的嗜碱性红细胞（可能是巨网织红细胞或被压扁的网织红细胞）。瑞氏-姬姆萨染色。

D. 库姆斯阳性溶血性贫血的猫的血片中的一些多染性红细胞和偏红细胞发生粘连。网织红细胞粘连的是聚集网织红细胞（图8 E）。瑞氏-姬姆萨染色。

E. 与图8D相同的一只猫（患有库姆斯阳性溶血性贫血）聚集网织红细胞发生粘连。新亚甲基蓝染色。

F. 患有库姆斯阳性溶血性贫血猫的聚集网织红细胞发生粘连。新亚甲基蓝湿片染色。

猫在贫血不严重的时候并不从骨髓中释放聚集网织红细胞，而是释放点状网织红细胞（图9 A）。由于点状网织红细胞质内没有足够量的核糖体，所以不会使细胞质显出偏蓝的颜色，因此在中度再生障碍性贫血的猫血涂片染色中很少出现多染性红细胞（图9 B）。

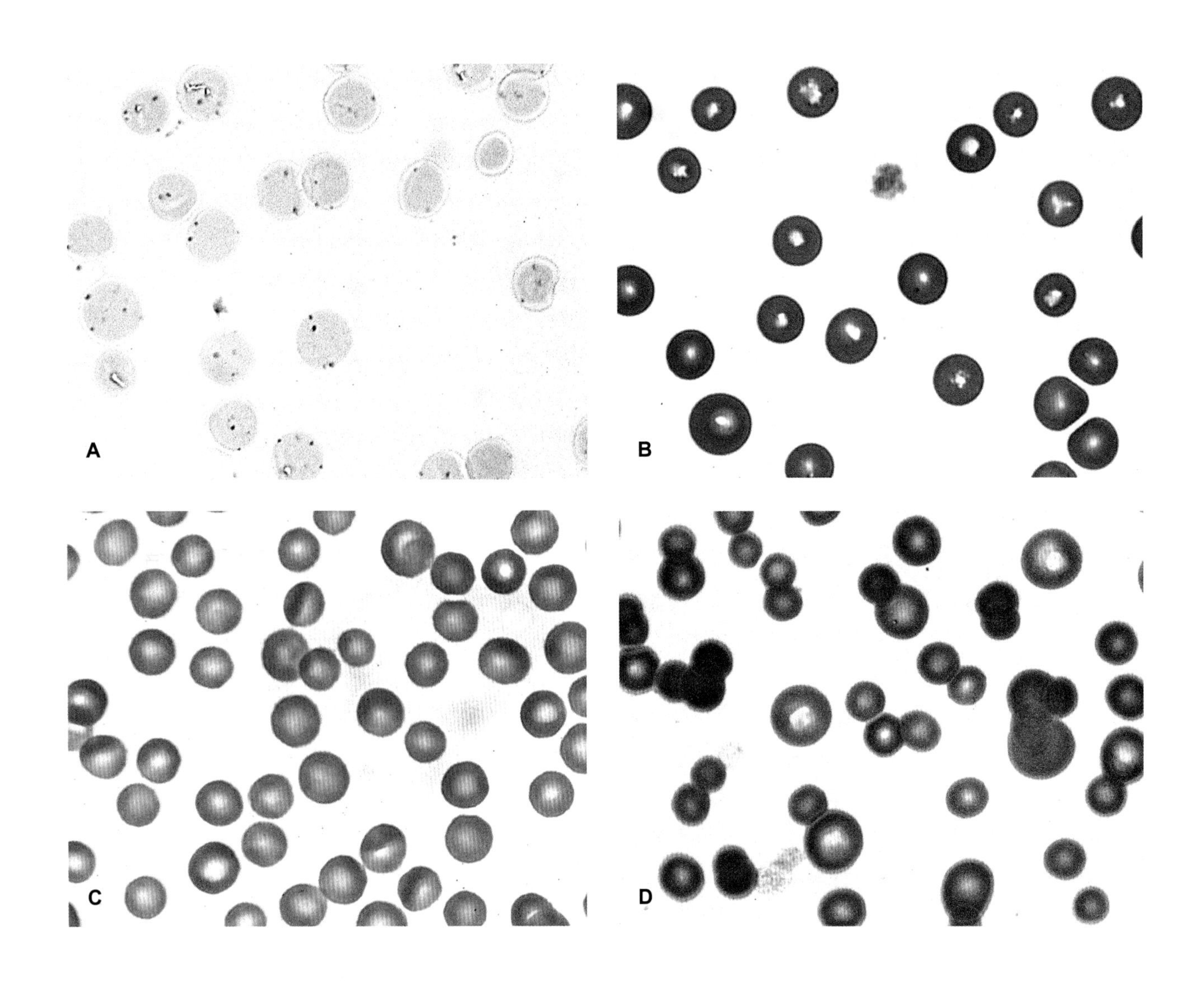

图9　红细胞大小不等（红细胞大小的变化）

A. 患白血病的猫伴发巨红细胞正常色素性贫血（红细胞比容=23%，红细胞平均容量=70 fl，红细胞平均血红蛋白浓度=33 g/dL），其血涂片中可见点状网织红细胞数量增多（83%，未修正的值），未修正的聚集网织红细胞的数量是0.2%。新亚甲基蓝染色。

B. 与图9A为同一只猫，该图显示红细胞大小不等。由于点状网织红细胞内RNA不足，影响细胞质蓝色的着色，因此在猫体内就会很少出现多染性红细胞。瑞氏–姬姆萨染色。

C. 在临床上没有贫血症状奶牛的体内出现红细胞大小不等现象。瑞氏–姬姆萨染色。

D. 体内出血造成再生障碍性贫血而导致红细胞大小不等的马的血涂片，马几乎不会因贫血而释放网织红细胞，所以很难在马的血涂片中见到多染性红细胞。瑞氏–姬姆萨染色。

红细胞大小不等

红细胞大小不等症是指患病动物红细胞的直径大小不一（图9 B）。牛的患病率要比其他家畜高（图9 C）。当机体缺铁时，血液中会出现一定数量的比正常细胞小的红细胞，而当血液中网织红细胞数量增多时会出现部分红细胞体积增大现象。因此，可以说红细胞大小不等症是由于再生障碍性贫血（图8 A，图8 C，图9 B）和由红细胞生成异常造成的非再生障碍性贫血引起的。如果马患有严重的再生障碍性贫血，则在其体内会发生红细胞大小不等症（图9 D），而不会看到多染性红细胞。

低色素症

当发生红细胞的生理性中心淡染区扩大，血红蛋白含量降低时，称其为红细胞低色素症（图10 A～图10 E）。有时不仅可见红细胞中心淡染区扩大，染色较淡，甚至有的红细胞仅细胞膜边缘染色。但红细胞低色素症要与环形红细胞区分开，环形红细胞虽然中央淡染区的范围也增大，但是在细胞膜边缘还有一定宽度的染色带（图11 A），并且环形红细胞一般是人为因素造成的，而红细胞低色素症多是由缺铁性贫血引起的。

在患有缺铁性贫血的犬或反刍动物的血片中可以看到淡染性红细胞（图10 A～图10 E）。缺铁性贫血导致红细胞低色素症的原因是其可以使细胞内的血红蛋白含量下降以及细胞变薄（薄红细胞）。虽然薄红细胞体积比较小，但是由于其直径与体积之比增加了，所以在血涂片中可能见不到体积变小的细胞（图10 B）。缺铁性贫血美洲驼的小红细胞会展现出不规则或不定位置的细胞淡染（图10 E）。

异形红细胞症

红细胞可以呈现出各种形状，一般将处于非正常形态的红细胞统称为异形红细胞。虽然说异形红细胞是指一些特定形状的红细胞，但了解形成异形红细胞的原因要比仅仅统计其各种不同的形状有意义得多。在临床表现正常的山羊和犊牛体内可以发现异形红细胞（图7 C，图10 F）。在一些情况下，血红蛋白类型的不同会导致血液中出现异形红细胞，有研究发现在犊牛体内细胞膜上的蛋白质非正常表达也会导致异形红细胞症。

异形红细胞症的发生有可能与红细胞分裂紊乱有关。由于一些未知的原因，部分患有严重缺铁性贫血的犬和反刍动物体内也会出现异形红细胞（图10 C，图10 D）。经研究发现形成海因茨氏小体造成的氧化性损伤以及细胞膜损伤是造成异形红细胞症的原因之一，海因茨氏小体黏附于红细胞膜内表面使红细胞膜表面形成了大大小小的突起。有报道称在患有红细胞生成异常的犬以及链霉素中毒的犬和猫会发现有异形红细胞。

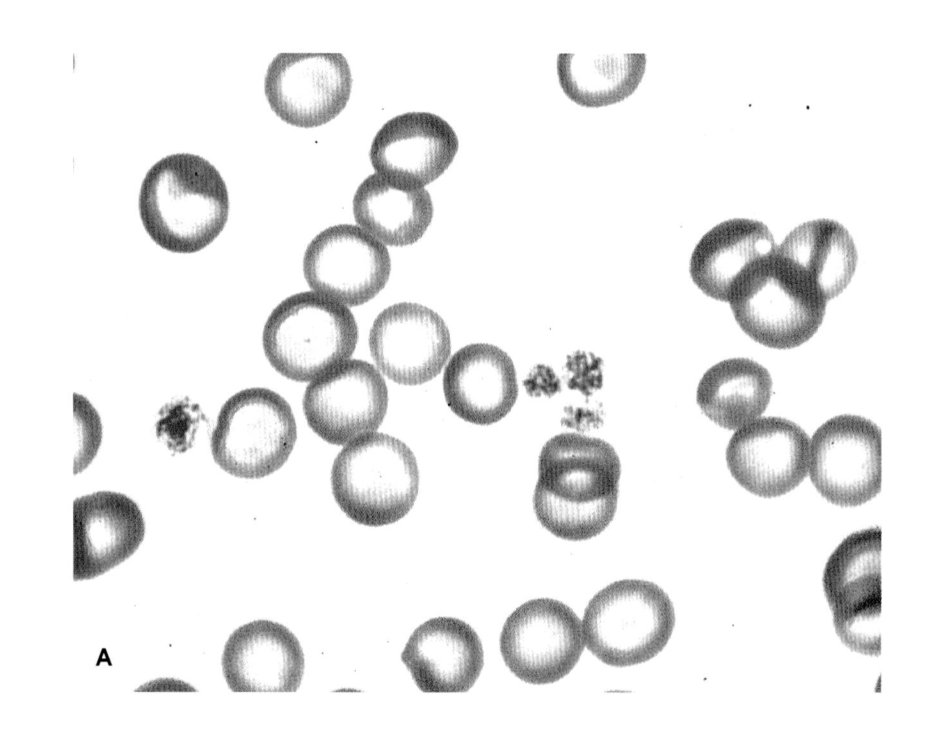

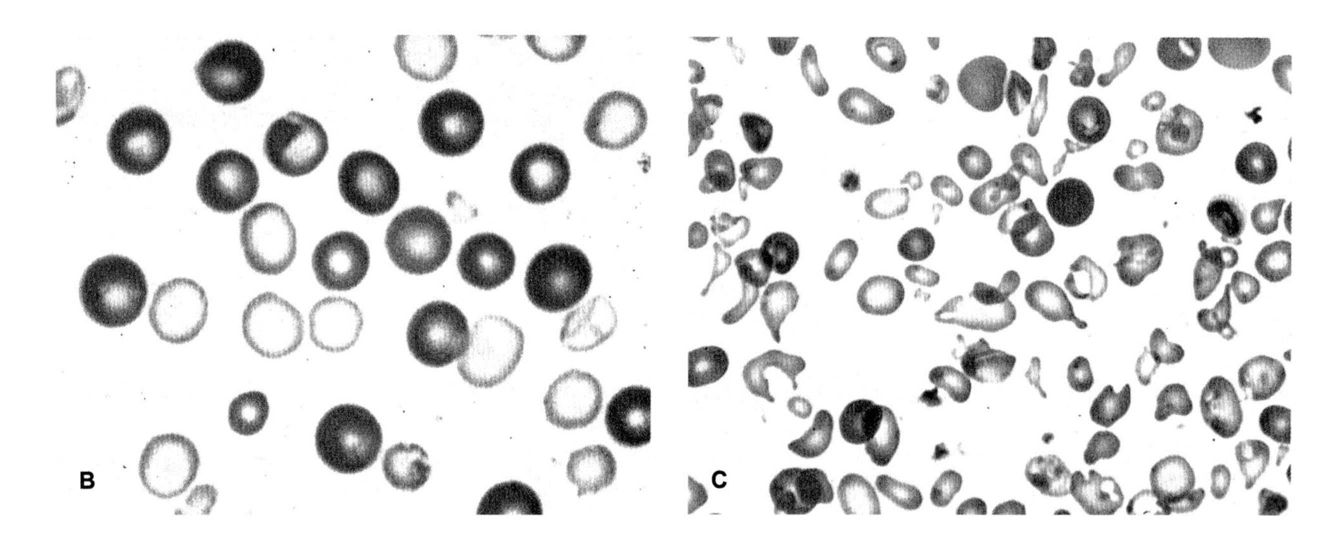

图10　红细胞低色素症和/或异形红细胞

A. 该犬由于长期被跳蚤叮咬而慢性失血，机体内铁含量降低，在其血涂片中表现为血红蛋白含量过少。不仅可见红细胞中心淡染区扩大，甚至有的红细胞仅胞膜边缘染色。在视野的左上角可以看到多染性红细胞（网织红细胞）。瑞氏–姬姆萨染色 。

B. 该图是将患有缺铁性贫血导致小红细胞着色过浅的犬的血液（红细胞平均容量=32fl，红细胞平均血红蛋白浓度=23g/dL）与正常犬的血液等比例（红细胞平均容量=70fl，红细胞平均血红蛋白浓度=34g/dL）混合，然后制成的血涂片。因为，这些淡染的细胞为薄红细胞，所以即使其体积比正常细胞小，但其在视野中显示的直径也与正常细胞一样。瑞氏–姬姆萨染色 。

C. 6周龄羊羔的由缺铁性贫血引起小红细胞淡染的显著红细胞低色素症和异形红细胞症的血涂片。瑞氏–姬姆萨染色。

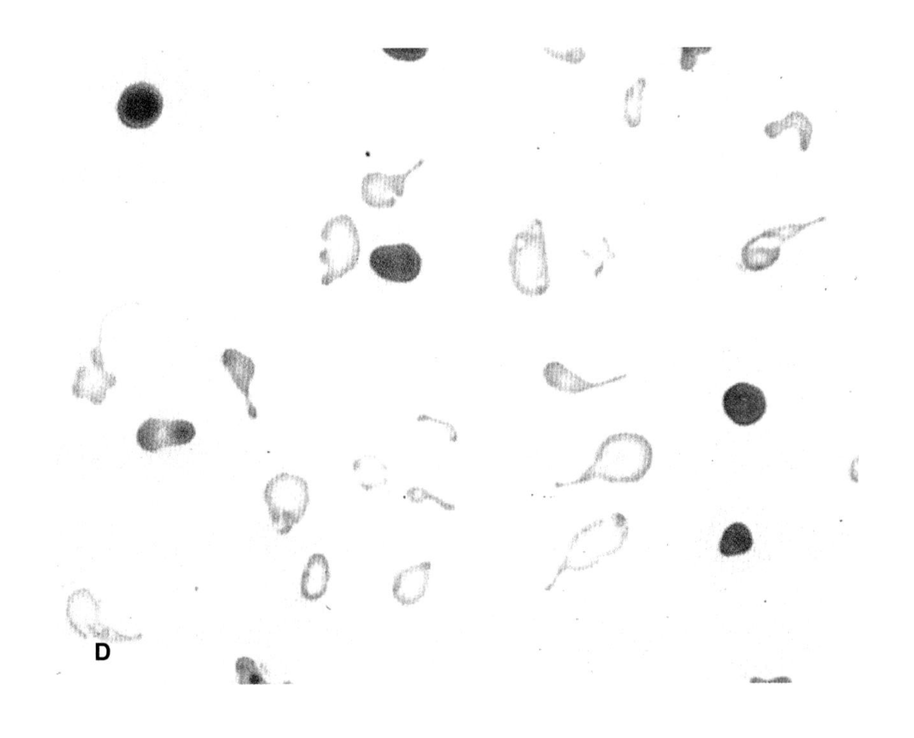

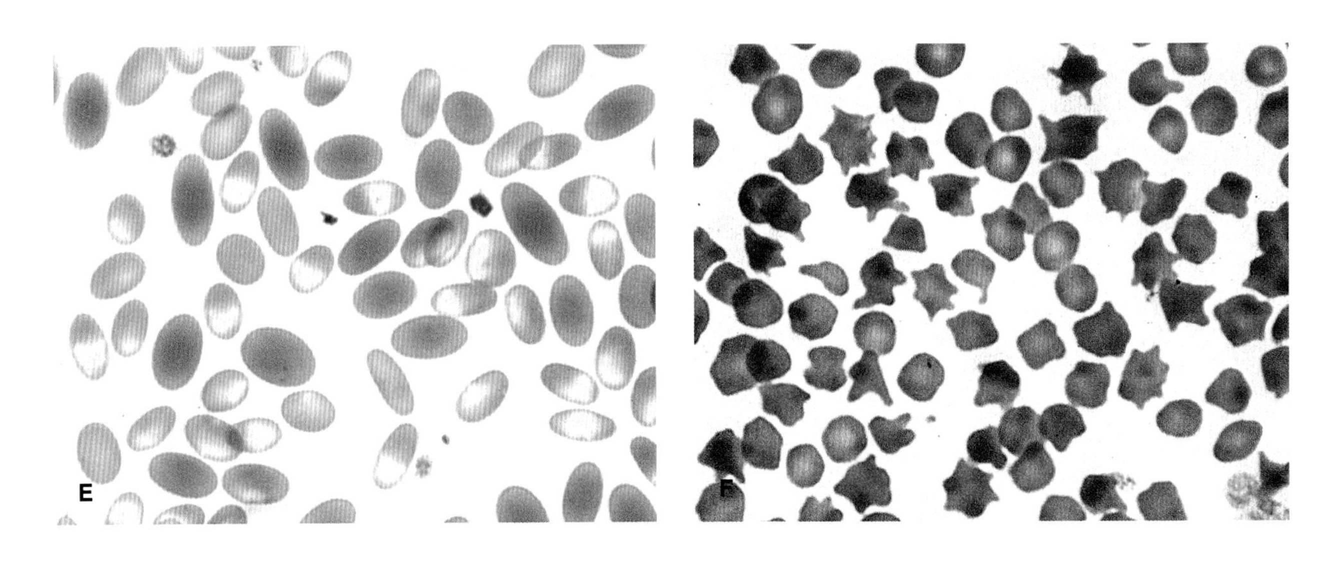

（图10，续）

D. 由捻转血矛线虫导致山羊缺铁性贫血引起小红细胞淡染继发慢性失血形成的显著红细胞异形（主要为泪滴形）和红细胞低色素症。瑞氏–姬姆萨染色。

E. 缺铁的美洲驼血液涂片中的小红细胞，在其红细胞中出现不规则的不定位置的淡染区。瑞氏–姬姆萨染色。

F. 无贫血症状的牛犊血涂片中的红细胞异形（棘红细胞和皱缩红细胞）。瑞氏–姬姆萨染色。

皱缩红细胞（钝锯齿形红细胞）

皱缩红细胞就是在细胞表面平均分布着一些针状或指状突起的红细胞，这些突起或尖锐或钝圆，可在显微镜下观察血涂片时见到。皱缩红细胞可能是因为使用EDTA过量、涂片方法不规范以及血液在制片前存放时间过长等原因造成的，血涂片的薄厚决定着在显微镜下是否可以清晰地看到皱缩红细胞（图11 B，图11 C）。正常猪的血涂片中会出现皱缩红细胞（图11 D）。皱缩红细胞的形态既可以是微突起的盘形皱缩红细胞，也可以是高突起的球形皱缩红细胞，这些又都可以称为锯齿形细胞（图11 E）。大多数成熟的红细胞锯齿状突起消失而变成球形红细胞（图11 F）。当细胞膜的双磷脂层中的外层磷脂层相对于内层扩大的时候，便会出现细胞皱缩现象，红细胞在体外接触到脂肪酸、溶血磷脂以及酸性或碱性的药物时，这些物质会先作用于磷脂双分子层的外层，从而导致细胞皱缩的发生。当发生红细胞脱水、pH升高、红细胞三磷酸腺苷（ATP）耗竭（例如，血液中磷酸盐过少）和血液中钙含量过高时都会发生红细胞皱缩。有报道称，犬受到响尾蛇或银环蛇的攻击后由于其毒液的作用，血液中会出现暂时的红细胞皱缩现象（图11 E，图11 F），随着被咬时间的增加或毒液的吸收增多，机体会出现皱缩红细胞增多或球状红细胞贫血症等一系列问题。皱缩红细胞症会出现在患有尿毒症、接受输血以及有丙酮酸激酶缺陷的犬的体内（图11 G）。还可见于患有肾小球肾炎以及肿瘤（淋巴瘤、血管肉瘤、肥大细胞瘤、癌症）的犬的体内和全身阳离子消耗过多的马体内（常见于过量运动、使用速尿等药物后及全身性疾病等）。

棘红细胞

红细胞呈不规则排列、表面有不定大小的刺状突起，被称为棘红细胞或马刺细胞（图11 H，图11 I）。棘红细胞形成的条件是红细胞膜含有的胆固醇比磷脂多。红细胞膜上类脂的改变可能是由于血液中胆固醇含量增高或是由于存在不正常生理状态的血浆脂蛋白化合物。棘红细胞已经被确诊存在于患有肝脏疾病的动物，可能是由于血浆脂质化合物的改变，这样的变化可以改变红细胞的脂质化合物。据报道，棘红细胞也存在于犬的一些病症里，导致红细胞破碎，比如血管肉瘤（图11 I）、弥漫性血管内凝血和肾小球性肾炎。

据报道，显著的棘红细胞增多症多见于年轻的山羊和某些年轻牛的体内（图10 F）。在其早期发展阶段，年轻山羊棘红细胞增多症的出现，是由于存在血红蛋白C造成的。

角膜细胞

红细胞内含有一个或多个完整的或破裂的“囊泡”类物质，这些红细胞被称为角膜细胞（图11 J～图11 M）。这些非染色的圆形区域可能是密封的膜形成的，并不是真的囊泡。这个区域的移除和破裂会导致一个或两个血影的形成。角膜细胞已经被确诊存在于多种病症，包括缺铁性贫血、肝脏疾病、猫的链霉素中毒、骨髓发育不良综合征以及伴随有皱缩红细胞增多或棘红细胞增多症的犬的多种病症。当用乙二胺四乙酸保存猫的血液时，可以促进角膜细胞的形成。

裂口红细胞

当观察血涂片时，中间有椭圆形和细长的苍白色淡染区的杯状红细胞，被称为裂口红细胞（图11 N），通常在制作的比较厚的血涂片中发现。在犬的遗传性的裂口红细胞病中，红细胞内水容量升高，就会造成裂口红细胞的形成（图11 O）。当可以优先分布到脂质双分子层内侧的脂、水两亲性药物存在时，裂口红细胞也可以形成。

球形红细胞

肿胀的红细胞和/或失去细胞膜的红细胞称为球形红细胞。球形红细胞经血涂片染色后没有中央淡染区，也比正常的红细胞直径小（图11 P）。在一侧有一个小裂口的球形红细胞可以称为裂口球形红细胞（图11 Q）。在犬体内出现球形红细胞大多经常与患免疫介导的溶血性贫血有关。其他可以形成球形红细胞的原因包括被刺入银环蛇和响尾蛇的毒液，被蜜蜂刺蛰，锌中毒，寄生于红细胞的寄生虫，输血，遗传性的红细胞生成异常。因为，来自普通家畜的红细胞的中央淡染区要比犬的小，所以很难确定这些非犬类动物体内是否存在球形红细胞（图11 R）。有报道称，在患有边虫病牛的血液内，以及在患有遗传性红细胞条带3缺乏症的日本黑牛血液内都发现有球形红细胞。

裂片红细胞

当红细胞被迫流过破损的血管或是血流速度加快时，会形成红细胞碎片。有棱角的红细胞碎片称为裂片红细胞或裂红细胞（图11 S～图11 U），它们要比正常的盘状细胞小。在患微血管性溶血性贫血，并伴有弥漫性血管内凝血（DIC）的犬血液内可以发现裂片细胞。这些碎片是在红细胞通过微血栓纤维蛋白网状组织时产生的。在患有DIC的猫和马血液内并不会出现典型的裂片红细胞，可能是由于这些品种动物的红细胞较小，这样在血液循环中，它们被纤维蛋白分裂的可能性就小了。裂片红细胞也已发现于犬的严重的缺铁性贫血、骨髓纤维变性、肝病、心力衰竭、肾小球性肾炎、血吞噬组织细胞紊乱、血管肉瘤以及犬的先天或后天的红细胞生成异常。犬脾脏切除后，会呈现丙酮酸激酶缺乏症，能够看到显著的裂红细胞和棘红细胞异形红细胞症（图11 U）。人们推测脾脏能清除这些红细胞碎片。

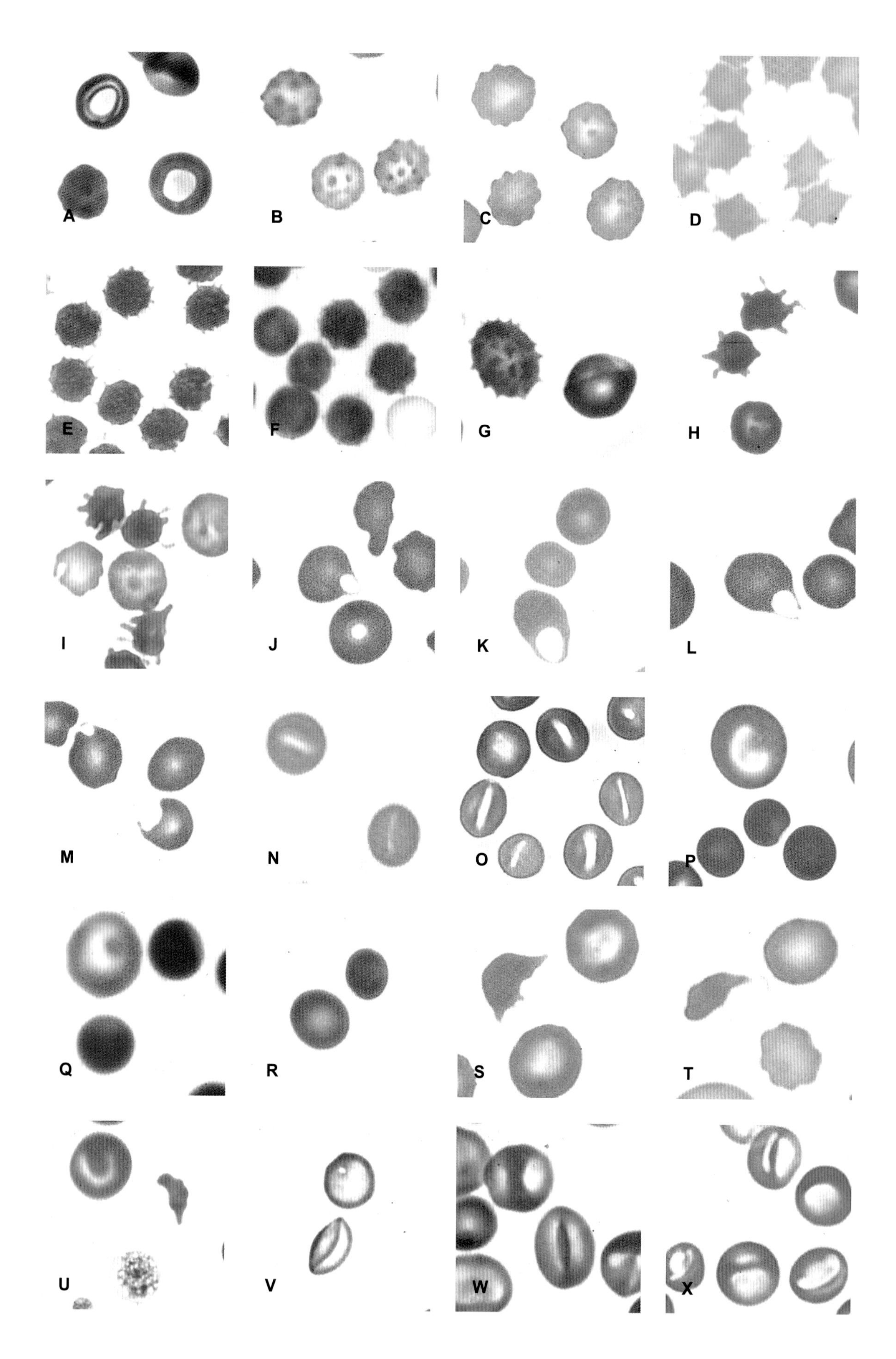
A
B
C
D
E
F
G
H
I
J
K
L
M
N
O
P
Q
R
S
T
U
V
W
X

图11　畸形红细胞

A. 犬的血涂片。两个盘状细胞，细胞中央染色液被洗掉，外周有较浓的红色染液。瑞氏–姬姆萨染色。

B. 患恶性组织细胞增生症犬的血涂片中的棘红细胞，细胞表面分布均匀的长度相似的针状结构。瑞氏–姬姆萨染色。

C. 与图11 B相同的血涂片。棘红细胞比图11 B中的棘红细胞更加稀薄，红细胞呈现有圆齿的轮廓；因此，仍然沿用来自于拉丁文意思“有锯齿状的”古老术语“圆齿状”。瑞氏–姬姆萨染液。

D. 猪正常血涂片中的皱缩红细胞。瑞氏–姬姆萨染色。

E. 表面大量细刺状物的皱缩红细胞（锯齿形细胞），该犬被美国东部地区的有菱形斑纹的响尾蛇咬过。瑞氏–姬姆萨染色。

F. 棘球状红细胞和一个溶解的红细胞“血影”（底部右侧），该犬被银环蛇咬过。瑞氏–姬姆萨染色。

G. 一个皱缩红细胞（左），来自于患丙酮酸激酶缺乏症的凯恩犬。瑞氏–姬姆萨染色。

H. 来自于患肝脏淋巴瘤犬的体内两个表面有间隔不等、大小不定针突的棘红细胞（上方）。瑞氏–姬姆萨染色。

I. 来自于患血管肉瘤犬的体内三个表面有间隔不等、大小不定针突的棘红细胞。瑞氏–姬姆萨染色。

J. 角膜细胞。看起来像红细胞胞质内存在一个“小囊泡”，血液来自于患肝脏脂沉积症的猫。瑞氏–姬姆萨染色。

K. 来自于患肝脏脂肪沉积症的猫的血液内的角膜细胞。看起来像红细胞胞质内存在一个“小囊泡”。瑞氏–姬姆萨染色。

L. 来自于患肝脏脂肪沉积症猫体内的角膜细胞。看起来像红细胞胞质内存在一个破碎的“小囊泡”。瑞氏–姬姆萨染色。

M. 来自于患肝脏脂肪沉积症猫的血液内的两个角膜细胞。看起来像红细胞胞质内存在破碎的“小囊泡”。瑞氏–姬姆萨染色。

N. 来自于患溶血性贫血症猫的血液内的中央有淡染的细长区域的裂口红细胞。这些裂红细胞在血涂片中呈现不一致性，可能是人为造成的。瑞氏–姬姆萨染色。

O. 来自于无症状的波美拉尼亚小犬的中央有淡染的细长区域的裂口红细胞，且有长期的裂口红细胞增多症和巨红细胞的血红蛋白过少症。就像犬有遗传性裂口红细胞增多症一样，红细胞的渗透压低，而且谷胱甘肽合成减少。瑞氏–姬姆萨染色。

P. 来自于患免疫介导溶血性贫血犬的血液内的三个球形红细胞（底部）和一个大的多染性红细胞或是网织红细胞（上）。瑞氏–姬姆萨染色。

Q. 来自于患免疫介导溶血性贫血犬的血液内的一个大的多染性红细胞或是网织红细胞（上左）和两个裂口球形红细胞。这两个裂口球形红细胞并不是完全的球形。每一个在其一侧有一个轻微的压痕。瑞氏–姬姆萨染色。

R. 来自于患免疫介导的新生儿溶血症的驹血液内的一个球形红细胞（上）和一个盘状细胞（底部）。瑞氏–姬姆萨染色。

S. 来自于患血管内弥散性红细胞溶解的犬血液内的一个破碎的红细胞（裂细胞）和两个盘状细胞。瑞氏–姬姆萨染色。

T. 来自于患血管内弥散性红细胞溶解的犬血液内的一个裂红细胞（左），盘状细胞（上）和皱缩红细胞（底部）。瑞氏–姬姆萨染色。

U. 来自凯恩犬体内的一个裂红细胞（上右侧），大的血小板（底部右侧）和多染性红细胞（上左侧），该犬患有脾脏切除性的丙酮酸激酶缺乏症。瑞氏–姬姆萨染色。

V. 出现在一个患严重缺铁性贫血犬的血液内的两个薄平的浅色的红细胞（薄红细胞），其膜面积与体积比升高。位于底部的薄红细胞是折叠的。瑞氏–姬姆萨染色。

W. 出现在有门体静脉分流犬的血液内两个连接细胞（中央）。瑞氏–姬姆萨染色。

X. 来源于患缺铁性贫血犬的血液内的红细胞，有两个连接细胞（上和底部中央）。瑞氏–姬姆萨染色。

薄红细胞

这些红细胞的特点是薄，当细胞的表面积和体积比增加时，血红蛋白减少。一些红细胞呈折叠状（图11 V）；一些看起来像三凹碟形连接细胞，使人认为红细胞有一个血红蛋白的中心区（图11 W，图11 X）；其他细胞看起来像密码细胞（图12 A ~ 图12 C）。密码细胞（靶形红细胞）是钟形的细胞，其血涂片中央区域浓度较深（靶心）。在健康犬的血液中有少量的密码细胞，在患再生障碍性贫血犬的体内，密码细胞和连接细胞数量都有增长。密码细胞尤其会在患先天性异常红细胞生成障碍的犬的体内大量增长。在发生缺铁性贫血时可以发现有薄红细胞（图11 V，图12 B），在肝功能不全（图12 C）的情况下，薄红细胞很少，其结果是不断产生大量的膜磷脂质和膜胆固醇。多染性红细胞有时表现为薄红细胞。

偏心细胞（影细胞）

血红蛋白集中分布在红细胞的某些区域，术语叫作偏心细胞（图12 D，图12 E）。它们是血红蛋白黏附在红细胞膜的胞浆面的相对位置而形成的。圆球形的偏心红细胞带有一个小的细胞质残留物可以称为固缩红细胞。犬在食入或吸入氧化剂，如洋葱、对乙酰氨基酚和维生素K后，其体内会有偏心细胞；马在食入红枫叶后，也会出现偏心细胞；牛在静脉注射过氧化氢作为自家疗法后也会产生这种情况。如果马缺少葡萄糖-6-磷酸脱氢酶（G6PD）或者马缺少谷胱甘肽还原酶继发红细胞黄素腺嘌呤二核苷酸（FAD）缺乏时，也可以在血液内看到偏心细胞。

椭圆形红细胞（卵形红细胞）

来自非哺乳动物和骆驼科动物的红细胞，正常情况下是椭圆形或卵形的（图7 D）。它们通常是扁平的而不是两面凹陷的。在骨髓异常（骨髓及外骨髓增殖紊乱和急性成淋巴细胞白血病）猫的体内已经发现了异常红细胞，在患肝脏脂肪沉积症、门静脉分流术后以及阿霉素中毒后的猫血液内也有异常红细胞。这种情况也发生在患骨髓纤维变性、骨髓增生综合征、肾小球性肾炎的犬体内，椭圆形红细胞可能是针状体的（图12 F，图12 G）。据报道，犬遗传性椭圆形红细胞增多症，是由于缺少了膜蛋白4.1造成的。

泪细胞

这些红细胞是泪珠状的，细长或末端尖锐（图12 H，图12 I）。泪细胞增多症是人发生骨髓纤维变性引起的特征性变化，但是在犬骨髓纤维变性时却不是特征性变化。患骨髓增生性疾病的犬和猫的血液中发现了泪细胞，患肾小球性肾炎和脾机能亢进的犬体内也发现了泪细胞。反刍动物和美洲鸵患缺铁症时，泪细胞是共同的异常红细胞（图12 J，图12 K）。

镰状红细胞（镰刀细胞）

梭形或纺锤形的红细胞，经常发现于健康鹿的血液里（图12 L）和患镰状细胞贫血症的人的血液中。这些镰状红细胞继发于血红蛋白聚合作用，鹿体内镰状红细胞的形状取决于血红蛋白的存在类型。当红细胞氧张力升高和pH在7.6～7.8之间时，可以使红细胞在体外发生相同的现象。

在一些健康的成年安哥拉山羊和英国绵羊体内，发现了管状的血红蛋白聚合物。对于鹿来说，纺锤形或梭形的红细胞类似于镰状细胞；一些学者称这些细胞为渐尖红细胞（图12 M）。安哥拉山羊体内纺锤形的红细胞所占比例的改变取决于山羊的个体差异和体外试验时所涉及温度、pH和氧气量的改变。贫血时，这些细胞数量的减少可能是因为血红蛋白的合成减少造成的。

血红蛋白结晶

在猫（图12 N）和美洲驼（图12 O）的血涂片中通常会看到大量红细胞内出现血红蛋白晶体。在犬的血涂片（图12 P）中很少发现，尤其是小于3月龄的犬。血红蛋白电泳不能发现血红蛋白畸形，在家畜的血涂片中发现血红蛋白晶体也没有病理学方面的意义。

溶解的红细胞

在外周血血涂片中出现红细胞“血影”说明细胞在制成血涂片之前就已经溶解了（图12 Q）。血管内溶血发生后，红细胞膜可以迅速地从血循环中清除；因此，如果血循环中存在血影说明是刚发生溶血或者是在体外经输血导管采集血液后溶血。如果是由氧化剂造成的溶血，可以在红细胞血影中发现海因茨小体（图12 R）。当红细胞是在制血涂片时发生溶血，则它们看起来像红色的斑点（图12 S）。这些有斑点红细胞通常发现于患脂血症的样品中。

有核红细胞

晚幼红细胞（图12 T，图12 U）和中幼红细胞很少出现在健康成年哺乳动物血液中，但是在一些健康犬和猫的体内可以发现少量的该细胞。这些有核红细胞通常存在于患再生障碍性贫血症的血液（中幼红细胞血症）中；然而，它们的存在未必说明有再生反应。有核红细胞很少存在于患再生障碍性贫血的马体内。

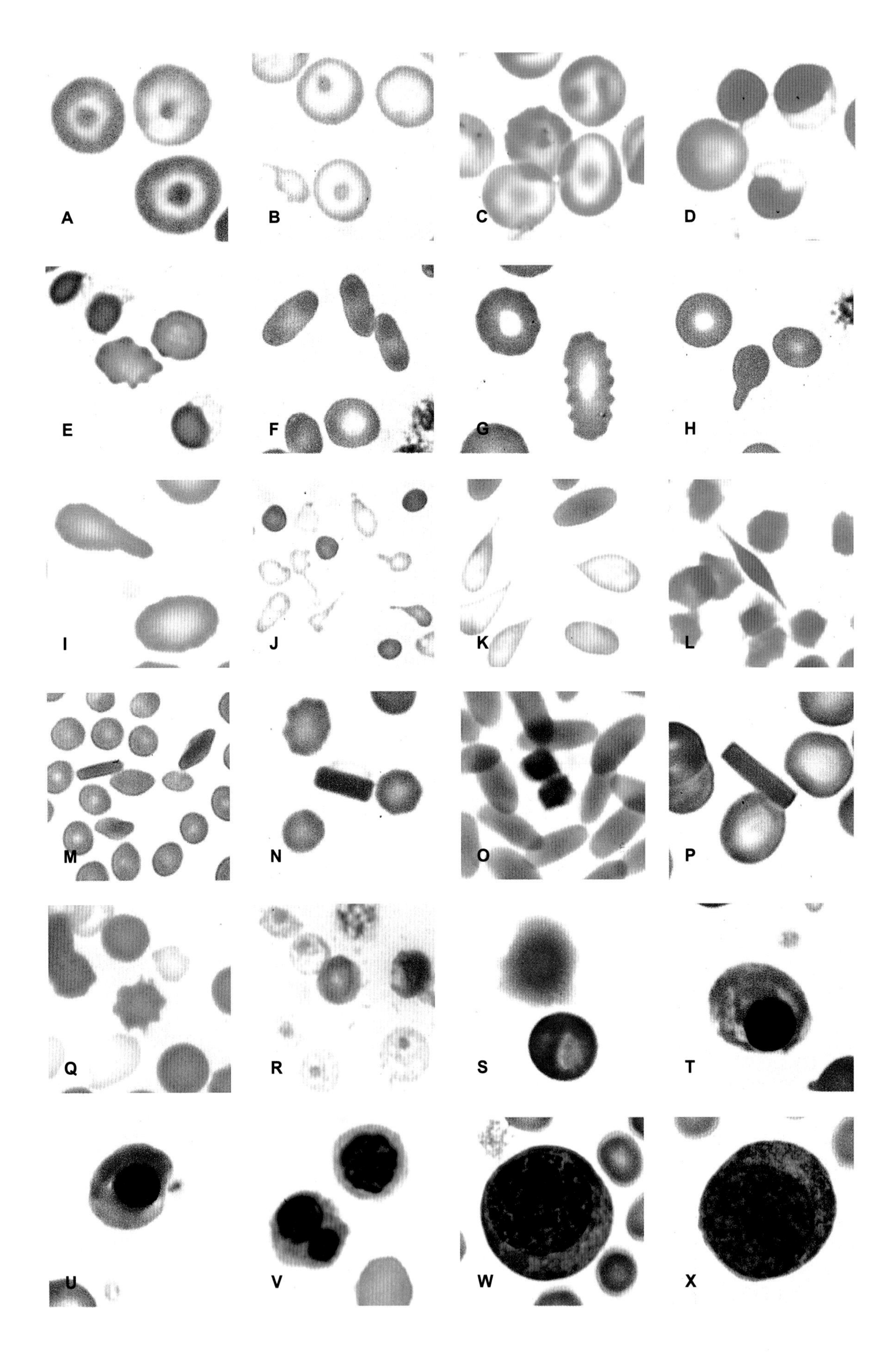
A
B
C
D
E
F
G
H
I
J
K
L
M
N
O
P
Q
R
S
T
U
V
W
X

图12 形状异常的红细胞和有核红细胞前体细胞的形状

A. 来自于患丙酮酸激酶缺乏症并继发再生障碍性贫血和肝脏血色沉着病的凯恩犬血液中的三个密码细胞血涂片。这些红细胞的特点是有一个密度集中中心或是靶心，所以常被称为靶形细胞。瑞氏–姬姆萨染色。

B. 来自于严重的缺铁性贫血犬血液中的两个密码细胞（上方和下中方）和一个裂红细胞（下左）。瑞氏–姬姆萨染色。

C. 患肝脏疾病犬的血液中的密码细胞。瑞氏–姬姆萨染色。

D. 使用对乙酰基氨基酚造成了氧化性损伤，该犬血液中有三个偏心细胞和一个盘状细胞（左）。位于上部中间的细胞有个细胞质的小附属物，此细胞可以称为固缩红细胞。瑞氏–姬姆萨染色。

E. 患遗传性的葡萄糖–6–磷酸脱氢酶缺乏症马的血液的三个偏心细胞。瑞氏–姬姆萨染色。

F. 患糖尿病和轻度贫血猫的血液中的三个椭圆形红细胞和一个盘状细胞。X线照片显示了未知病原的弥散性间质肺炎。瑞氏–姬姆萨染色。

G. 患肾小球性肾炎犬的血液中的一个棘状椭圆形红细胞。瑞氏–姬姆萨染色。

H. 猫的血液中的一个泪细胞（底部）和两个盘状细胞。瑞氏–姬姆萨染色。

I. 患肾小球性肾炎犬的血液中的一个泪细胞（左）和椭圆形红细胞（右）。瑞氏–姬姆萨染色。

J. 严重缺铁性贫血犬的血液内的血蛋白过少的泪细胞。

K. 严重缺铁性贫血美洲驼的血液内的血蛋白过少的泪细胞。正常的美洲驼椭圆形红细胞（上部右侧）形态是由于输血造成的。瑞氏–姬姆萨染色。

L. 白尾鹿血液中的细长的镰状红细胞（镰形红细胞）。瑞氏–姬姆萨染色。

M. 杂交山羊的含有血红蛋白内含物的红细胞。这些红细胞中的一些呈矩形，但大多呈梭形，他们可能表现为管状细丝的血红蛋白聚合物，就像存在于镰状细胞的一样。瑞氏–姬姆萨染色。

N. 猫红细胞的血红蛋白结晶。瑞氏–姬姆萨染色。

O. 美洲驼两个红细胞内的血红蛋白晶体。瑞氏–姬姆萨染色。

P. 犬血液中红细胞内的血红蛋白晶体。瑞氏–姬姆萨染色。

Q. 红染的完整的红细胞（位于中央的皱缩红细胞）和淡染的红细胞血影。该血液来自血管内溶血的马。造成血管内溶血的原因是静脉和腹膜内注射了误认为是等张力的低渗液体。瑞氏–姬姆萨染色。

R. 猫红细胞血影，且都存在一个单一的红染海因茨小体。该猫由于使用对乙酰基氨基酚而血管内溶血。瑞氏–姬姆萨染色。

S. 患脂血症犬的血液中一个溶解的红细胞（在顶部是红色物质）和盘状细胞。在制作血涂片时也可以发生细胞溶解。瑞氏–姬姆萨染色。

T. 患再生性溶血贫血症的犬血液中正染性晚幼红细胞。瑞氏–姬姆萨染色。

U. 患再生性溶血贫血症的犬血液中多染性晚幼红细胞。瑞氏–姬姆萨染色。

V. 患急性红细胞性白血病和非再生障碍性贫血症的猫血液中的两个多染性中幼红细胞，其中一个含有分成小叶的核。瑞氏–姬姆萨染色。

W. 脊髓发育不良综合征和非再生障碍性贫血症的猫血液中的特别大的嗜碱性中幼红细胞。瑞氏–姬姆萨染色。

X. 患急性红细胞性白血病和非再生障碍性贫血症的猫血液中的原始红细胞。瑞氏–姬姆萨染色。

在铅中毒的动物体内，可以看到有核红细胞，几乎不溶血（图13 M）；不存在溶血现象，但机体骨髓被破坏情况下，例如败血症、内毒素性休克和使用药物时，也可以看到有核红细胞。在多种的情况下，犬体内可以看到少量的有核红细胞，例如心血管疾病、创伤、肾上腺皮质功能亢进和各种炎症症状。

当患有非再生障碍性贫血动物（图12 V ~ 图12 X）体内频繁出现有核红细胞时，要考虑的情况有：脊髓发育不良、造血性肿瘤、骨髓浸润性疾病、脾脏功能损伤和遗传性的红细胞生成紊乱。当非再生障碍性贫血动物的血液中出现了原始红细胞，强有力地说明了该动物患有骨髓及外骨髓增生紊乱（图12 X）。如果血液中有有核红细胞（图13 A，图13 B），该动物可能有骨髓增生紊乱（图12 V）或是经过了长春新碱治疗，红细胞核可能是分叶的或碎片的。有核网织红细胞前体细胞早于晚幼红细胞，并可以进行区分；因此，在血液中可以看到有丝分裂的有核红细胞（图13 C）。

红细胞的内含物

豪 – 若二氏体

豪-若二氏体（Howell-Jolly Bodies）是在骨髓形成的小的、圆形的细胞核残留物，在脾脏通过吞噬作用清除。豪-若二氏体存在于健康马和猫的少数红细胞中（图13 D）。在一些其他的物种，它们的出现经常与再生障碍性贫血或脾脏切除有关。当动物接受糖皮质激素治疗后，它们也可能增多（图13 E）。当动物经长春新碱治疗后，若有再生障碍性贫血，会出现细胞核残片和大量豪-若二氏体（图13 A，图13 B）。

海因茨小体

海因茨小体（Heinz Bodies）是存在于红细胞内膜上的较大的被氧化的血红蛋白沉淀聚合物。与豪-若二氏体着色为深蓝色相反的是，海因茨小体用罗曼诺夫斯基染色法染色，显粉红色（图 13 F，图13 G）。海因茨小体贴在红细胞内膜，并使细胞内膜变形，当内膜皱缩包裹于该包含体的大部分时，该包含体成为小的颗粒状的表面折光小体（图13 F）。当血管内发生溶血，在血影中就可以看见这种红色的内含物（图12 R，图13 F）。当海因茨小体与网织红细胞一同染色时，呈现浅蓝色（图13 H）。在用美蓝染色制成的血涂片中，它们呈现黑色的折光包含体（图13 I）。与其他的家畜相反，健康猫在红细胞内可能有5%左右的海因茨小体。猫的血红蛋白不仅容易被内在氧化剂氧化变性，而且在对红细胞中海因茨小体的清除方面，猫的脾脏与其他物种的脾脏相比要稍微逊色些。海因茨小体数量的增多，在猫上可能伴随于其他疾病，例如轻微贫血和其他自发性疾病，如糖尿病（特别是存在酮病时）、甲状腺机能亢进和淋巴瘤。当其他物种进行脾脏切除后，也会存在小的海因茨小体。

由特定的食物引起海因茨小体溶血性贫血的情况有大动物和小动物食入洋葱；反刍动物食入甘蓝菜和芸苔属植物；牛食入丰富的越冬黑麦；马食入红枫叶。在饲喂缺硒的圣奥古斯丁草的佛罗里达州的牛的红细胞中发现了海因茨小体，并在主要喂养黑麦草的产后麻痹的新西兰牛的红细胞中也发现了海因茨小体。铜中毒是造成绵羊和山羊形成海因茨小体的原因。有报道称当犬食入含锌物质（例如，1982年后美国的便士开始铸造）时，就会形成海因茨小体。在犬摄取樟脑球后，可能会形成海因茨小体。海因茨小体溶血性贫血的发生是由于使用了各种各样的药物，包括猫和犬使用对乙酰氨基酚和美蓝；猫使用蛋氨酸和非那吡啶；犬使用甲萘醌（维生素K_3）；马使用吩噻嗪。

嗜碱性颗粒

由于红细胞内存在散在的核糖体和多核糖体，所以当用罗曼诺夫斯基血液染色法进行染色时，网织红细胞呈现多染性的红细胞，但是有时候核糖体和多核糖体会聚集在一起，形成蓝色着染的颗粒物，被称为嗜碱性颗粒（图13 J ~ M）。这些聚合物与网织红细胞染色过程中产生的聚集物相似，但是它们是在进行罗曼诺夫斯基血液染色之前的细胞干燥步骤中形成的，而不是在染色过程中形成。当反刍动物患有再生障碍性贫血时，通常会出现散在的嗜碱性颗粒（图13 J，图13 K），这种情况也会偶尔出现在其他动物身上（图13 L）。任何动物铅中毒时，都会出现明显的嗜碱性颗粒（图13 M）。

铁质沉着物

铁质沉着物顾名思义就是含铁的物质。与嗜碱性颗粒相反，它在红细胞中的分布很普遍，铁质通常会像嗜碱性颗粒聚集物那样分布在红细胞的边缘。这些在常规血涂片中的可见物称为含铁小体（图13 N，图13 O）。电子显微镜下观察到的人红细胞中的这些小体，揭示了这些铁质存在于自噬小体（溶酶体）中，也存在于退化的线粒体中。

常用普鲁士蓝染色制片来鉴定铁质的存在与否（图13 P）。高铁红细胞就是这些含有铁质沉着物的红细胞。在健康动物的血液中很少或没有高铁红细胞，但是当铅中毒、溶血性贫血、红细胞生成异常、骨髓增生性疾病、经氯霉素治疗和实验性猪的吡哆醇缺乏时，均可以引发高铁红细胞。在锌中毒的犬的红细胞中可发现铁质沉着物，但是不确定这是锌中毒本身造成的，还是与溶血性贫血的继发症有关。总之，大量的含铁小体很少存在于未贫血的犬体内（图13 O，图13 P），这种原因还不清楚。一个相同的原因是这些犬使用了羟嗪治疗；然而，之前还没有报道过这种药物可以造成血液异常。

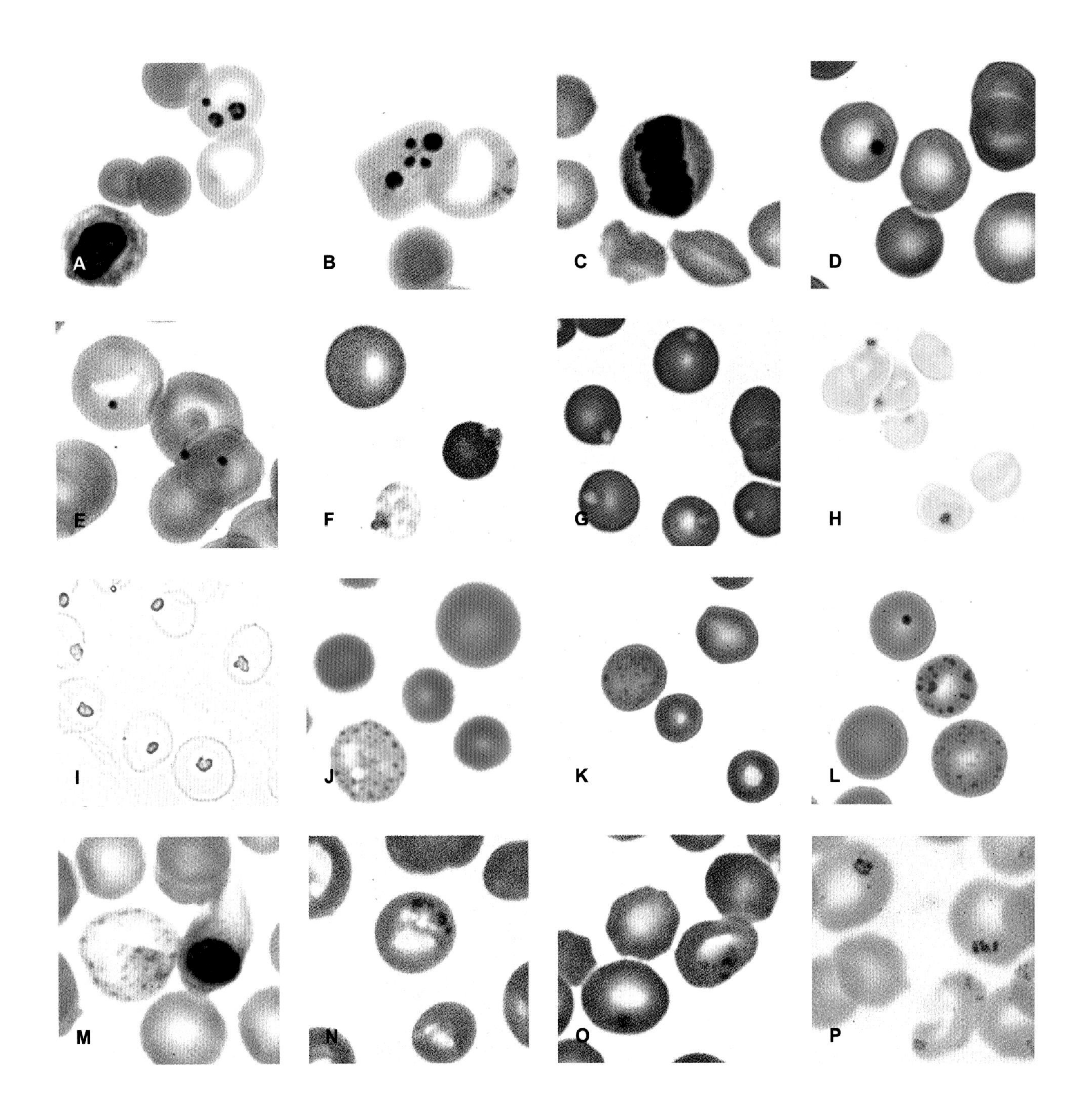
A
B
C
D
E
F
G
H
I
J
K
L
M
N
O
P

图13 红细胞内含物和正在进行有丝分裂的红细胞前体

A. 具有长形细胞核的多染性晚幼红细胞和来自免疫介导的溶血性贫血以及患有血小板减少症并用长春新碱治疗5天后的犬血液中的内含细胞核碎片的红细胞。瑞氏–姬姆萨染色。

B. 患免疫介导的溶血性贫血和患血小板减少症并使用5天长春新碱治疗的犬血液中的内含细胞核碎片的红细胞。瑞氏–姬姆萨染色。

C. 患有血管肉瘤和再生障碍性贫血的犬的血液中的正在进行有丝分裂的中幼红细胞。瑞氏–姬姆萨染色。

D. 猫血液中含有豪–若二氏体（圆形的细胞核剩余物）的红细胞（左）。瑞氏–姬姆萨染色。

E. 经糖皮质类固醇治疗的犬的血液中含三个豪–若二氏体的红细胞。瑞氏–姬姆萨染色。

F. 一个大的多染性红细胞（上），含海因茨小体的红细胞血影（下）和一个含表面折光的海因茨小体的完整红细胞（右），该细胞来自于由于食入了几个含锌便士而患溶血性贫血犬的血液。瑞氏–姬姆萨染色。

G. 海因茨小体，在猫的红细胞内呈现苍白的斑点。瑞氏–姬姆萨染色。

H. 用新亚甲蓝染液染色强阳性的猫红细胞所呈现的海因茨小体。

I. 用新亚甲蓝染液染色猫的红细胞涂片所呈现的海因茨小体。

J. 患有边虫病（无有机体的存在）并继发再生障碍性贫血的奶牛血液中存在巨型多染性红细胞的弥漫嗜碱性颗粒（下左）、巨红细胞（上右）、三个正常大小的红细胞。瑞氏–姬姆萨染色。

K. 患再生障碍性贫血的羊的血液，巨红细胞里存在弥漫性的嗜碱性颗粒（左）。瑞氏–姬姆萨染色。

L. 患有血巴尔通氏体病和再生障碍性贫血猫的血细胞，红细胞含有豪–若二氏体（上）、弥漫性表面不光滑的嗜碱性颗粒（中）和小的嗜碱性颗粒（下）。瑞氏–姬姆萨染色。

M. 中毒犬血液中的含嗜碱性颗粒的多染性红细胞（左）和多染性晚幼红细胞（右）。瑞氏–姬姆萨染色。

N. 犬经过氯霉素治疗后，其红细胞内（高铁红细胞）聚集嗜碱性颗粒的血涂片。用普鲁士蓝染色制片可见这些内含物含有铁。瑞氏–姬姆萨染色。

O. 在4年中对英国喜乐蒂雄性牧羊犬进行多次检查，在其血液中发现大量高铁红细胞，两个红细胞中（高铁红细胞）聚集嗜碱性颗粒。红细胞偏小，但不是贫血造成的，也排除了铜、锌中毒和吡哆醇代谢因素，铅中毒也被排除。血样和病例由M.Plier提供。瑞氏–姬姆萨染色。

P. 含铁性物质的红细胞（高铁红细胞），该细胞样本与图13 O中的犬为同一条犬。普鲁士蓝染色。

红细胞上的病原体

许多传染源存在于红细胞内或表面，包括细胞内原虫寄生虫（巴贝斯虫、泰勒虫、猫胞殖原虫）、细胞内立克次氏体（微粒孢子虫属）、支原体（血巴尔通体和附红细胞体）。原虫生物的胞浆内各有一个胞核；由于立克次氏体和支原体是细菌，所以没有细胞核。这些传染性病原体通常造成轻度或严重的溶血性贫血，这取决于病原微生物的致病性和宿主的易感性。犬瘟热病毒包含体也可能出现在犬的红细胞内。

巴贝斯虫

据报道，大多巴贝斯虫都能感染动物。巴贝斯虫体经罗曼诺夫斯基氏染剂染色，细胞质通常是无色或浅蓝色，且细胞核是红色（图14 A～图14 E）。巴贝斯虫在体积上有显著的差异，犬巴贝斯虫（图14 A）很容易观察到，而吉布森巴贝斯虫体（图14 B）和猫巴贝斯虫体（图14 C）很难被看到。大的巴贝斯虫体通常呈梨形体，并成对出现，而小的往往呈圆形。

泰勒虫

血涂片观察泰勒虫体与巴贝斯虫体相似（图14 F）。不同于巴贝斯虫的是，泰勒虫不仅有一个在组织内发育的阶段，也有一个在红细胞内发育的阶段。泰勒虫的裂殖体在淋巴细胞中发育并成熟，释放的小裂殖子进入红细胞，而巴贝斯虫体只能在红细胞中进行增殖。在非洲、亚洲及中东地区，泰勒虫可引起大量的反刍动物疾病；然而在美国反刍动物体内发现的泰勒虫通常是非致病性的。在美国，通常在鹿血中可观察到该虫体（图14 G）。

猫胞殖原虫

正如名字所表达的意思，猫胞殖原虫（图14 H，图14 I）感染猫的红细胞。它与猫巴贝斯虫（图14 C）在形态上相似。就像泰勒虫属，猫胞殖原虫的发育也是分别在组织内和红细胞内。而与泰勒虫属不同的是裂殖体在巨噬细胞而不是淋巴细胞内发育。

边虫

与豪-若二氏体不同，在反刍动物红细胞内，边虫虫体是近似于椭圆形的嗜碱性物质（图14 J～图14 L）。尽管在光学显微镜下不能观察到桑葚胚，但是可以看到边虫体内含有一个至多个亚单位，这些亚单位存在于一个膜衬囊泡内。在光学显微镜下看到的内含物的大小直接取决于当前亚单位的数量。不同于豪-若二氏体，边虫体一般不是完全的球形，大多数情况下要比豪-若二氏体小。

犬瘟热包含体

在犬瘟热病毒感染的病毒血症阶段，犬的血细胞内可以见到病毒包含体，但使用常规的瑞氏或姬姆萨染色很难看到这些包含体。在红细胞内，它们显示为大小不同的圆形、椭圆形或不规则形。在多染红细胞（图14 M）中大多呈现为蓝灰色的包含体。红细胞经过奎克染色（图14 N），犬瘟热包含体通常变红且容易观察到，这是一种经过改进的、快速的瑞氏染色，其机理尚未明确。

犬瘟热包含体是由犬瘟热病毒核衣壳聚集成的。去核红细胞内存在的病毒性包含体，其形成伴随于骨髓内红细胞前体细胞的形成和红细胞去核的过程。

血巴尔通氏体属

血巴尔通体附着在红细胞外表面。在猫的红细胞（图14 O～图14 P）上，猫血巴尔通体显示为小的蓝染的球形、环形或棒形。该生物体形状大小各不相同，但直径或长度大多数介于0.5～1.5 μm间。该生物体出现在重复感染的寄生虫血症中，因此，在急性感染的血液中总是不能发现。犬血巴尔通体构成犬红细胞表面出现的丝状结构（图14 Q）。网织红细胞染色不易观察到血巴尔通体，因为在网织红细胞中出现的嗜碱性核糖体与该寄生虫类似。多年来，血巴尔通体寄生虫被列为立克次氏体，但分子生物学的研究表明，它们属于支原体类微生物。

附红细胞体

附红细胞体是附着于红细胞表面出现在红细胞之间的微小的嗜碱性的环状体。附红细胞体可寄生于猪、羊、牛和骆驼（图14 R～图14 U），可引起猪和羊的严重贫血（主要是年轻的动物），但骆驼和牛通常不会出现贫血。

血巴尔通体和附红细胞体的区别是有事实依据的，血巴尔通体很少有环状的形态而附红细胞体通常呈环形。也有事实表明，两者区别还在于附红细胞体附着在红细胞上的频率和在血浆中游离的频率是相同的，而血巴尔通体则通常牢牢附在红细胞上。这些将二者分成两个属的理由并不充分，特别是考虑到在某种程度上制片过程中会影响环状形态、频率和游离生物体的数量。然而和血巴尔通体一样，该属生物是支原体。

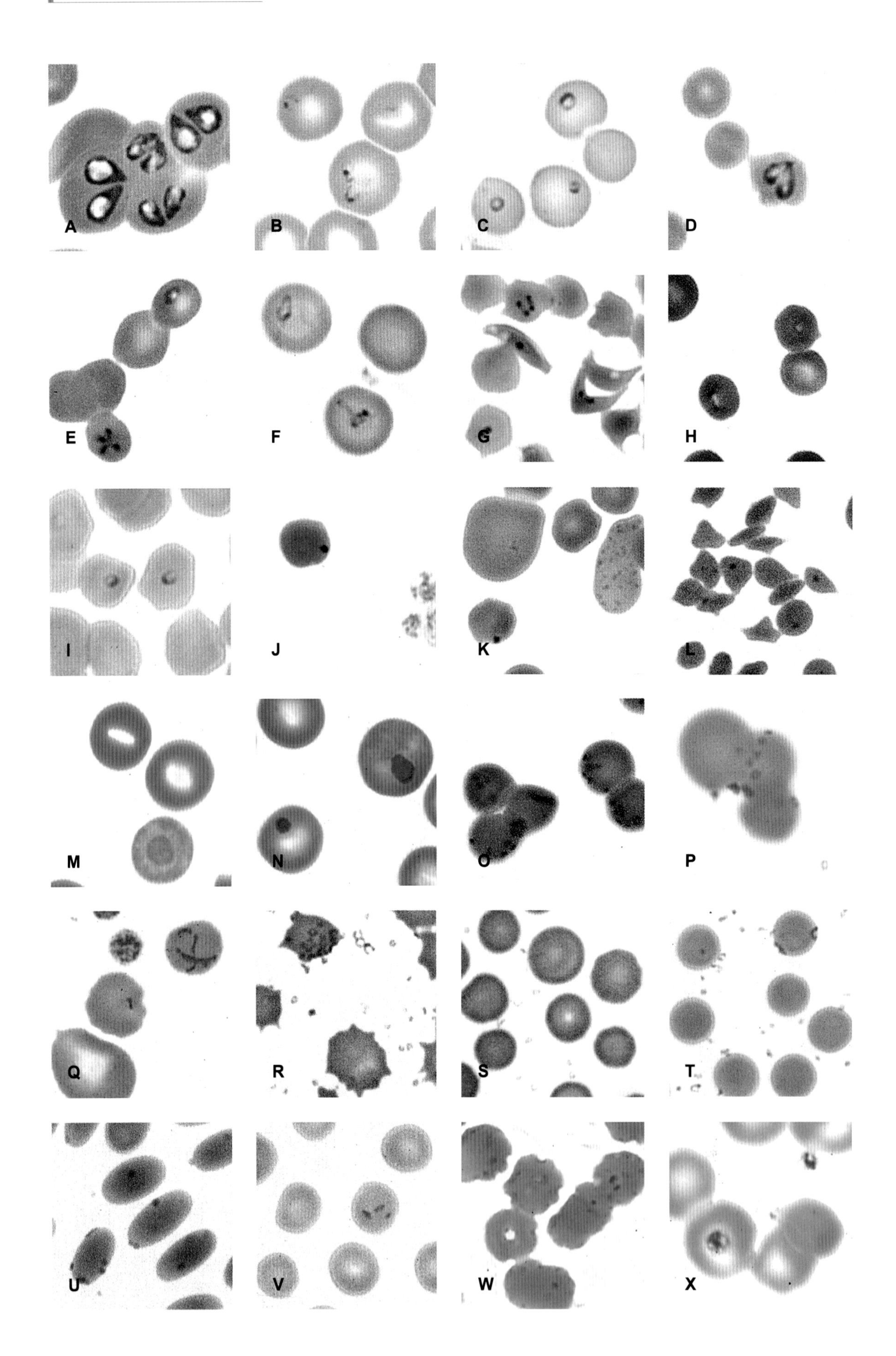
A
B
C
D
E
F
G
H
I
J
K
L
M
N
O
P
Q
R
S
T
U
V
W
X

图14 存在于红细胞内的病原体

A. 分别存在于患有溶血性贫血犬的四个红细胞内的两个梨形犬巴贝斯虫。被感染的红细胞经常被看到黏附于另一个红细胞上。瑞氏–姬姆萨染色。

B. 犬血液中的红细胞内有两个小的吉布森巴贝斯虫（顶部），另外一个红细胞内有单独的一个（右下方）。照片来自于1999年美国兽医临床病理协会会议，由A.R.Irizarry–Rovira、BJ.Stephens、D.B.DeNicola、J.Christian和P.Conrad提供。瑞氏染色。

C. 南非家猫的血涂片上的三个红细胞中均有一个猫巴贝斯虫。瑞氏染色。

D. 在牛的红细胞中的二联巴贝斯虫。瑞氏染色。

E. 马血液中红细胞内存在的一个马巴贝斯虫（上部），红细胞内存在有四个病原体组成的马耳他交叉（底部）。瑞氏–姬姆萨染色。

F. 存在于怀孕的西门塔尔牛两个红细胞内的散在的牛泰勒焦虫样微生物。照片来自于1997年美国兽医临床病理协会会议，由S.L.Stockham、D.A.Schmidt、M.A.Scott、J.W.Tyler、G.c.Johnson、P.A.Conrad 和P.Cuddihee提供。

G. 在白尾鹿血涂片中发现的鹿泰勒焦虫，同时在该片中有镰状细胞存在。瑞氏–姬姆萨染色。

H. 猫的血液中两个有猫胞殖原虫的红细胞。瑞氏–姬姆萨染色。

I. 猫血液中两个有猫胞殖原虫的红细胞。瑞氏–姬姆萨染色。

J. 位于黑白花奶牛红细胞内的边虫，还可见三个血小板（右侧），瑞氏–姬姆萨染色。

K. 黑白花奶牛血涂片，可见存在于红细胞内的边虫（左下），一个巨红细胞（左上），一个含嗜碱性颗粒的形状异常的红细胞（右侧）。瑞氏–姬姆萨染色。

L. 在一只患有食道穿孔和寄生有毛圆线虫的6月龄山羊的血涂片中发现羊边虫。瑞氏–姬姆萨染色。

M. 红细胞内含有一个染色为蓝灰色的圆形的犬瘟热病毒包含体（下部）。瑞氏–姬姆萨染色。

N. 与图14 M为同一只犬，在其血片内可见两个染成微红色的犬瘟热病毒包含体，右上部存在包含体的红细胞为一个多染性红细胞。奎克染色。

O. 一些位于红细胞边缘的猫血巴尔通氏体，在图中央部位有一红细胞内存在成串的猫血巴尔通氏体。瑞氏–姬姆萨染色。

P. 在猫血涂片内显示的位于红细胞表面的呈环状的猫血巴尔通氏体，有一个血巴尔通氏体单独存在于图的右下部。瑞氏–姬姆萨染色。

Q. 在犬的血涂片中显示位于红细胞边缘的犬血巴尔通氏体。红细胞（中间）表面存在有棒状结构可能是由于两个紧密排列的血巴尔通氏体组成。红细胞（右上）内存在有大量的血巴尔通氏体，它们组成链状并在该红细胞表面形成沟，图中还可见一个血小板和一个多染性红细胞。瑞氏–姬姆萨染色。

R. 在切除脾脏猪的血涂片上可见红细胞上以及红细胞之间有猪附红细胞体存在。红细胞呈现皱缩，该现象在正常猪体内常见。在图底部可见一多染性红细胞。照片来自于1980年美国兽医临床病理协会会议，由G.Searcy提供。 瑞氏染色。

S. 夏洛来牛血涂片中显示的红细胞之间的奶牛附红细胞体。照片来自于1993年美国兽医临床病理协会会议，由 E. G.Welles、J.W.Tyler和D.F.Wolfe提供。瑞氏染色。

T. 绵羊血涂片中显示的红细胞之间的附红细胞体。瑞氏–姬姆萨染色。

U. 美洲驼血涂片中显示的红细胞表面和红细胞之间的附红细胞体。瑞氏–姬姆萨染色。

V. 在确诊患有菌血症的猫的红细胞（中右）中发现的巴尔通氏体，经过血液培养后，病原微生物可以经过荧光标记抗体鉴定。由Dr.Rose E.Raskin.提供。瑞氏–姬姆萨染色。

W. 猫血涂片干燥和染料沉着，要与寄生于红细胞内的寄生虫相区别。瑞氏–姬姆萨染色。

X. 犬血涂片上附着于红细胞（左下）表面的血小板，要与寄生于犬血液内的寄生虫相区别。瑞氏–姬姆萨染色。

巴尔通体属

巴尔通体属体型都很小，为革兰氏阴性菌。虽然名字听起来很相似，巴尔通体和血巴尔通体生物并非同类微生物。巴尔通体（罗沙利马体属）似乎是引起人的猫抓病的首要原因。这种微生物在最初的感染阶段，会导致猫轻度的疾病和贫血，但随后，猫成为不显临床症状的带菌者。在红细胞内出现的小杆状细菌，虽然菌体可以在健康猫的血液中培养，但在患菌血症的猫的（图14 V）血涂片中却很少能观察到。

类似于传染源的人为因素

红细胞寄生虫（特别是血巴尔通体和附红细胞体）应当与染色剂沉淀、屈光性干燥或某些人为因素（图4 A，图14 W）、染色不足的豪-若二氏体以及嗜碱性颗粒（图13 J ~ 图13 O）相区别。血小板覆盖在红细胞（图14 X）上可能会与红细胞寄生虫（尤其是巴贝斯虫）相混淆。

第三章

白细胞

（Leukocytes）

中性粒细胞形态

哺乳动物的白细胞可分为多核白细胞和单核白细胞。多核白细胞有聚集的、分叶的细胞核，因其具有大量的细胞质颗粒而称为粒细胞。多核白细胞的颗粒为溶酶体，包括水解酶、抗菌因子和其他物质。初级颗粒的合成是在晚期原始粒细胞和早期早幼粒细胞的细胞质中进行的。这些颗粒可被血常规染色方法，如瑞氏-姬姆萨染色染成紫红色。次级颗粒出现在骨髓的中幼粒细胞形成阶段。粒细胞的三种类型（中性粒细胞、嗜酸性粒细胞和嗜碱性粒细胞）是根据细胞质颗粒的嗜色特性而分类的。

正常中性粒细胞形态

家畜的正常中性粒细胞形态相似。细胞核中的染色质聚集（成群的暗染色区域被亮染色区域分离）、分叶（分成叶状），能被蓝色染料染成紫色（图15 A）。细胞核的各叶由细丝连接，但各叶之间也常常存在缺乏细丝连接的裂隙。当细胞核中某个区域的直径小于其他区域的2/3时，即使仅有两个分叶，也表明中性粒细胞已发育成熟（图15 B）。与其他家畜相比，马的中性粒细胞的细胞核外形有所不同，呈锯齿状（图15 C）。细胞质通常不被着色或仅呈现淡粉红色或弱嗜碱性（图15 D）。在血常规染色下，中性粒细胞颗粒不着色或者仅被染成淡粉红色，呈杆状。雌性动物的X染色体（性染色质叶或鼓槌体）在中性粒细胞中出现率较低（图15 E，图15 F）。这种圆形的嗜碱性染色体由纤细的染色质链黏附在细胞核上。这是两条X染色体中的一条失去活性后固缩的残体。

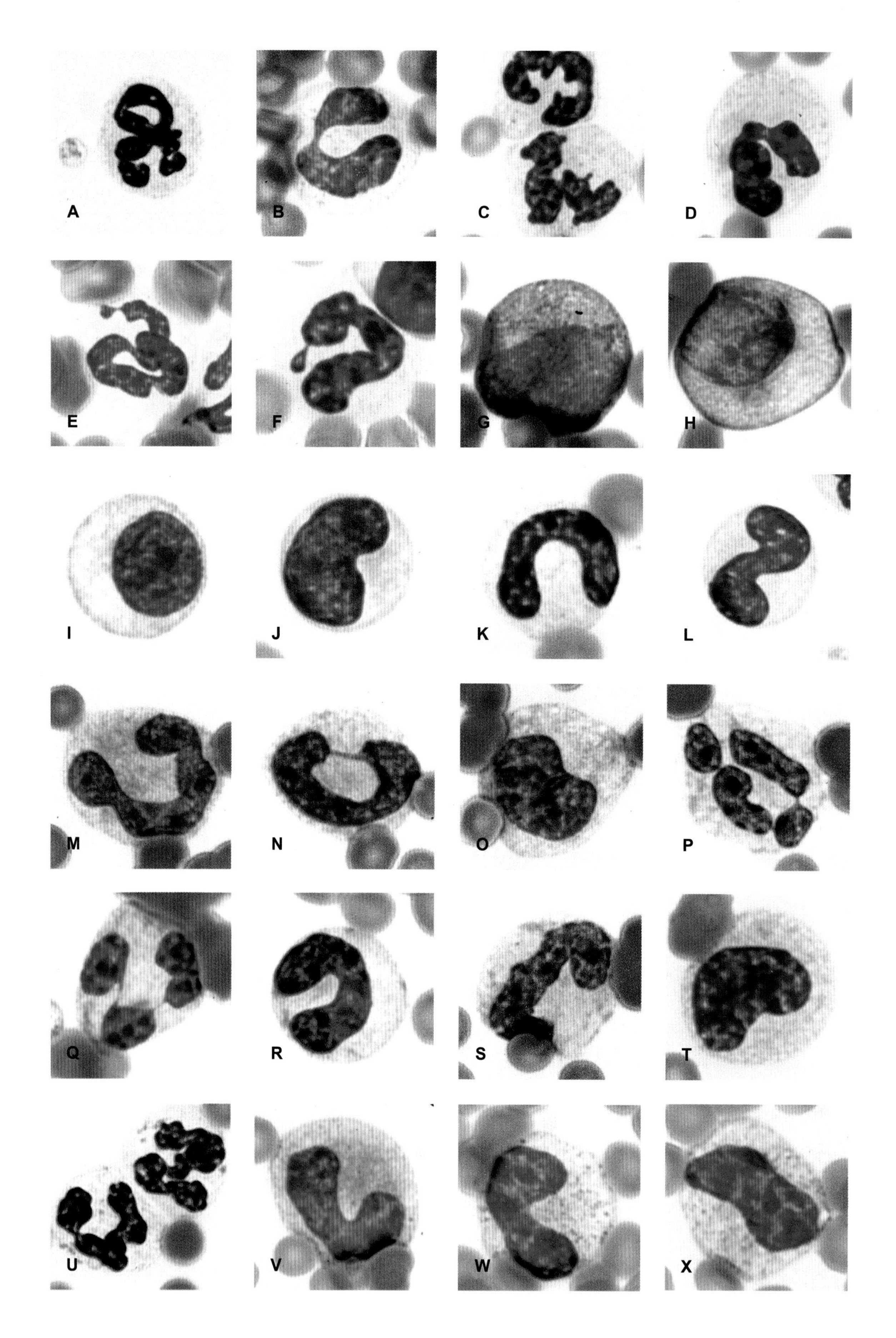
A
B
C
D
E
F
G
H
I
J
K
L
M
N
O
P
Q
R
S
T
U
V
W
X

图15　中性粒细胞及其前体细胞

A. 犬血中的中性粒细胞。瑞氏–姬姆萨染色。

B. 奶牛血中具有两个分叶核的中性粒细胞。瑞氏–姬姆萨染色。

C. 马血中的两个中性粒细胞。瑞氏–姬姆萨染色。

D. 奶牛血中的中性粒细胞，细胞质被染成淡红色。瑞氏–姬姆萨染色。

E. 雌犬中性粒细胞，显示一个性染色体叶或性染色质。瑞氏–姬姆萨染色。

F. 雌猫中性粒细胞，显示一个性染色体叶或性染色质。瑞氏–姬姆萨染色。

G. 急性骨髓单核细胞性白血病（AML–M4）犬血中细胞质颗粒被染成紫色的早幼粒细胞。瑞氏–姬姆萨染色。

H. 多瘘管脓肿引起的细菌继发感染出现显著核左移（白血病样反应）的病猫，血液中的早幼粒细胞细胞质颗粒被染成淡紫色。瑞氏–姬姆萨染色。

I. 慢性骨髓性白血病犬血中中性中幼粒细胞。瑞氏–姬姆萨染色。

J. 慢性骨髓性白血病犬血中中性晚幼粒细胞。瑞氏–姬姆萨染色。

K. 免疫介导溶血性贫血犬血中的杆状中性粒细胞。瑞氏–姬姆萨染色。

L. 免疫介导溶血性贫血犬血中的S形杆状中性粒细胞。瑞氏–姬姆萨染色。

M. 脓毒性腹膜炎病猫血中的中性粒细胞，其细胞质中出现泡沫状嗜碱颗粒（中毒）。瑞氏–姬姆萨染色。

N. 脓毒性腹膜炎病猫血中的中性粒细胞，其细胞核呈环形，细胞质中出现泡沫状的嗜碱性颗粒（中毒）。瑞氏–姬姆萨染色。

O. 脓毒性腹膜炎病猫血中的中毒性晚幼粒细胞，其细胞质中出现泡沫状嗜碱颗粒。瑞氏–姬姆萨染色。

P. 脓毒性腹膜炎病猫血中的中毒性中性粒细胞，其细胞质中出现泡沫状嗜碱颗粒和杜勒小体（角形蓝色的包涵物）。瑞氏–姬姆萨染色。

Q. 多瘘管脓肿引起的细菌继发感染出现显著核左移（白血病样反应）的病猫，血液中的中毒性中性粒细胞胞质中出现泡沫状的嗜碱性颗粒和杜勒小体。瑞氏–姬姆萨染色。

R. 马血液中的杆状核中性粒细胞，其细胞质呈轻度嗜碱性，内有杜勒小体。瑞氏–姬姆萨染色。

S. 脓毒性腹膜炎病猫血中的中毒性杆状核中性粒细胞，其细胞质中出现泡沫状嗜碱性颗粒和杜勒小体。瑞氏–姬姆萨染色。

T. 多瘘管脓肿引起的细菌继发感染出现显著核左移（白血病样反应）的病猫，血液中的中毒性中性晚幼粒细胞细胞质中出现泡沫状嗜碱性颗粒细胞和淡染的杜勒小体。瑞氏–姬姆萨染色。

U. 猫血液中无细胞质中毒现象的两个中性粒细胞胞质中的杜勒小体。瑞氏–姬姆萨染色。

V. 急性沙门氏菌病病马血液中的杆状核中性粒细胞，其胞质中有中毒性颗粒。瑞氏–姬姆萨染色。

W. 细菌感染性荷斯坦奶牛血液中的杆状核中性粒细胞，其胞质中有中毒性颗粒。瑞氏–姬姆萨染色。

X. 细菌感染性荷斯坦奶牛血液中的中性晚幼粒细胞，其胞质中有中毒性颗粒。瑞氏–姬姆萨染色。

核左移形态

在正常动物，成熟的分叶状中性粒细胞以及有时少量的杆状中性粒细胞由骨髓释放到血液中。未分叶的中性粒细胞在血液中增加的现象称为核左移。

血细胞中常见杆状中性白细胞，而晚幼粒细胞、中幼粒细胞很少见到，早幼粒细胞、原始粒细胞极少见到。粒细胞系在骨髓中由原始粒细胞发育至成熟的粒细胞，其形态发生显著的变化，形态稍微缩小，核质（N：C）比变低，核缓慢固缩，核形状发生变化，细胞质的颗粒出现。在无中毒的条件下，细胞质的背景颜色（即无颗粒）由原始粒细胞的蓝灰色逐渐过渡为成熟中性粒细胞的接近无色。然而，细胞质中毒经常见于血液中出现核左移的动物。

原始粒细胞　血液中原始粒细胞的形态在血液原始细胞部分进行描述（图 24）。他们的存在说明有发生骨髓增生性疾病的可能性。

早幼粒细胞　早幼粒细胞有圆形、卵圆形的细胞核，其染色质呈丝带状。在某些早幼粒细胞中能够看到环状的核仁，但大多数的早幼粒细胞看不到核仁结构。早幼粒细胞与其他细胞的主要区别在于其浅蓝色细胞质中有品红着色的初级颗粒（图15 G，图15 H）。

中幼粒细胞　中幼粒细胞有圆形的细胞核（图15 I），与早幼粒细胞相比，中幼粒细胞一般较小，而且细胞核更加聚集，细胞质染色蓝色更浅。首先，在早幼粒细胞中品红着色的初级颗粒在中幼粒细胞中消失，而作为中性粒细胞特征的次级颗粒开始出现，但由于它们的中性着色特征而不易发现。

晚幼粒细胞　轻度核聚集的细胞仍然属于中幼粒细胞，但核聚集增至25%时则称为晚幼粒细胞（图15 J）。在此成熟阶段，细胞核的聚集非常迅速。

杆状核细胞　具有较细的、双边平行的杆状核的细胞称为杆状核中性粒细胞（图15 K）。任何部位的核直径均不低于其他部位的2/3。杆状核中性粒细胞的细胞核发生弯曲以适应细胞质的空间，常见的有U形和S形（图15 L）。核聚集非常显著，最根本的变化是和成熟中性粒细胞的细胞质完全相同。一旦核分叶形成，就称为成熟中性粒细胞，即使仅有两个分叶（图15 B）。

核左移疾病

核左移通常与炎症反应有关。炎症反应既可以是感染性的，也可以是非感染性的，如免疫疾病和骨髓增生性疾病。核左移也可见于动物的慢性骨髓性白血病和佩尔格休特异常（白细胞核异常）。

炎症　引起骨髓释放中性粒细胞出现明显核左移现象的炎症刺激强度要大于单纯从成熟中性粒细胞贮存库释放中性粒细胞的刺激强度。炎症引起的核左移现象的程度变化非常大，有时轻微，只见未分叶中性粒细胞的少量增加，有时核左移现象严重，严重时血液中可出现晚幼粒细胞、中幼粒细胞甚至于早幼粒细胞（极少见）。白细胞计数可能会降低、正常或升高，这取决于从骨髓中释放出的白细胞数量与参与炎症反应的白细胞数量之比。炎症反应除出现核左移外，还会出现细胞质中毒（图16 A）。包括细胞核呈逗点状的巨大中性白细胞的其他异常情况也可见到（图16 B，图16 C）。

与炎症相关的至少伴有中幼粒细胞出现明显核左移现象的显著白细胞症（白细胞总数为50 000～100 000/μL）称为白血病样反应，因为其血相与慢性骨髓性白血病相似。由于白血病样反应的核左移通常是有规律的，成熟分叶的中性粒细胞数量较多，其次是杆状核中性粒细胞，其后依次为晚幼粒细胞、中幼粒细胞。当出现白血病样反应时，通常怀疑局限性化脓性炎症，如子宫积脓。

慢性骨髓性白血病　慢性骨髓性白血病（CML）表现为白细胞总数增多（通常超过50 000/μL）、中性粒细胞核左移（图16 D）。在家畜，CML 最初发现于犬。也可能出现单核细胞、嗜酸性粒细胞增多和/或嗜碱粒细胞的数量增多，没有原始粒细胞或数量极少。当出现明显的核左移而又没有炎症反应时则怀疑为CML。与白血病样反应相比，CML的核左移缺乏规律性。血液中其他类型细胞出现异常有助于CML的诊断。另一方面，在可以调节范围内的明显的细胞质中毒现象的出现、参与炎症反应的血浆蛋白质类物质的增加以及炎症体征的出现表明是类白血病反应而非CML。

佩尔格休特（Pelger-Huet）异常　低分叶指的是细胞核不收缩但染色质浓缩的核左移现象（图16 E，图16 F）。它是佩尔格休特异常犬、猫的遗传特性，也可能影响到嗜酸粒细胞和嗜碱粒细胞。这种异常的杂合体动物通常缺乏临床表现。佩尔格休特异常可出现于慢性感染，极少出现于某些药物治疗或骨髓增生性紊乱的疾病。

细胞质中毒

当中性粒细胞的细胞质出现嗜碱性颗粒增多、有空泡形成或有杜勒小体时称为细胞质中毒。这种形态异常发生于释放入血液循环以前的骨髓中的中性粒细胞。

泡沫状嗜碱性颗粒　泡沫状嗜碱性颗粒常见于严重的细菌感染，也可见于其他的毒血症（图15 M～图15 T）。用电子显微镜可以看到不规则泡沫状空泡和缺乏膜包裹的低电子密度区域。细胞质嗜碱性颗粒是大量的粗面内质网和多聚核糖体持续性存在的结果。

杜勒小体（Döhle Bodies）　杜勒小体是中性粒细胞及其前体细胞的胞质内含物，呈淡蓝色，多角形（图15 P～图15 U）。它们是残留的粗面内质网聚集物。这种内含物的出现表明存在轻度中毒现象，有时也见于无疾病表现的猫的中性粒细胞（图15 U）。杜勒小体必须与铁阳性颗粒、犬瘟热包含体以及遗传性切-东二氏综合征猫的中性粒细胞的颗粒进行鉴别。

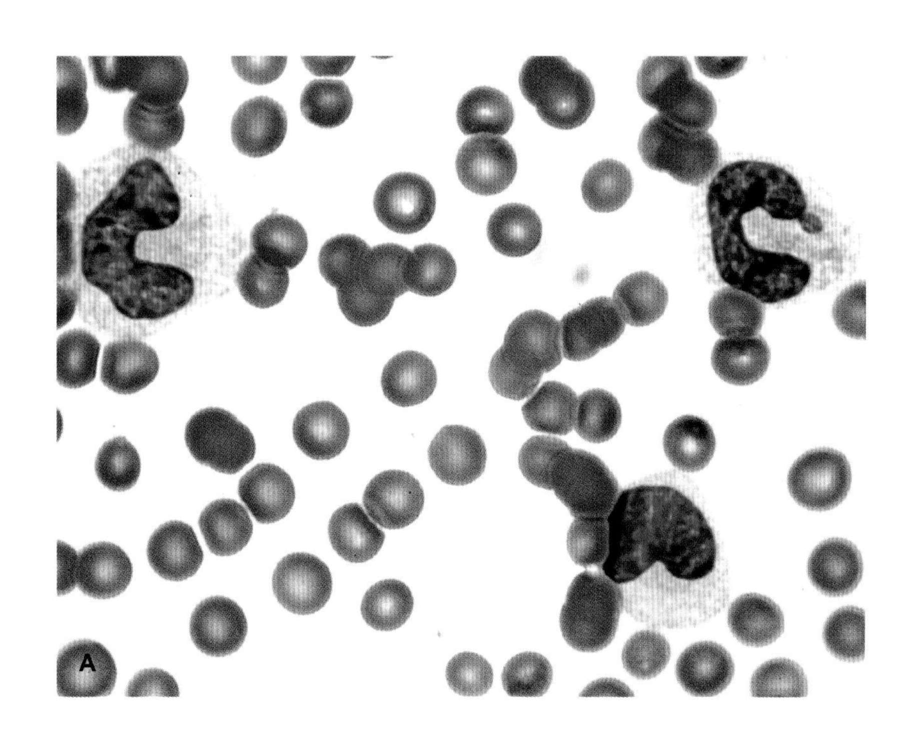

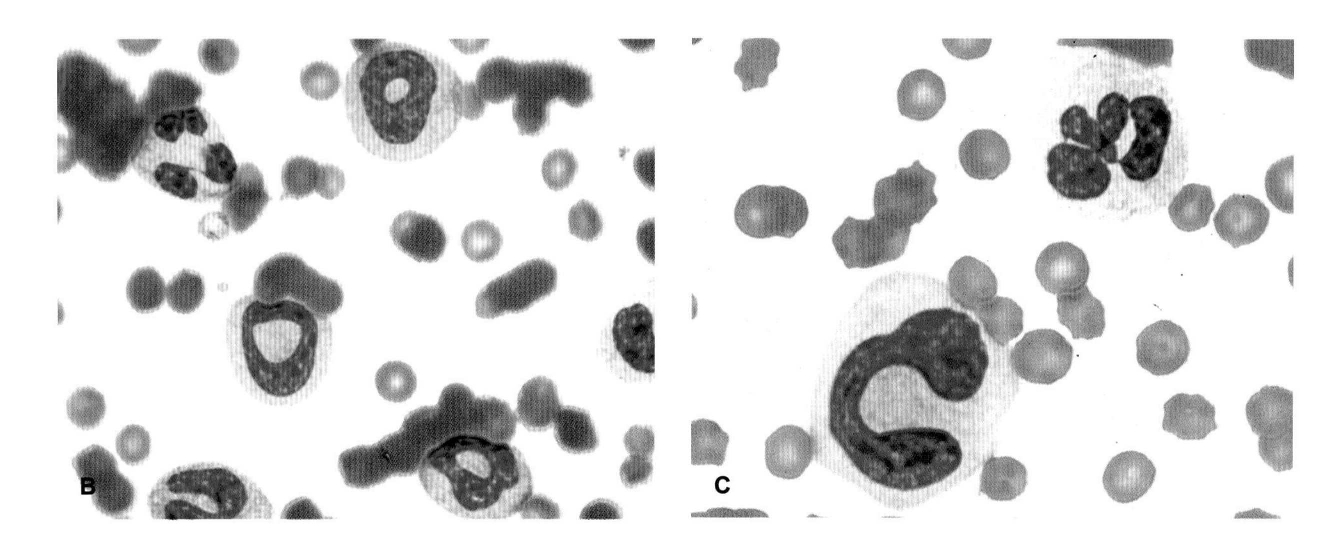

图16　中性白细胞及其前体细胞

A. 猫血液中的两个中毒性杆状核中性粒细胞和一个中毒性中性晚幼粒细胞，其胞质中有泡沫状嗜碱性细胞质（底部）。右边的杆状核细胞有形成核小囊的断裂的核膜。瑞氏–姬姆萨染色。

B. 多瘘管脓肿引起的细菌继发感染出现显著核左移的白血病样反应病猫，血液出现中毒性核左移。瑞氏–姬姆萨染色。

C. 多瘘管脓肿引起的细菌继发感染出现显著核左移的白血病样反应病猫血液中的巨型中性粒细胞（底部）。瑞氏–姬姆萨染色。

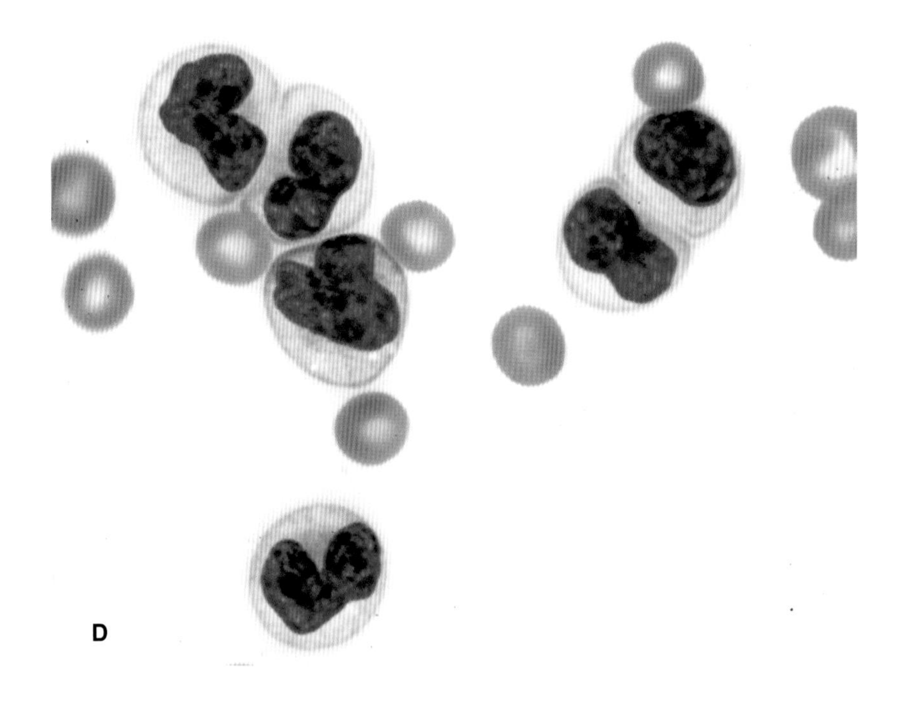

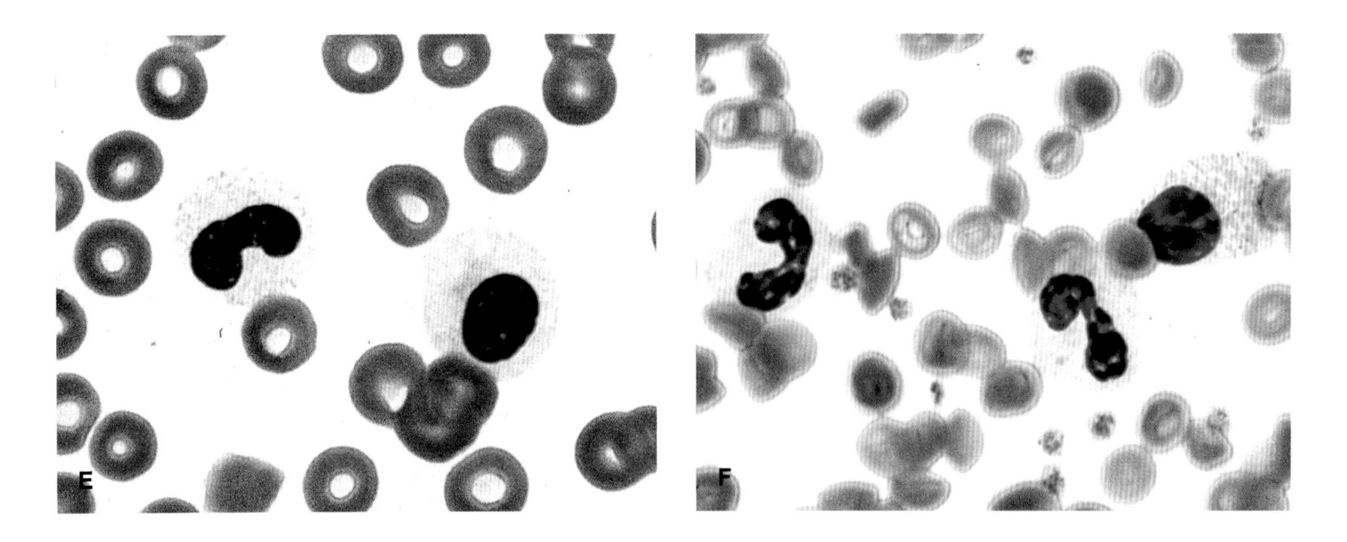

（图16，续）

D. 慢性骨髓性白血病犬的血细胞核左移。杆状核中性粒细胞、中性晚幼粒细胞和中性中幼粒细胞。瑞氏–姬姆萨染色。

E. 佩尔格休特异常犬血中的杆状核中性粒细胞（左）与中性中幼粒细胞（右）。瑞氏–姬姆萨染色。

F. 佩尔格休特异常猫血中的杆状核中性粒细胞（左）、两分叶核中性粒细胞（中）、嗜酸性中幼粒细胞（右）。瑞氏–姬姆萨染色。

中毒性颗粒　中毒性颗粒就是品红着色的细胞质颗粒（图15 V ~ 图15 X，图17 A）。这些颗粒包括通常在骨髓的早幼粒细胞中观察到的残留的浓染初级颗粒。中毒性颗粒和胞质中嗜碱性颗粒增多表明动物有严重的毒血症。中毒性颗粒常见于马、牛、羊，但很少见于犬和猫。不能混淆中毒性颗粒与不是中毒标志的淡染的次级颗粒。也必须对中毒性颗粒、某些伯尔蒙猫的胞质颗粒、溶酶体蓄积紊乱动物的细胞质颗粒以及后面提到的杂质颗粒和包含体进行鉴别。

细胞质颗粒与内含物

正常马驹　紫色颗粒通常见于无细胞质中毒现象的马驹的中性粒细胞（图17 B），其临床意义仍不清楚。像中毒性颗粒一样，这些紫色颗粒可能是通常在骨髓中早幼粒细胞中观察到的残留的浓染初级颗粒。

马的脂血症　紫色颗粒见于患有高脂血症和脂肪肝的冰岛母马的中性粒细胞（图17 C）。像上面所描述的正常马驹一样，此现象并不代表细胞质中毒。因此，必须谨慎使用马“中毒性颗粒”这一专业术语。

溶酶体蓄积病　溶酶体系统是细胞内物质分解的主要场所。溶酶体是膜包裹的细胞器，包括40种酸性水解酶类，能够降解重要的生物大分子物质。若这些酶的某一种发生遗传性缺陷，就可导致溶酶体内未降解物质（如葡萄糖氨基聚糖类、复杂的寡糖类、脑苷脂类等）的蓄积，因此称为溶酶体蓄积病。患溶酶体贮积症动物的中性粒细胞的细胞质出现品红蓝染的颗粒，包括黏多糖贮积症Ⅵ型（图17 D，图17 E）、黏多糖贮积症Ⅶ型（图17 F，图17G）和GM_2神经节苷脂沉积症（图17 H）。

伯尔蒙猫　据报道，在无临床症状的患有遗传性畸形的伯尔蒙猫中已发现小的淡红色颗粒。通过透射电子显微镜检查，发现这些颗粒大小一致。它们不能被阿辛蓝或甲苯胺蓝着色，说明这些动物没有遗传性黏多糖贮积症。

猫的淡红色颗粒　我们在四只猫的中性粒细胞中发现了持续存在的淡红色颗粒（图17 I），与报道的伯尔蒙猫相似。涉及的动物包括10岁的雄性暹罗猫、6岁的雄性暹罗猫，13岁的雌性暹罗猫和2岁的雄性喜马拉雅猫。这种颗粒不被甲苯胺蓝着色。这种颗粒可见于无临床表现的动物，甚至正常的动物。

切–东二氏综合征　切–东二氏综合征是一种遗传性疾病，以眼部皮肤白化病、易于感染、具有出血倾向和在多种类型包括血液白细胞内出现扩大的膜包裹的胞质颗粒为特征。感染牛和波斯猫的中性粒细胞含有大量的粉红色至紫色的颗粒（图17 J，图17 K）。这种巨大的颗粒源于细胞发育过程的初级溶酶体的不规则融合。

铁质沉着内含物　在患有溶血性贫血动物的中性粒细胞和单核细胞中可以检测到铁阳性内含物（含铁血黄素）。在血清学试验阳性出现之前，马属动物白细胞中这种内含物（铁质沉着白细胞）的出现可作为马传染性贫血的诊断依据（图17 L，图17 M）。普鲁士蓝染色可区别这种铁质沉着内含物与杜勒小体，因为杜勒小体的铁着色阴性。

病原体

犬瘟热包含体　这些病毒包含体在骨髓前体细胞中形成，并出现在急性病毒血症期的血细胞中。用瑞士染色或姬姆萨染色，中性粒细胞细胞质中的这些病毒包含体很难显示，但用快速鉴别染色时，在细胞质中可以看到圆形、卵圆形或不规则形状的1～4μm大小的红色包含体（图17 N）。

埃里希氏体　埃里希氏体（Ehrlichia Species）在细胞质中呈膜包裹的嗜碱性桑葚胚样（图17 O～图17 S）。能够引起动物感染的粒性白细胞埃里希氏体包括尤氏埃里希氏体（与粒细胞埃里希氏体基因组成员密切相关）、马埃里希氏体、粒细胞埃里希氏体以及人的埃里希氏体（HGE）。在急性感染期桑葚胚有规律地发现于中性粒细胞中。除了血液中的中性粒细胞，因感染尤氏埃里希氏体而患有多发性关节炎的犬的关节液中的中性粒细胞也发现了这种桑葚胚，只不过比例较低。马埃里希氏体和HGE感染的马表现出类似的临床表现，并且它们都可以感染包括犬在内的其他物种。在欧洲粒细胞埃里希氏体是牛、羊埃里希氏体病的主要病原。粒细胞埃里希氏体基因组中的一种粒细胞埃里希氏体病原在骆驼中也已经被发现。

肝簇虫　在美国，犬的肝簇虫病是一种非常严重的原虫病，但是在其他国家的犬中肝簇虫病只是温和或隐形感染。按照别的国家对肝簇虫的分类方法，根据其临床症状、病理组织学、配子体的大小、超微结构、血清学检测和感染的能力将美国境内的这种物种划定为美国株犬肝簇虫。在血液中性粒细胞和单核细胞的细胞质中很少发现美国株肝簇虫的配子体（图17 T）。它们的外观呈椭圆形。配子母细胞的细胞核在常规的血液染色中染色不明显。这种还未定性的肝簇虫病原已经在世界各地的家猫和一些野生的食肉动物中发现。

杂类细菌、真菌和原生动物　虽然菌血症是很常见的，但是在染色的血膜中却只能发现很少的微生物。因为血斑容易被其他细菌所污染（特别是当它也用于脱落细胞的染色时），在被诊断为菌血症之前发现细胞吞噬细菌的现象是非常重要的（图17 U，图17 V）。分支杆菌菌体在细胞质中呈未着色的杆状物（图17 W）。当动物全身性感染组织胞浆菌（图17 X）及犬感染利什曼病原体时，除了单核吞噬细胞以外，在中性粒细胞中很少发现吞噬体。

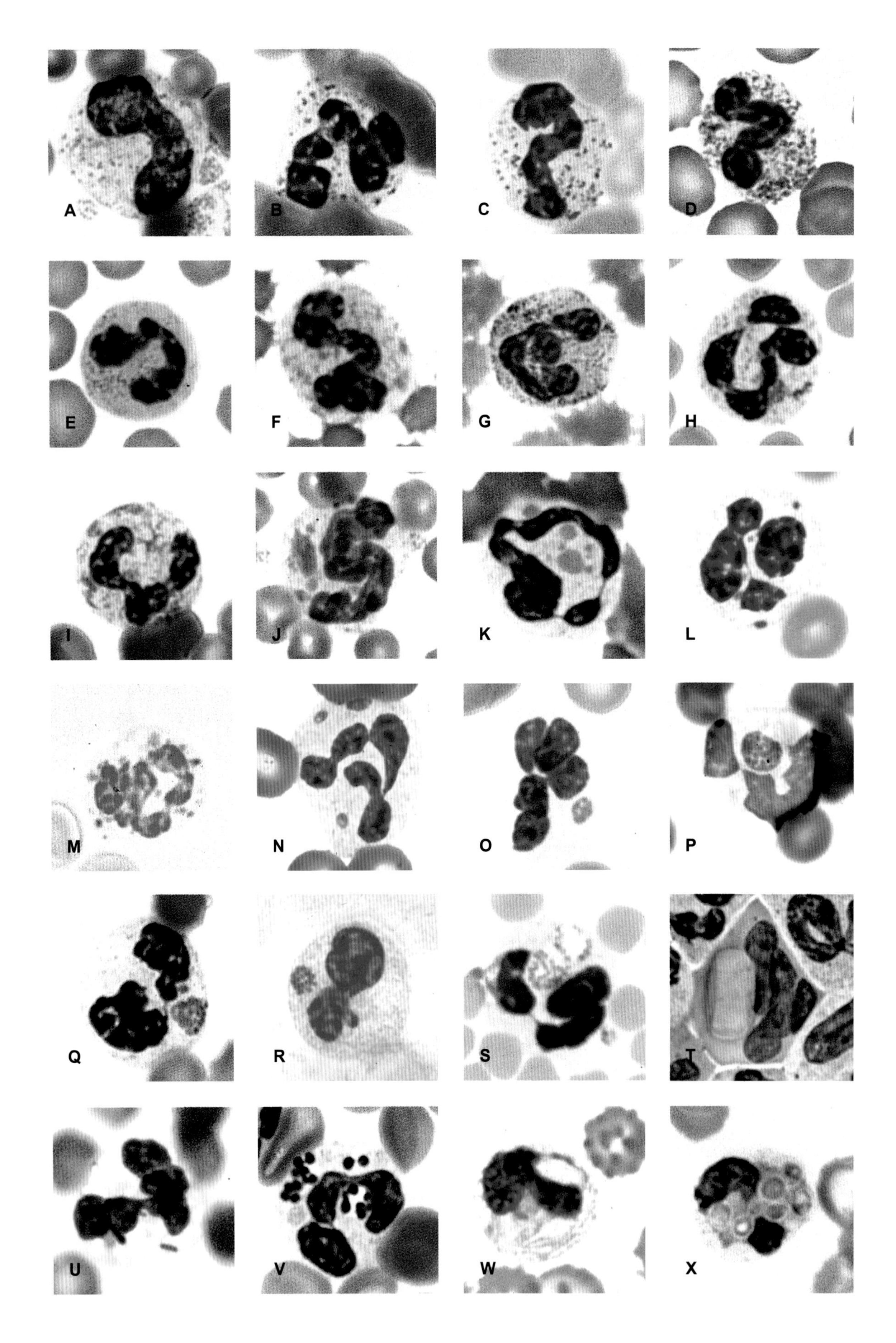
A
B
C
D
E
F
G
H
I
J
K
L
M
N
O
P
Q
R
S
T
U
V
W
X

图17 中性粒细胞中的颗粒、内含物和病原体

A. 细菌感染荷斯坦奶牛血液中的具有嗜碱性颗粒和中毒性颗粒的杆状核中性粒细胞。瑞氏–姬姆萨染色。

B. 正常马驹血液中的具有嗜碱性颗粒的中性粒细胞。瑞氏–姬姆萨染色。

C. 患脂肪肝的7岁冰岛母马血液中的具有细胞质颗粒的中性粒细胞。图片引自1985年ASVCP的幻灯片，由 I. R.Duncan 和 B.A.Mahaffey提供。瑞氏染色。

D. 患黏多糖贮积症Ⅵ型的7月龄小型雪娜瑞犬的具有细胞质颗粒的中性粒细胞。图片引自1995年ASVCP的幻灯片，由P.R.Avery、D.E.Brown、M.A.Thrall和D.A.Wenger提供。瑞氏–姬姆萨染色。

E. 患遗传性黏多糖贮积症Ⅵ型的1岁短毛家猫的具有胞质颗粒的中性粒细胞。图片引自1995年ASVCP的幻灯片，由D.A.Andrews、D.B.DeNicola、S.JakovDevic、J.Turek和U.Giger r提供。瑞氏–姬姆萨染色。

F. 患遗传性黏多糖贮积症Ⅶ型的8月龄短毛家猫具有细胞质颗粒的中性粒细胞。图片引自1996年ASVCP的幻灯片，由M.A.Thrall、L.Vap，S、Gardner和D.Wenger提供。瑞氏–姬姆萨染色。

G. 患遗传性黏多糖贮积症Ⅶ型3月龄德国牧羊犬的具有细胞质颗粒的中性粒细胞。图片引自1997年ASVCP的幻灯片，由D.L Bounous、D.C.Silverstein、K.S.Latimer和K.P.Carmichael提供。瑞氏–姬姆萨染色。

H. 患遗传性GM_2神经节苷脂沉积症柯拉特猫的具有细胞质颗粒的中性粒细胞。瑞氏–姬姆萨染色。

I. 患无临床症状的溶酶体贮积症暹罗猫的具有淡红色细胞质颗粒的中性粒细胞。瑞氏–姬姆萨染色。

J. 患切–东二氏综合征的15月龄海福特（Hereford）雌牛的具有大细胞质颗粒的中性粒细胞。图片引自1987年ASVCP的幻灯片，由M.Menard和KJ.Wardrop提供。瑞氏–姬姆萨染色。

K. 患切–东二氏综合征波斯猫的具有胞质颗粒的中性粒细胞。图片由 J.Kramer提供。瑞氏–姬姆萨染色。

L. 患传染性贫血马的具有细胞质铁质沉着内含物的中性粒细胞。瑞氏–姬姆萨染色。

M. 患传染性贫血马的具有细胞质铁质沉着内含物的中性粒细胞。与图17 L同一血样，蓝色内含物显示铁的存在。普鲁士蓝染色。

N. 患犬瘟热犬中性粒细胞胞质中的三个红色的犬瘟热包含体。快速鉴别染色。

O. 犬中性粒细胞胞质中呈桑葚胚样的尤氏埃里希氏体，诊断依据为PCR测定的16S rRNA序列。瑞氏–姬姆萨染色。

P. 未知品种犬的中性粒细胞细胞质中呈桑葚胚样的埃里希氏体。血清学检测犬附红细胞体阳性，马附红细胞体阴性。对尤氏埃里希氏体进行的特殊检测是否存在与犬埃里希氏体交叉反应的抗体尚不清楚。瑞氏–姬姆萨染色。

Q. 马中性粒细胞胞质中呈桑葚胚状的马埃里希氏体。瑞氏–姬姆萨染色。

R. 采用湿涂片亚甲蓝染色的马中性粒细胞细胞质中呈桑葚胚状的马埃里希氏体。

S. 山羊血液中的中性粒细胞细胞质中的两个呈桑葚胚状的埃里希氏体。瑞氏–姬姆萨染色。

T. 犬血中的中性粒细胞细胞质中的肝簇虫配子母细胞。图片由 K.A.Gossett提供 。瑞氏染色。

U. 患白细胞减少症及败血症病猫血沉棕黄层涂片中的由中性粒细胞包被吞噬的杆菌。瑞氏–姬姆萨染色。

V. 患尿路结石症、肾盂肾炎及败血病犬的被中性粒细胞吞噬的球菌。血和尿源性培养的葡萄球菌中间体。瑞氏–姬姆萨染色。

W. 犬中性粒细胞细胞质中的分支杆菌。这些分支杆菌不着色，呈现清晰的条状透明区。图片引自1988年ASVCP的幻灯片，由H.Tvedten提供。瑞氏–姬姆萨染色。

X. 成年犬中性粒细胞细胞质中的荚膜组织胞浆菌。图片引自1987年ASVCP的幻灯片，由J.H.Meinkoth、R.L.Cowell、K.D.Clinkenbeard和R.D.Tyler提供。瑞氏–姬姆萨染色。

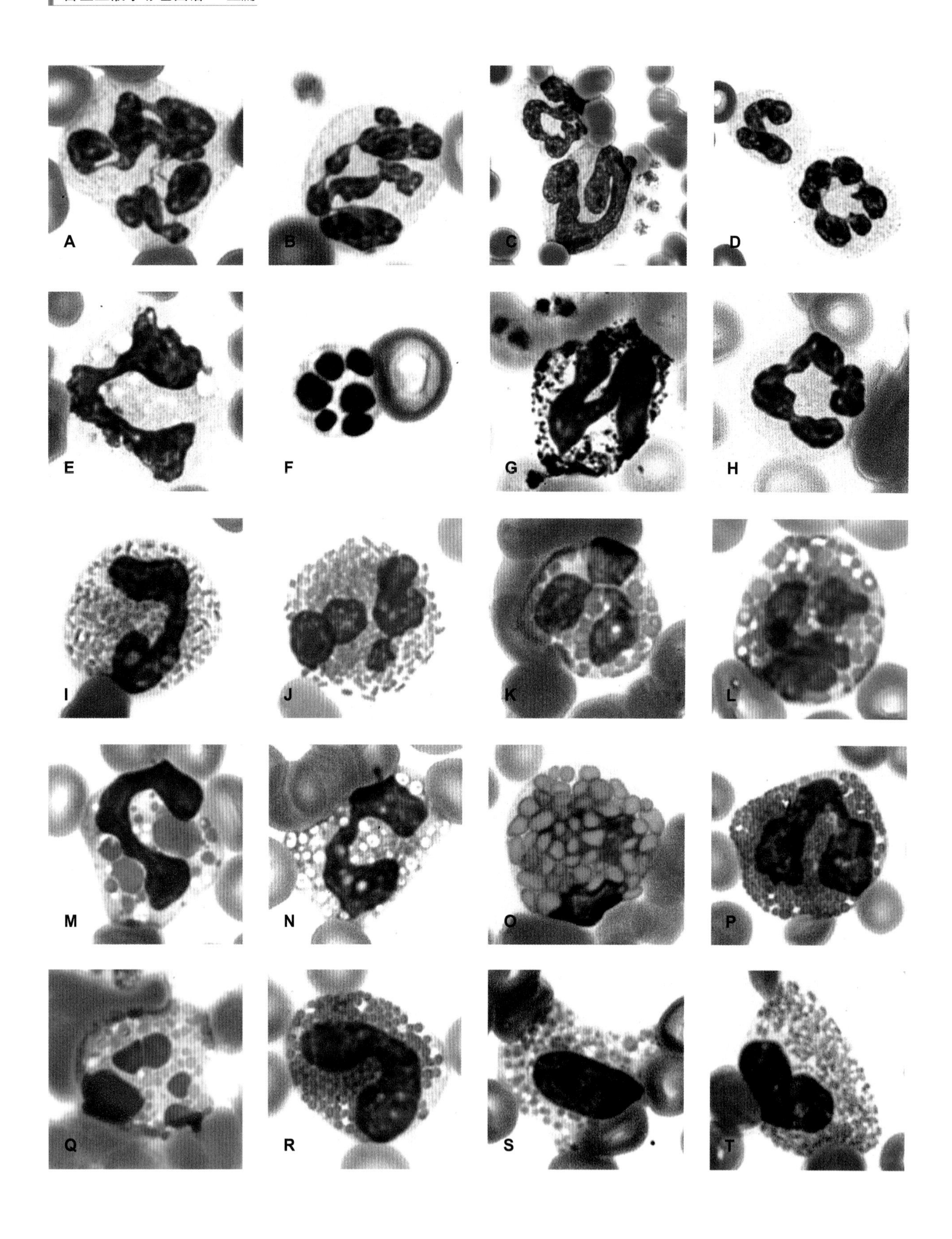
A
B
C
D
E
F
G
H
I
J
K
L
M
N
O
P
Q
R
S
T

〈 图18　中性粒细胞的异常形态和嗜酸性粒细胞的不同形态

A. 经长春新碱和泼尼松治疗的系统性肥大细胞增生症病犬，其血液中过度分叶的中性粒细胞。瑞氏–姬姆萨染色。
B. 患Ⅳ型急性粒–单核细胞白血病（AML–M4）犬血液中过度分叶的中性粒细胞。瑞氏–姬姆萨染色。
C. 患有脓毒性腹膜炎的猫血液中的巨大中性粒细胞。瑞氏–姬姆萨染色。
D. 患淋巴瘤犬的血液中巨大的过度分叶的中性粒细胞。瑞氏–姬姆萨染色。
E. 患免疫缺陷症猫血液中中毒性中性粒细胞出现了核溶解。瑞氏–姬姆萨染色。
F. 患急性淋巴细胞性白血病犬的中性粒细胞的核固缩与核溶解。瑞氏–姬姆萨染色。
G. 犬血液中与中性粒细胞相关的染料沉淀。瑞氏–姬姆萨染色。
H. 与图18 G显示的犬中性粒细胞边缘油浸区的正常中性粒细胞。瑞氏–姬姆萨染色。
I. 猫血液中具有杆状颗粒的嗜酸性粒细胞。瑞氏–姬姆萨染色。
J. 猫血液中具有杆状颗粒的嗜酸性粒细胞。瑞氏–姬姆萨染色。
K. 犬血液中具有圆形颗粒和少量的小的胞质空泡的嗜酸性粒细胞。瑞氏–姬姆萨染色。
L. 犬血液中具有圆形颗粒和严重的胞质空泡的嗜酸性粒细胞。瑞氏–姬姆萨染色。
M. 犬血液中具有两个巨大颗粒的嗜酸性粒细胞。瑞氏–姬姆萨染色。
N. 灵缇犬血液中严重空泡化的嗜酸性粒细胞。瑞氏–姬姆萨染色。
O. 马血液中的嗜酸性粒细胞，显示大量的、典型的这种大的颗粒。瑞氏–姬姆萨染色。
P. 牛血液中的嗜酸性粒细胞，显示大量的、典型的这种小的圆形颗粒。瑞氏–姬姆萨染色。
Q. 放置2d的犬血液中的嗜酸性粒细胞，显示核固缩及核溶解。瑞氏–姬姆萨染色。
R. 牛血液中具有大量小颗粒的杆状核嗜酸性粒细胞。瑞氏–姬姆萨染色。
S. 佩尔格休特（Pelger–Huet）异常犬血中的嗜酸性晚幼粒细胞。瑞氏–姬姆萨染色。
T. 佩尔格休特异常猫血中嗜酸性晚幼粒细胞。瑞氏–姬姆萨染色。

过度分叶

过度分叶（核右移）是指在中性粒细胞中出现了5个或更多的核分叶（图18 A，图18 B）。它的发生像一般的衰老过程，并可反映出血液中中性粒细胞的循环时间延长，这种现象见于正在消退的慢性炎症、糖皮质激素的使用以及肾上腺皮质功能亢进。因血涂片的制备延迟了血液在体外放置，几个小时后也可发生过度分叶。有时在骨髓增殖性疾病中也会发生过度分叶。在没有临床表现的马中也发现了原发性过度分叶。在先天性钴胺吸收缺陷的犬及叶酸缺乏的猫也有报道。

其他的形态异常

巨大型中性粒细胞　巨大型中性粒细胞可发生于患有炎性疾病和/或粒细胞生成障碍的动物（特别是猫科）。它们的细胞核形状可以是正常的（图18 C），也可能是过度分叶的（图18 D）。粒细胞生成障碍常见于严重的骨髓性白血病、骨髓发育不良综合征、猫白血病病毒感染和猫免疫缺陷病毒感染。它还可短暂性存在于粒细胞再生障碍的动物，如猫传染性粒细胞缺乏症。

核溶解　细胞核的溶解又称核溶解，是由于细胞核的膨胀及对碱性染料的亲和力减退所致（图18 E）。它常常发生于腐败组织周围的中性粒细胞和感染性过程的动物血液。

核固缩和核破裂　发生细胞凋亡的中性粒细胞常表现核固缩和核破裂。核固缩是指由于细胞核的收缩或密度的增加而发生的皱缩或凝聚；核破裂是指随后的细胞核破裂（图18 F）。核固缩和核破裂常见于非化脓的组织，并有可能发生于在血液循环中存留时间较长的中性粒细胞。

细胞质空泡　泡沫状的空泡发生在中毒的中性粒细胞中，空泡一般是透明、非连续性单独存在的，缺乏嗜碱性物质，通常为体外人为因素所致。若将采集的血样溶于EDTA并在室温的环境中保存数小时后，中性粒细胞除了形成空泡外，还会出现分布不均匀的颗粒、不规则的细胞膜以及核固缩。当血样采集后进行迅速处理可避免这些人为现象的发生。

染料沉淀　对于没有经验的观察者经常难以区分中性粒细胞中的沉淀染料和嗜碱性颗粒（图18 G，图18 H）。在这种人为现象分布不均时，可在正常染色的其他血涂片区域发现嗜碱性颗粒。

嗜酸性粒细胞的形态

嗜酸性粒细胞也是根据它们的颗粒对常规血液染色中的红色染料（即伊红）具有亲和力而命名的。嗜酸性颗粒的大小、形态以及数量变化很大。对大多数种类的动物而言，嗜酸性粒细胞的颗粒呈圆形，但家猫的呈杆状（图18 I，图18 J）。犬的嗜酸性粒细胞常具有少量的细胞质空泡（图18 K，图18 L），个别情况下其颗粒非常大（图18 M）。灵猩犬的嗜酸性粒细胞和其他种类的个别个体的嗜酸性粒细胞的空泡化程度很高，缺乏经验的观察者可能会错误地认为是空泡化的中性粒细胞。马的嗜酸性粒细胞颗粒非常大（图18 O）。反刍动物和猪的嗜酸性粒细胞颗粒较小（图18 P）。颗粒之间的胞质通常呈淡蓝色。嗜酸性粒细胞的细胞核与中性粒细胞的相似，但分叶较少（通常分为两叶），在某些种类的动物因颗粒的影响而模糊不清，特别是马（图18 O）。如前所述的发生于中性粒细胞的核固缩和核破裂也可发生于嗜酸性粒细胞（图18 Q）。

在某些动物经常发现杆状核嗜酸性粒细胞（图18 R）。在分类计数时，通常不区分杆状核和分叶核嗜酸性粒细胞，因为临床意义不大，而且因颗粒的影响区别核的类型也存在一定的难度。在重度嗜酸性粒细胞增多症，嗜酸性粒细胞的成熟程度有助于区别是嗜酸性粒细胞增多症还是肿瘤性疾病。嗜酸性粒细胞性白血病所致的核左移要比炎症引起的嗜酸性粒细胞增多症严重得多。嗜酸性粒细胞性白血病被认为是慢性骨髓性白血病的一种。它是一种最早发生于猫的一种罕见的疾病，与嗜酸性粒细胞增多综合征的鉴别存在一定的难度。像中性粒细胞增多症一样，患佩尔格休特异常的动物血液中嗜酸性粒细胞也出现明显的核左移（图16 F，图18 S，图18 T）。有报道在伴有黏膜和骨骼异常的萨摩耶犬家族出现低分叶（假佩尔格休特异常）杆状核嗜酸性粒细胞数量增多。

在犬和马的嗜酸性粒细胞中很少看到埃里希氏体，但是在犬的嗜酸性粒细胞中分离到了组织胞浆菌。

嗜碱性粒细胞的形态

嗜碱性粒细胞的胞浆通常呈淡蓝色，与中性粒细胞相比，其核分叶较少。嗜碱性颗粒是酸性的，在常规染色中对碱性染料具有亲和力。其颗粒数量、大小以及染色特性随动物的品种而变化。犬嗜碱性粒细胞的颗粒呈紫色，数量较少不足以充填细胞质（图19 A～图19 C）。脱颗粒的嗜碱性粒细胞不含颗粒，胞浆被染成紫色（图19 D）。

家猫的嗜碱性粒细胞有自己独特的特点。它们的胞质颗粒大多是圆形或卵圆形，并呈淡紫色（紫红色）（图19 E，图19 F）。一些嗜碱性粒细胞除了含有呈淡紫色的颗粒外，还含有大的紫色的颗粒（图19 G），如骨髓中的嗜碱性母细胞。细胞质颗粒填充于细胞质中使得嗜碱性粒细胞的细胞核呈现虫蛀样。一只患有黏多糖贮积症Ⅵ型的猫，其所有细胞质颗粒均被染成暗紫色，还有两只感染未知病原的猫，其中性粒细胞的胞质颗粒呈淡红色（图19 H）。

在反刍动物和猪，由于嗜碱性粒细胞的颗粒太多以致掩盖了细胞核的形状（图19 I）。在一些情况下，独立的颗粒是不存在的，但胞质被染成紫色（图19 J）。在马的嗜碱性粒细胞中含有数量不等的紫色颗粒（图19 K）。在快速鉴别染色的血涂片中，很难发现嗜碱性粒细胞，因为细胞质颗粒在这种染色中着色不良（图19 L）。研究证实在犬的嗜碱性粒细胞中发现了埃里希氏体（图19 M）。

除犬科动物外，在分类计数时，一般不区分杆状核和分叶核嗜碱性粒细胞，因为其临床意义不大，而且当细胞核被胞浆颗粒掩盖后也很难区分细胞核的种类。当嗜碱性粒细胞数量大量增加时，才对不同阶段的嗜碱性粒细胞进行区分，这样有助于鉴别嗜碱性

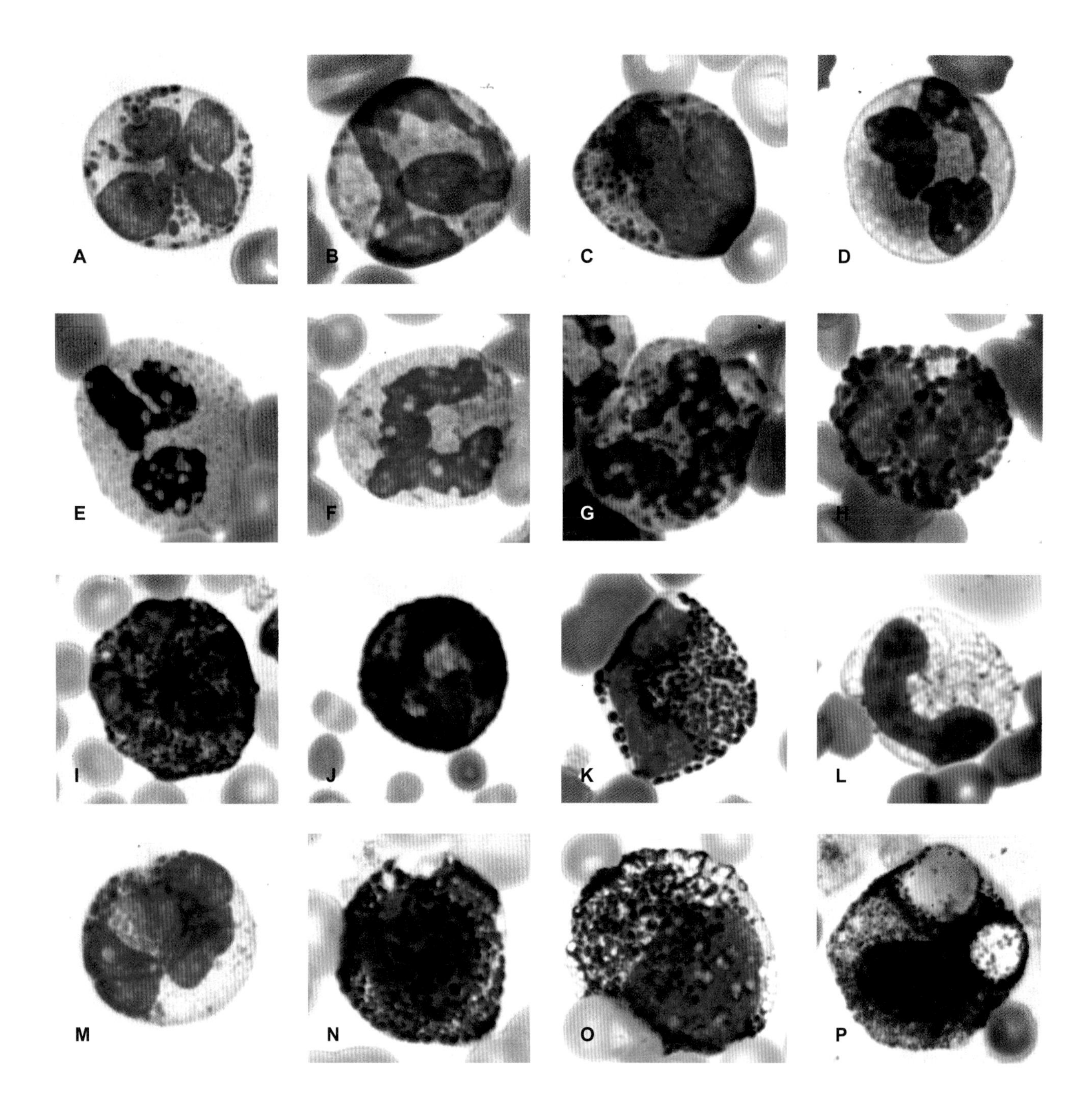
A
B
C
D
E
F
G
H
I
J
K
L
M
N
O
P

〈 图19 嗜碱性粒细胞与肥大细胞的形态

A. 犬血液中的嗜碱性粒细胞。瑞氏–姬姆萨染色。
B. 犬血液中的嗜碱性粒细胞。细胞核呈杆状且有几个嗜碱性颗粒。瑞氏–姬姆萨染色。
C. 犬血液中具有嗜碱性颗粒的杆状核嗜碱性粒细胞。瑞氏–姬姆萨染色。
D. 嗜碱性粒细胞增多症病犬的脱颗粒的嗜碱性粒细胞。瑞氏–姬姆萨染色。
E. 猫的嗜碱性粒细胞，淡紫色的颗粒充满胞质，胞核呈虫蛀样。瑞氏–姬姆萨染色。
F. 猫的杆状核嗜碱性粒细胞，淡紫色颗粒充满胞质，胞核呈虫蛀样。仅一个颗粒染成紫色。瑞氏–姬姆萨染色。
G. 猫的嗜碱性粒细胞，胞质中同时存在淡紫色与紫色颗粒。瑞氏–姬姆萨染色。
H. 与图17 I同一只暹罗猫的含有紫红色颗粒的嗜碱性粒细胞，就如先前已经描述的形状。瑞氏–姬姆萨染色。
I. 牛血液中的嗜碱性粒细胞，由于颗粒太多以致影响细胞核形状的观察。瑞氏–姬姆萨染色。
J. 山羊血液中的嗜碱性粒细胞，只能观察到少量的颗粒，但细胞质染成紫色。瑞氏–姬姆萨染色。
K. 马血液中的杆状嗜碱性粒细胞。瑞氏–姬姆萨染色。
L. 马的杆状核嗜碱性粒细胞。很多颗粒不着色。快速鉴别染色。
M. 犬的嗜碱性粒细胞，其中含有一个未知种类的桑葚胚样埃里希氏体。这条犬患有嗜碱性粒细胞增多症，在几个嗜碱性粒细胞中发现了病原体。瑞氏–姬姆萨染色。
N. 患有非皮肤源性肥大细胞瘤犬的肥大细胞。瑞氏–姬姆萨染色。
O. 患有非皮肤源性肥大细胞瘤犬的巨大的肥大细胞，胞质中除了颗粒外尚有细胞质空泡。瑞氏–姬姆萨染色。
P. 患有非皮肤源性肥大细胞瘤的猫巨大的肥大细胞吞噬红细胞。瑞氏–姬姆萨染色。

粒细胞增生症和肿瘤性疾病。慢性嗜碱性粒细胞白血病（CML的变型）动物的核左移比炎症所致的嗜碱性粒细胞增多症动物的更为明显。

肥大细胞

在血液中一般很少见到肥大细胞。他们是由骨髓产生的造血干细胞分化而成的。肥大细胞与嗜碱性粒细胞在生化特性上很相似，并且在骨髓中它们的祖细胞可能是同一种细胞，但是他们的细胞形态不同。嗜碱性粒细胞的细胞核是分叶的，但是肥大细胞的细胞核是圆形的（图19 N，图19 O）。肥大细胞比嗜碱性粒细胞含有更多的胞质颗粒。猫的嗜碱性粒细胞的初级和次级胞浆颗粒在形态学上与肥大细胞的颗粒均不同。肥大细胞增多症与非皮肤源性及迁移的皮肤源性肥大细胞肿瘤有关。很少见到肥大细胞吞噬红细胞的现象（图19 P）。肥大细胞也可在一些患有炎性疾病、坏死、组织损伤和严重的再生障碍性贫血中见到。

单核细胞的形态

单核细胞在血液中被分类为淋巴细胞或单核细胞。这些细胞也含有细胞浆颗粒，但与粒细胞相比其数量较少。一般情况下，单核细胞比淋巴细胞大且有一个容易变形的细胞核，N：C≤1.0（核质比≤1.0）。

单核细胞的细胞核可能是圆的、肾形的、杆状的或卷曲的（变形虫样），染色质分散或轻度凝集（图20 A～图20 I、图21 A～图21 D）。细胞质呈典型的蓝灰色而且有大小不等的空泡。在细胞质中有时可以见到粉尘样的粉红色或淡红色胞质颗粒（图20 G，图20 H）。

图20　单核细胞及巨噬细胞的正常与异常形态

A. 具有圆形细胞核和明显的细胞质空泡的猫单核细胞。瑞氏–姬姆萨染色。

B. 具有杆状核和嗜碱性细胞质的牛单核细胞。瑞氏–姬姆萨染色。

C. 具有多形性细胞核和嗜碱性细胞质中明显的胞质空泡的马单核细胞。瑞氏–姬姆萨染色。

D. 在嗜碱性胞质中具有胞质空泡的马单核细胞。瑞氏–姬姆萨染色。

E. 具有多形性细胞核及嗜碱性胞质的牛单核细胞。瑞氏–姬姆萨染色。

F. 具有杆状核和嗜碱性胞质的牛单核细胞。瑞氏–姬姆萨染色。

G. 具有杆状核及嗜碱性胞质中紫红色颗粒的犬单核细胞。瑞氏–姬姆萨染色。

H. 具有肾形核及嗜碱性细胞质中紫红颗粒的马单核细胞。瑞氏–姬姆萨染色。

I. 具有杆状核和嗜碱性胞质的犬单核细胞。瑞氏–姬姆萨染色。

J. 感染巴贝斯焦虫的病犬，其活化的单核细胞具有明显的空泡。瑞氏–姬姆萨染色。

K. 患有菌血症牛的活化的单核细胞。瑞氏–姬姆萨染色。

L. 患有血液巴尔通氏体病猫的血液巨噬细胞，除图20 T以外，此图的放大倍数低于其他图。瑞氏–姬姆萨染色。

M. 患有新生幼驹溶血症驴的单核细胞，出现红细胞吞噬现象。瑞氏–姬姆萨染色。

N. 患有血液巴尔通氏体病猫的单核细胞，出现红细胞吞噬现象。瑞氏–姬姆萨染色。

O. 犬的单核细胞，含有含铁血黄素（中心为黑色物质）。瑞氏–姬姆萨染色。

P. 恶性黑色素瘤已扩散的成年阿拉伯马的单核细胞，其内含有黑色素颗粒（推测为噬黑素细胞）。血涂片照片来源于在1999年ASVCP的幻灯片，由J.Tarrant，T.Stokol，J.Bartol和J. Waksklag提供。瑞氏–姬姆萨染色。

Q. 巨噬细胞细胞质中含有一个犬埃里希氏体桑葚胚（犬的血沉棕黄层涂片）。瑞氏–姬姆萨染色。

R. 单核细胞（假定）胞质中的一个桑葚胚样犬埃里希氏体。瑞氏–姬姆萨染色。

S. 猫的单核细胞胞质中含有荚膜组织胞浆菌。照片来源于在1980年ASVGP的幻灯片，由D.A.Schmidt提供。瑞氏–姬姆萨染色。

T. 猫血液中一个巨大的吞噬细胞中的猫胞殖原虫裂殖体。在这种低放大倍数视野下注意比巨噬细胞小的红细胞。瑞氏–姬姆萨染色。

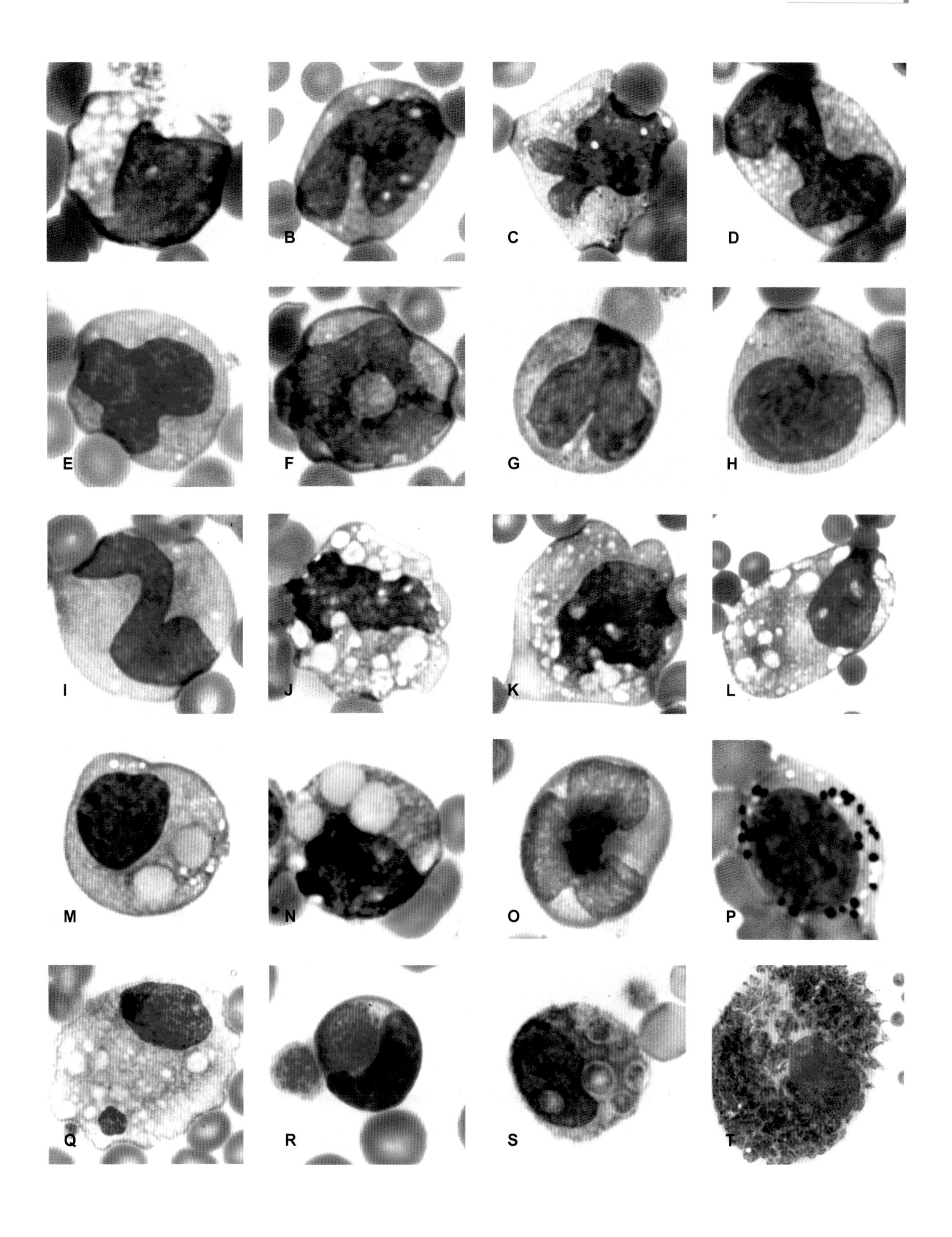
A
B
C
D
E
F
G
H
I
J
K
L
M
N
O
P
Q
R
S
T

犬的单核细胞的细胞核一般呈杆状（图20 I），因而它们很容易与杆状核中性粒细胞相混淆。必须检查成熟型中性粒细胞的胞质着色情况。非中毒条件下，若细胞含有杆状的细胞核与蓝灰色的细胞质便可认定为单核细胞。其他的判定标准还包括：单核细胞的杆状细胞核末端经常膨大呈肉瘤状；与杆状核中性粒细胞相比，在暗视野条件下单核细胞的染色质处于非凝集状态。如果中性粒细胞的细胞质中毒，这种区分就非常困难。

圆形细胞核的单核细胞与大的淋巴细胞之间的区分也很困难，特别是在反刍动物中。大淋巴细胞的核质（N：C）比例一般明显大于1。

当单核细胞离开血液进入组织后便衍化为巨噬细胞。在某些疾病中，血液中的单核细胞被激活、变大，类似于巨噬细胞（图20 J～图20 L）。在原发性或继发性免疫介导性贫血，单核细胞也会出现吞噬红细胞的现象（图20 M，图20 N）。单核细胞也可含有含铁血黄素，它在常规血液染色中呈现灰色至黑色（图20 O）。在溶血性贫血或／和炎症应答中可能会出现铁阳性内含物。含有黑色素颗粒的单核吞噬细胞（噬黑色素细胞）出现于恶性黑色素瘤，但一般很少见到（图20 P）。

感染单核吞噬细胞的埃里希氏体，包括犬埃里希氏体（*E.canis*）、里氏埃里希氏体（*E.risticii*）和恰非埃里希氏体（*E.chaffeensis*）。与粒细胞的埃里希氏体种类相比，单核细胞的埃里希氏体种类的桑葚胚在血液的白细胞极少见到。当它们的桑葚胚出现时，一般会被细胞质中的嗜碱性组织紧紧地包裹（图20 Q，图20 R）。犬埃里希氏体在犬中会引起轻度至重度的疾病。犬能感染里氏埃里希氏体（人的单核细胞的埃里希氏体病），但并不发病。恰非埃里希氏体是马的主要病原体（波托马克马热），但也可感染犬与猫。

在血液的单核吞噬细胞中极少出现其他的一些感染性病原体如荚膜组织胞浆菌（图20S）、分支杆菌、婴儿利什曼原虫以及巨大的猫胞殖原虫裂殖体（图20 T）。

淋巴细胞形态

大多数的淋巴细胞存在于淋巴器官（包括淋巴结、胸腺、脾脏和骨髓）中，少数存在于血液中。血液中的大多数淋巴细胞（血淋巴细胞）来源于外周淋巴器官，主要是淋巴结。血淋巴细胞在不同的物种和个体间略有差异，其中50%～70%的血淋巴细胞是T淋巴细胞，20%～35%是B淋巴细胞。在染色后的血涂片中，T淋巴细胞和B淋巴细胞不能根据其形态进行鉴别。在这些淋巴细胞中很多为记忆细胞，这些记忆细胞是由接触过抗原的淋巴细胞转化而来，通常处于休眠状态。淋巴细胞通常可以通过表达不同水平的黏附分子，自由穿梭于组织和血液之间。

血淋巴细胞正常形态

淋巴细胞有较高的N：C比（核质比），且大小变化较大，在较小的细胞中有着更高的核质比（图21 C，图21 D，图22 A～图22 D）。静止状态的血淋巴细胞（如未接受刺激）的细胞质通常呈现淡蓝色，核呈圆形、卵圆形或稍凹陷。核染色质可能呈浓密的固缩状态，也可能呈明暗相间的淡着色状态，或核淡染的疏松状态。在健康的反刍动物中，淋巴细胞的染色质在细胞核中呈环状，很难与核仁区分（图22 D，图22 G）。因

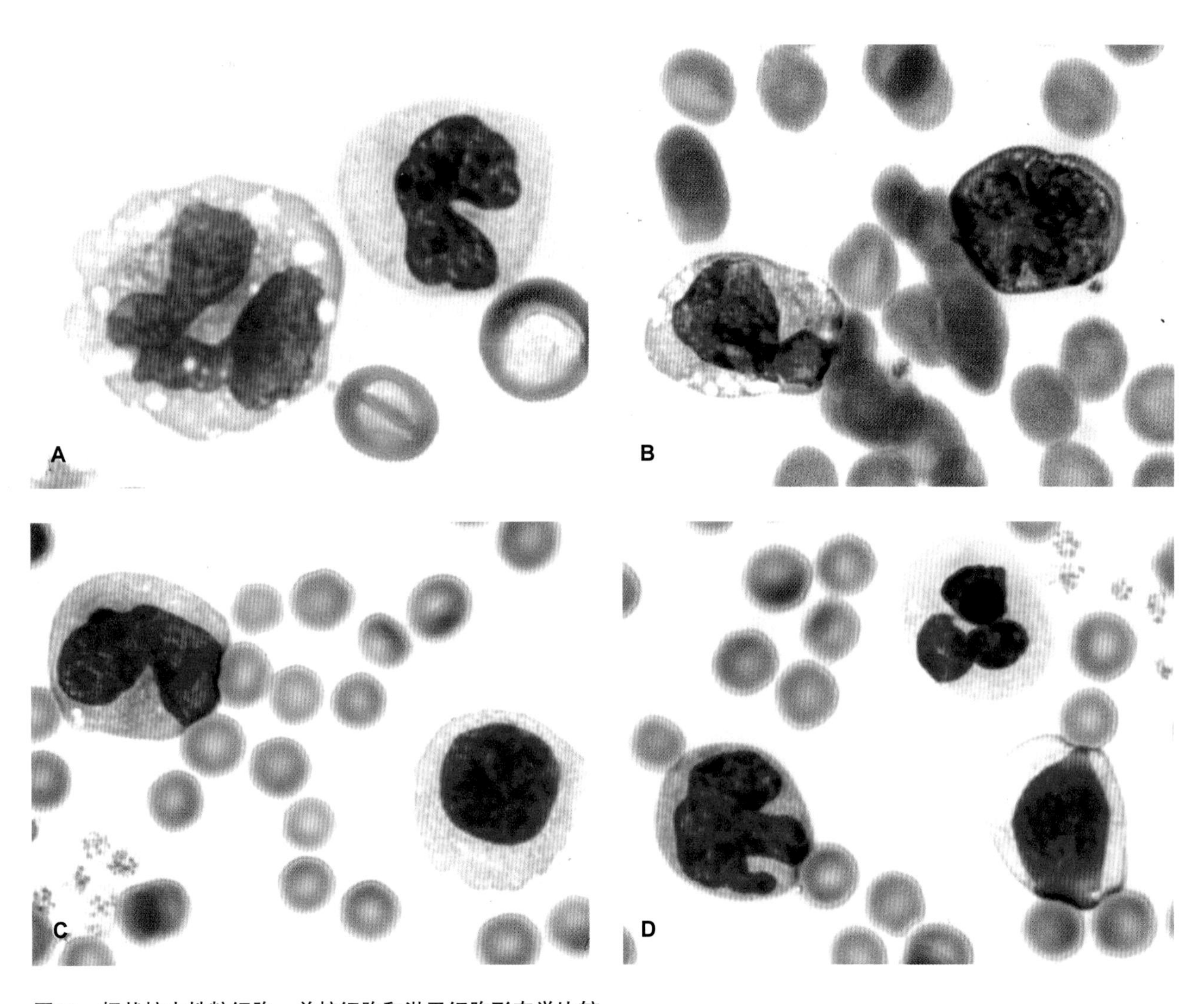

图21　杆状核中性粒细胞、单核细胞和淋巴细胞形态学比较

A. 患有慢性骨髓性白血病犬的具有明显细胞质空泡的单核细胞（左）和杆状核中性粒细胞（右）。瑞氏–姬姆萨染色。

B. 免疫后犬血液中的单核细胞（左）和活化的具有强嗜碱性胞质的淋巴细胞（右）。瑞氏–姬姆萨染色。

C. 牛的血液中的单核细胞（左）和大淋巴细胞（右）。瑞氏–姬姆萨染色。

D. 牛血液中的单核细胞（左）、淋巴细胞（右）和中性粒细胞（上）。瑞氏–姬姆萨染色。

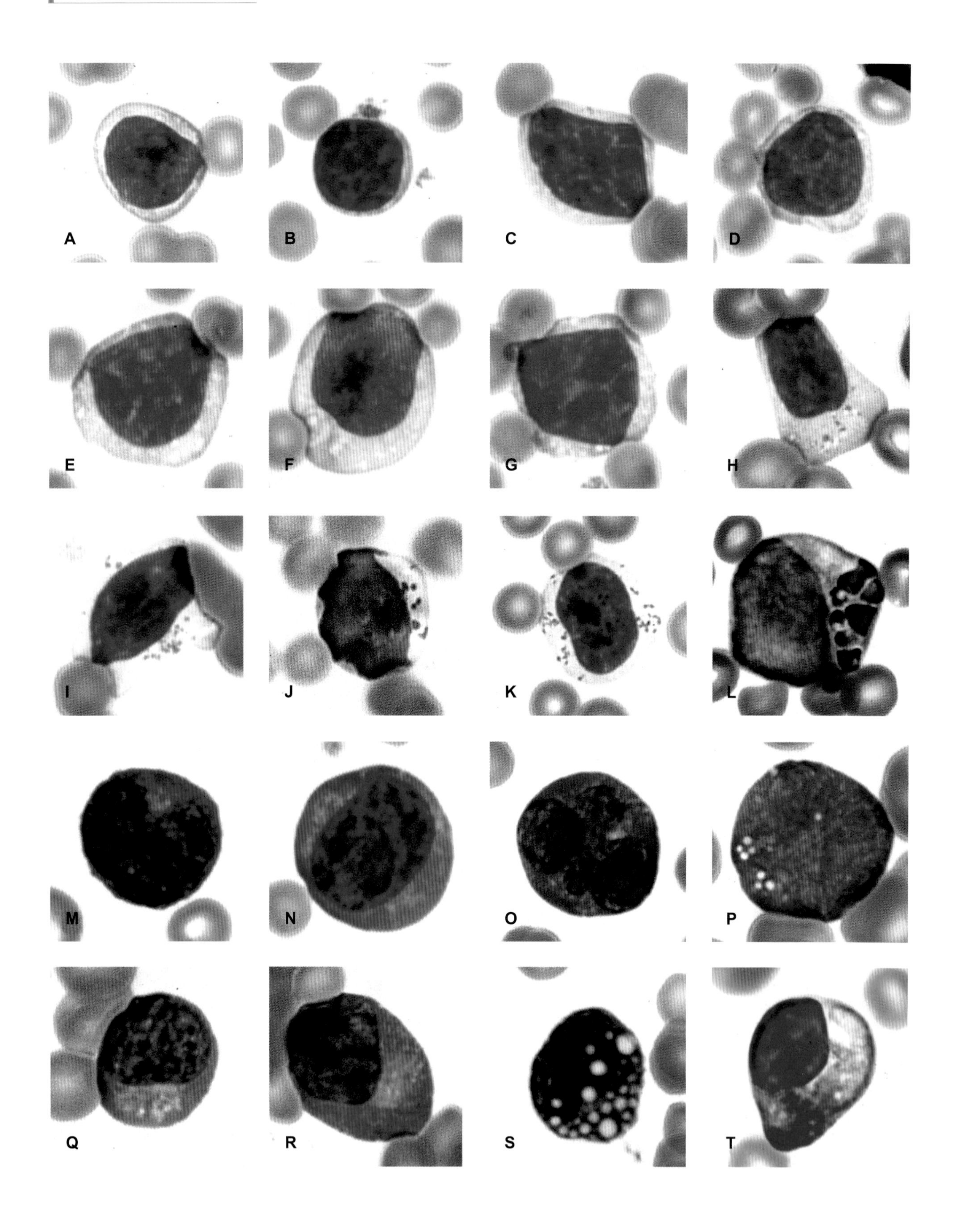
A
B
C
D
E
F
G
H
I
J
K
L
M
N
O
P
Q
R
S
T

〈 **图22　淋巴细胞的正常和异常形态**

A. 猫血液中的小淋巴细胞。瑞氏–姬姆萨染色。
B. 母牛血液中的小淋巴细胞。瑞氏–姬姆萨染色。
C. 马血液中的中淋巴细胞。瑞氏–姬姆萨染色。
D. 母牛血液中的中淋巴细胞，凝集的环状染色质容易与核仁相混。瑞氏–姬姆萨染色。
E. 母牛血液中的中淋巴细胞。瑞氏–姬姆萨染色。
F. 母牛血液中的大淋巴细胞。瑞氏–姬姆萨染色。
G. 母牛血液中的大至中型淋巴细胞，染色质呈环状，凝集于细胞核中，易与核仁混淆。瑞氏–姬姆萨染色。
H. 犬血液中的颗粒淋巴细胞。瑞氏–姬姆萨染色。
I. 马血液中的颗粒淋巴细胞。瑞氏–姬姆萨染色。
J. 母牛血液中的颗粒淋巴细胞。瑞氏–姬姆萨染色。
K. 猫血液中的颗粒淋巴细胞。瑞氏–姬姆萨染色。
L. 患大颗粒性淋巴细胞瘤猫的肿瘤性大颗粒细胞，与图22K显示的正常颗粒细胞相比，其颗粒较大。瑞氏–姬姆萨染色。
M. 患血巴尔通氏体病犬血液中的具有肾形细胞核和强嗜碱性胞质的反应性淋巴细胞。瑞氏–姬姆萨染色。
N. 感染牛白血病病毒母牛血液中的具有强嗜碱性胞质的反应性淋巴细胞。瑞氏–姬姆萨染色。
O. 细菌感染猫血液中的具有卷曲状细胞核和强嗜碱性胞质的反应性淋巴细胞。瑞氏–姬姆萨染色。
P. 患轻度咳嗽病犬血液中的具有卷曲细胞核和强嗜碱性胞质的反应性淋巴细胞。瑞氏–姬姆萨染色。
Q. 患巴贝斯焦虫病犬血液中胞质强嗜碱性的浆细胞样淋巴细胞。瑞氏–姬姆萨染色。
R. 患粒细胞性埃里希氏体病马血液中具有强嗜碱性胞质的浆细胞样淋巴细胞。瑞氏–姬姆萨染色。
S. 马血液中含拉塞尔体（Russel bodies）的淋巴细胞。瑞氏–姬姆萨染色。
T. 患有多发性骨髓瘤犬血液中细胞核偏离细胞中心的浆细胞。瑞氏–姬姆萨染色。

此，通过检测血液中有较低水平的淋巴母细胞的方法来诊断牛的淋巴瘤时应多加注意。在家畜的血液中，大多数的淋巴细胞为中小型淋巴细胞，也有少数的大淋巴细胞存在。反刍动物的淋巴细胞比其他种类动物的淋巴细胞大，有较多的细胞质，有时很难与单核细胞区分（图21 C，图22 F，图23 A）。如果很难区分是淋巴细胞还是单核细胞，通常将其归类为淋巴细胞，因为血液中淋巴细胞的数量比单核细胞多很多。

显著性的淋巴细胞增多（包括外观正常的中小型淋巴细胞）见于慢性淋巴细胞白血病（CLL）（图23 C，图23 D）。虽然这些淋巴细胞形态正常，但功能异常。CLL是一种罕见的疾病，据报道，多发于老年犬。持续性的淋巴细胞增多（包括表现正常的淋巴细胞和反应性淋巴细胞（见后面讨论））可能与动物血液中长期存在病毒有关，牛的持续性淋巴细胞增多以牛白血病病毒（BLV）感染最为常见（图23 B）。

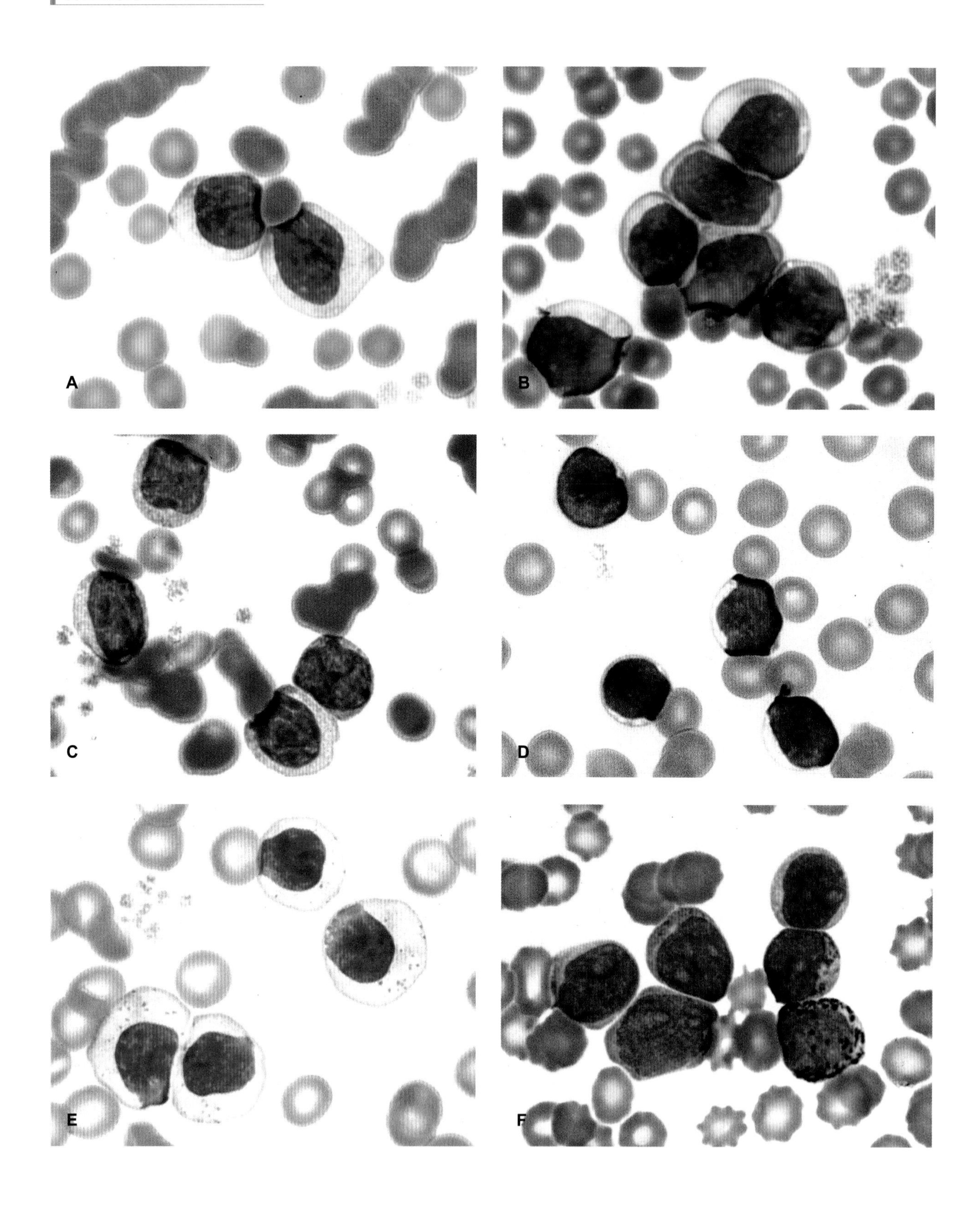
A
B
C
D
E
F

〈 **图23　形态正常与异常的淋巴细胞**

A. 母牛血液中外观正常的大、中型淋巴细胞。瑞氏–姬姆萨染色。

B. 感染牛白血病病毒母牛血液中非肿瘤性淋巴细胞增多症。大、中型淋巴细胞的染色质嗜碱性增强。瑞氏–姬姆萨染色。

C. 患慢性淋巴细胞白血病猫血液中外观正常的淋巴细胞。瑞氏–姬姆萨染色。

D. 患慢性淋巴细胞白血病犬血液中外观正常的含细胞质较少的小淋巴细胞。瑞氏–姬姆萨染色。

E. 患慢性淋巴细胞白血病犬血液中含大量细胞质颗粒的淋巴细胞。瑞氏–姬姆萨染色。

F. 患急性淋巴细胞白血病犬血液中的颗粒性淋巴细胞，染色质正常且核仁清晰的淋巴母细胞。许多细胞中含有细胞质颗粒。血涂片照片引自1989年ASVCP的幻灯片，由M.Wellman＆G.Kociba 提供。瑞氏–姬姆萨染色。

颗粒淋巴细胞

血液中少量淋巴细胞的细胞质中含有能染成紫红色的颗粒（通常呈局灶性）（图22 H ~ 图22 K）。这些细胞通常为大、中型淋巴细胞，与小型淋巴细胞相比，它们有更多的细胞质和更低的核质（N：C）比。这种颗粒淋巴细胞可能是自然杀伤性细胞（NK）或细胞毒性T淋巴细胞。包括颗粒淋巴细胞在内的淋巴细胞增多症可见于肿瘤性疾病和非肿瘤性炎症（如犬的埃里希氏体病）疾病。

曾报道过犬的颗粒淋巴细胞白血病。在多数情况下，这种颗粒淋巴细胞分化良好（图23 E），该疾病通常以慢性淋巴细胞白血病的形式呈现，无痛且生长缓慢；在少数情况下，细胞分化不好，但核染色质正常，疾病的表现更像是急性淋巴细胞白血病，发生急、死亡快（图23 F）。据报道，颗粒淋巴细胞白血病在马报道较多。

在猫中，单核细胞瘤又称作大颗粒淋巴瘤、小球白细胞瘤或颗粒圆细胞瘤，含有较大的红色胞质颗粒。大多数的大颗粒淋巴瘤起源于肠道细胞毒性T细胞淋巴瘤。像其他的淋巴瘤一样，在血液和骨髓内有时可发现肿瘤细胞（赘生性细胞）（图22 L）。

反应性淋巴细胞

淋巴细胞增殖需要抗原刺激。这些细胞体积增大，细胞质中嗜碱性颗粒增多（图21 B，图22 M ~ 图22 R，图23 B）。大多数经抗原刺激后的淋巴细胞存在于外周淋巴组织中，少数进入循环系统，但其数量通常较少。这些淋巴细胞又称为反应性淋巴细胞、母细胞化的淋巴细胞或免疫细胞。一些反应性淋巴细胞体积较大，核卷曲（图21 B，图22 O，图22 P）。反应性淋巴细胞与单核细胞相近，但其细胞质的嗜碱性较强（图21 B）。但反应性淋巴细胞的细胞质嗜碱性更强（呈深蓝色）（图21 B）。反应性淋巴细胞与一些肿瘤性淋巴细胞也很难区分。当无法区分一个嗜碱性淋巴细胞是反应性淋巴细胞还是肿瘤性淋巴细胞时，往往把它称为“非典型淋巴细胞”。某些反应性淋巴细胞的外观与类浆细胞相似（图22 Q，图22 R），但这些反应性淋巴细胞胞质中极少包含粉红色小体和淡蓝色小体（拉塞尔小体）（图22 S）。这些小体由含有免疫球蛋白的粗面内质网组成。

浆细胞

浆细胞出现在除脾脏外的其他淋巴器官（除胸腺以外）中，在血液中很难发现（图22 T），即使是浆细胞瘤（如多发性骨髓瘤）时也很难找到。浆细胞有较低的核质（N：C）比，与其他淋巴细胞相比，胞质嗜碱性更强。由于巨大的高尔基体的存在，细胞质中核周围区域变淡。典型的浆细胞核偏离中央，染色体轻度凝集呈团块状。

细胞质颗粒、空泡和内含物

在正常动物血液中有一种数量较小含有细胞质颗粒的淋巴细胞（见前述的颗粒淋巴细胞）。嗜碱性颗粒可出现在患有溶酶体贮积病（图24 A）动物的淋巴细胞，包括犬猫的Ⅵ以及Ⅶ型黏多糖贮积症和猪的GM_2神经节苷脂沉积症。

淋巴细胞的细胞质空泡可出现在一些肿瘤或非肿瘤性疾病中（图24 B）。当动物患有遗传性溶酶体贮积病时，空泡散布在淋巴细胞细胞质中（图24 C～图24 E），包括猫的Ⅶ型黏多糖贮积症、猫的GM_2神经节苷脂沉积症、犬猫的GM_1神经节苷脂沉积症、猫的α-甘露糖苷贮积症、山羊的β-甘露糖苷贮积症、猫的TM-尼曼-皮克二氏症C型和猫的α-L-岩藻糖苷酶。年幼动物感染溶酶体疾病，其胞质中不出现嗜碱性颗粒和空泡，直到成年后才会出现。

像其他种类的血液细胞一样，淋巴细胞也可以含有犬瘟热包含体。

原始细胞或低分化细胞

血液中原始细胞大都有一个圆形的核，染色质光滑或略呈斑点状，有一个或多个清晰或不清晰的核仁。核质比（N：C）较高，细胞质嗜碱性强弱不一。由于不同种类的原始细胞在外观上差异不大，因此通过常规血涂片或骨髓涂片不能进行特异性诊断。但是可以通过原始细胞在外观形态上的不同进行推测性鉴别。保存原始细胞的公司也可对其进行诊断。因此，血液中易于辨认的细胞数量的增加有利于诊断（如单核细胞或成单核细胞白血病引起的单核细胞增加和红细胞性白血病引起的成红细胞增加）。原始细胞特异性诊断通常需要专门的组织化学染色或免疫表型分析进行诊断。

淋巴母细胞

血液中淋巴母细胞比正常的小淋巴细胞大。淋巴母细胞的核通常为圆形，有时也呈现锯齿状或卷曲状，染色质通常呈斑点状，有时呈现粗糙的颗粒状，细胞核中通常有一个或多个核仁，在常规血液涂片中不易观察（图24 F）。与大多数的血淋巴细胞相比，淋巴母细胞细胞质嗜碱性更强，有时含有空泡。发生疾病时，随着抗原刺激的增强很少能观察到淋巴母细胞的存在。如果在白细胞分类计数时能观察到少量的淋巴母细胞，可怀疑为淋巴瘤。

急性淋巴母细胞白血病（ALL）源于骨髓，淋巴母细胞通常存在于ALL动物血液中，但并不是不变的（图24 F，图24 G，图25 A）。除起源于骨髓的ALL外，一些动物在发生淋巴瘤时淋巴母细胞也可释放到血液中（图24 H～图24 K，图25 B～图25 D）。当淋巴母细胞释放到血液中时，通常被视为白血病淋巴瘤或淋巴肉瘤性白血病。患有淋巴瘤动物血液中肿瘤性淋巴细胞变化很大，如细胞超大，细胞质多，胞质空泡化严重，核与单核细胞的相似。牛的白血病淋巴瘤细胞多呈单核细胞样（图25 D）。当犬猫发生蕈样肉芽肿病和T淋巴细胞皮肤瘤时，细胞核呈现特殊的卷曲状（似脑回）。如果血液中出现核呈卷曲状的瘤细胞，称这些细胞为西泽里细胞（Sezary cells）。当皮肤性T淋巴细胞瘤伴发白血病出现核呈卷曲状的瘤细胞时，称为西泽里综合征（Sezary syndrome.）。

原始粒细胞

Ⅰ型原始粒细胞大而圆，核位于细胞中央，呈圆形或卵圆形，核质比高（＞1.5），边缘整齐光滑（图24 L、图24 M）。核染色质略有斑点，有一个或多个核仁或核仁区，其细胞质呈中度嗜碱性，不如原始红细胞嗜碱性强。有些原始粒细胞的细胞质中含有少量（＜15）能被染成紫红色的颗粒，这些细胞可能是Ⅱ型原始粒细胞（图24 M）。发生慢性骨髓性白血病（CML）时原始粒细胞在血液中的数量较少（图26 A），而当发生各种不同类型的急性骨髓性白血病（AML）时血液中的原始粒细胞较为常见，如原始粒细胞白血病（AML-M1和AML-M2）（图26B）、单核细胞白血病（AML-M4）和红细胞性白血病（AML-M6）（图27 B）。血液中的原始粒细胞、早幼粒细胞和中幼粒细胞都有圆形的细胞核，与淋巴样细胞相似，但它们可通过细胞化学染色剂或表面标记识别进行区分。

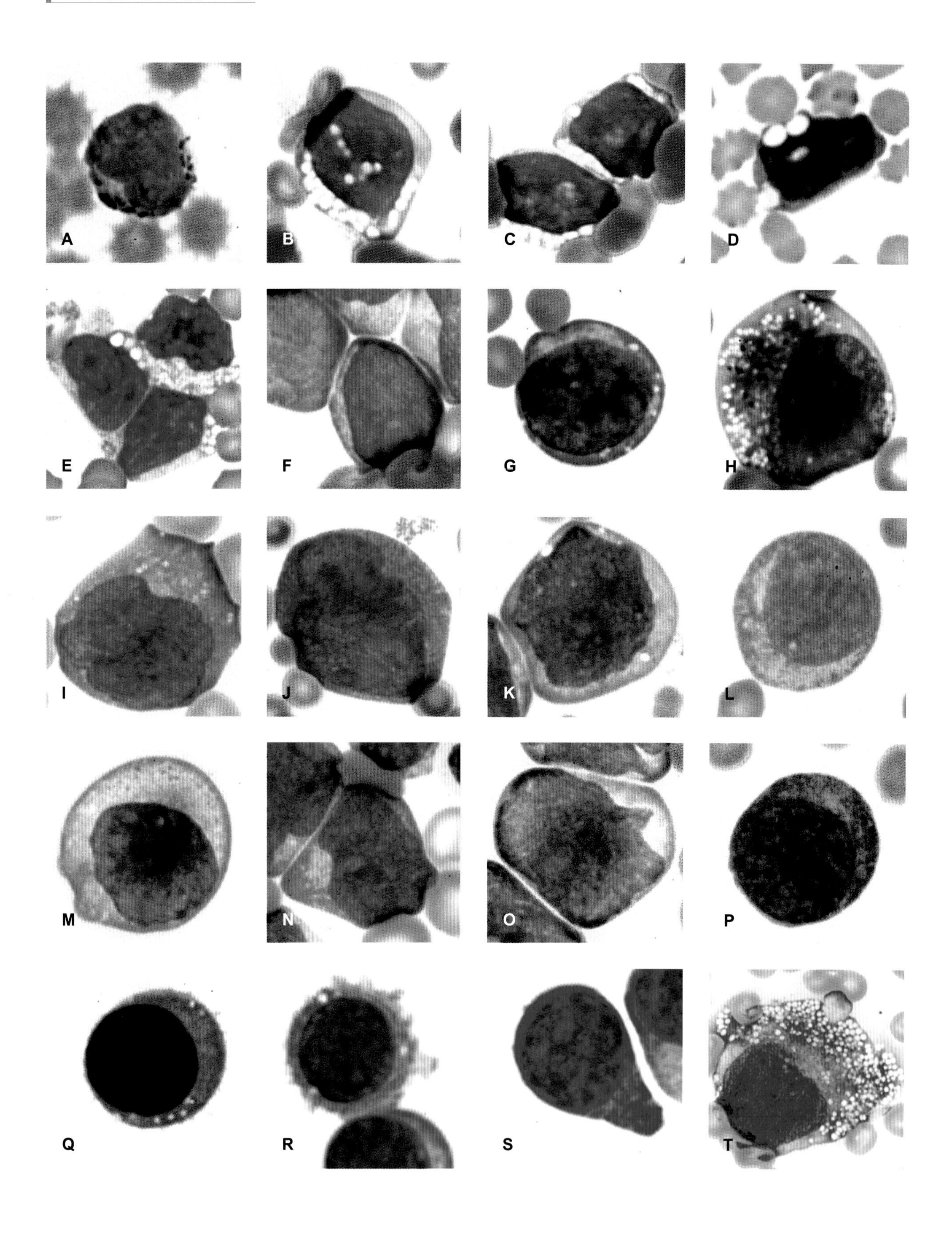
A
B
C
D
E
F
G
H
I
J
K
L
M
N
O
P
Q
R
S
T

图24　各种类型的含胞质颗粒及胞质空泡的淋巴细胞和原始细胞

A. 患有Ⅶ型遗传性黏多糖贮积症的3月龄德国牧羊犬血液中的含有碱性颗粒的淋巴细胞。血涂片照片引自1997年ASVCP的幻灯片，由D.I.Bounous，D.C.Sliverstein，K.S.Latimer和K.P.Carmichael提供。瑞氏染色。

B. 患有马棒杆菌肺炎8周龄驹血液中的多个含有细胞质空泡的淋巴细胞中的一个淋巴细胞。经治疗康复之后淋巴细胞正常。瑞氏–姬姆萨染色。

C. 患有遗传性GM_2神经节苷脂沉积症柯拉特猫血液中含有细胞质空泡的淋巴细胞。瑞氏–姬姆萨染色。

D. 患有遗传性β–甘露糖苷贮积症的山羊（未确诊）血液中含有胞质空泡的淋巴细胞。血涂片照片引自1990年ASVCP的幻灯片，由W.Vernau提供。瑞氏染色。

E. 患遗传性C型尼曼–皮克二氏症的家养短毛猫血液中的具有胞质空泡的淋巴细胞。血涂片照片引自1993年ASVCP的幻灯片，由D.E.Brown和M.A.Thrall.提供。瑞氏–姬姆萨染色。

F. 患ALL犬血液中的淋巴母细胞。瑞氏–姬姆萨染色。

G. 患ALL猫血液中的淋巴母细胞。瑞氏–姬姆萨染色。

H. 患淋巴瘤犬血液中的大淋巴母细胞。含有大量嗜碱性胞质和小的独立的空泡。瑞氏–姬姆萨染色。

I. 患淋巴瘤犬血液中的大淋巴母细胞。瑞氏–姬姆萨染色。

J. 患淋巴瘤母牛血液中的大淋巴母细胞。瑞氏–姬姆萨染色。

K. 患淋巴瘤山羊血液中的大淋巴母细胞。瑞氏–姬姆萨染色。

L. 患红细胞性白血病猫（AML–M6）血液中的原粒细胞，这种瘤细胞的细胞核呈圆形，胞质呈灰蓝色，胞核位于细胞中央右侧。瑞氏–姬姆萨染色。

M. 患原粒细胞性白血病（AML–M2）犬血液中的原粒细胞，该细胞可归类为Ⅱ型原粒细胞，因为在细胞顶部周围的蓝灰色胞质中含有少量的紫红色颗粒。瑞氏–姬姆萨染色。

N. 患急性单核细胞白血病（AML–M4）马血液中的原单核细胞，与典型的原始粒细胞相比该细胞核极不规则。瑞氏–姬姆萨染色。

O. 患急性单核细胞白血病（AML–M5b）犬血液中的原单核细胞，与典型的原粒细胞相比该细胞核极不规则。瑞氏–姬姆萨染色。

P. 患红细胞性白血病（AML–M6Er）的猫血液中的原始红细胞，这种瘤细胞细胞核呈圆形，胞质强嗜碱性。瑞氏–姬姆萨染色。

Q. 患原始巨核细胞白血病（AML–M7）的犬血液中的原始巨核细胞，该细胞细胞核极圆，胞质中含有很难辨认的粉红色颗粒和空泡。瑞氏–姬姆萨染色。

R. 患有原始巨核细胞白血病（AML–M7）的犬血液中的原始巨核细胞，该细胞细胞核极圆，胞质呈粉红色，含空泡，细胞表面有突起。瑞氏–姬姆萨染色。

S. 患有急性未定型细胞白血病猫血液中的未定型瘤细胞，在该猫血液的瘤细胞中很容易观察到伪足。瑞氏–姬姆萨染色。

T. 患有广泛转移性肿瘤犬血液中的巨大的非造血性瘤细胞，尽管肿瘤已经高度退化，但根据尸体剖检，最可能的肿瘤类型为胰腺癌。瑞氏–姬姆萨染色。

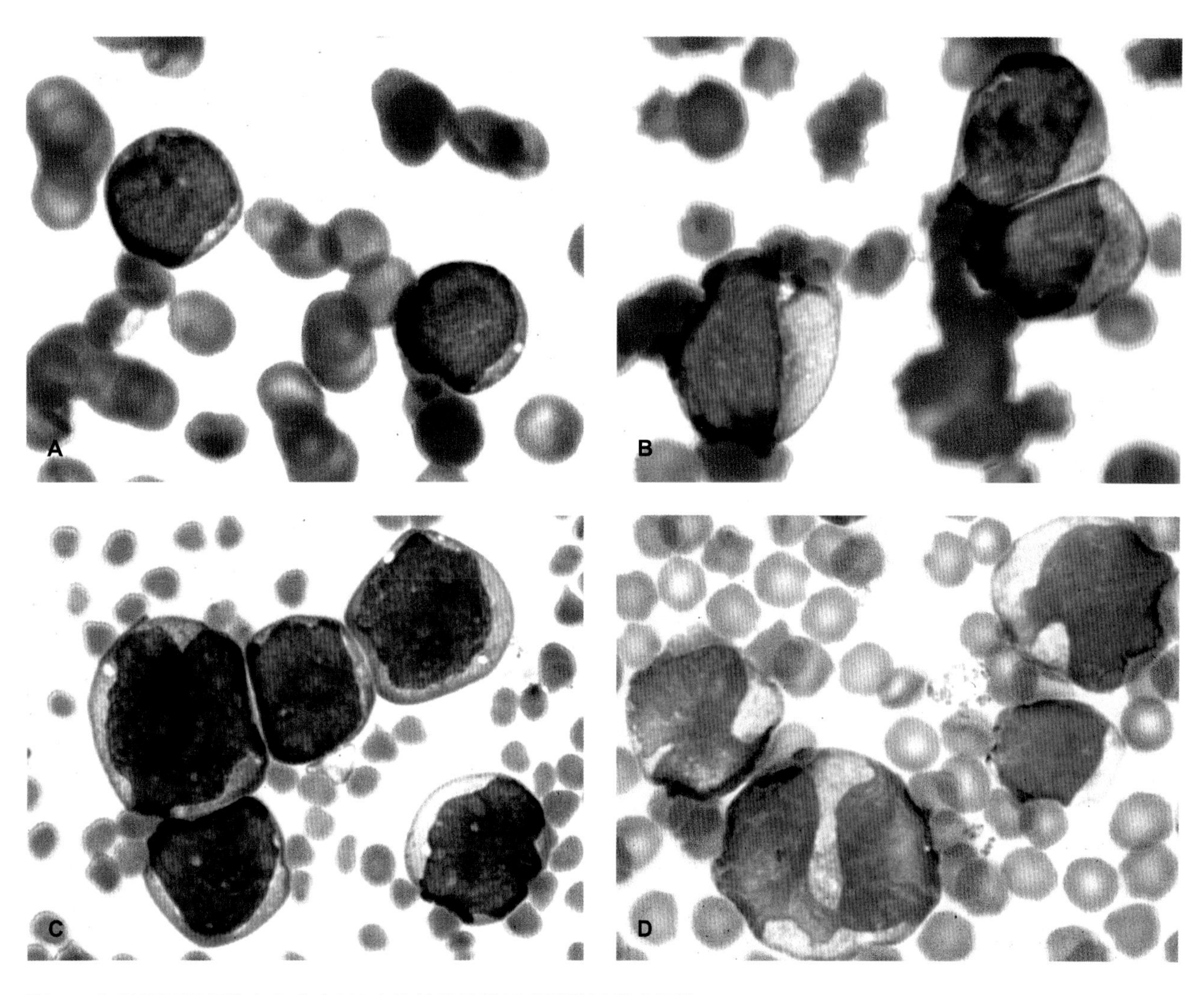

图25 急性淋巴母细胞白血病（ALL）和转移性淋巴瘤的淋巴样瘤细胞

A. 患ALL的猫血液中的两个淋巴母细胞。瑞氏–姬姆萨染色。

B. 患转移性淋巴瘤的马血液中的三个淋巴母细胞。瑞氏–姬姆萨染色。

C. 患转移性淋巴瘤的山羊血液中的五个淋巴母细胞。瑞氏–姬姆萨染色。

D. 患转移性淋巴瘤的母牛血液中的一个外观正常的淋巴细胞和三个大的单核样淋巴瘤细胞。瑞氏–姬姆萨染色。

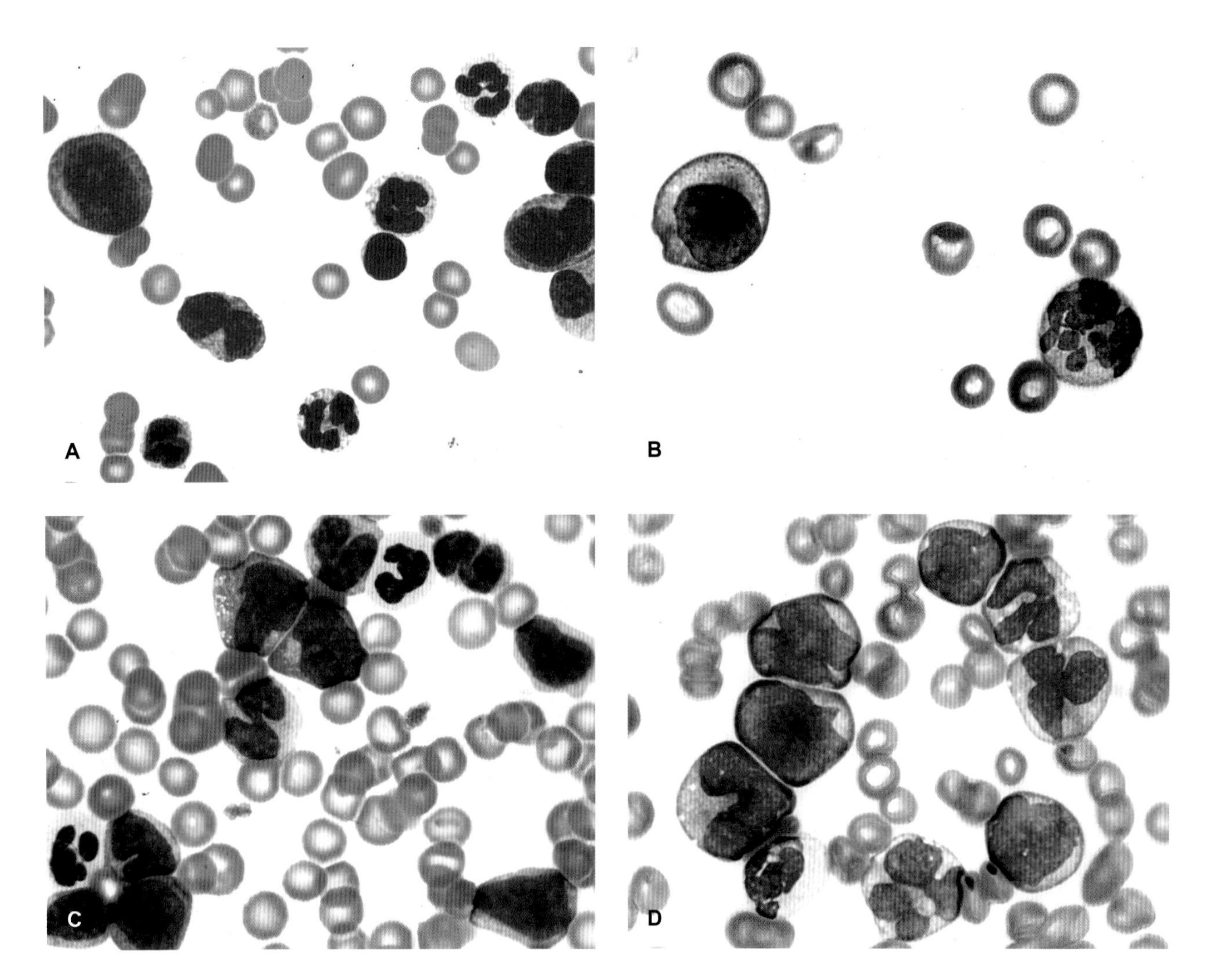

图26　白血病包括慢性骨髓性白血病（CML），原始粒细胞白血病（AML-M2），急性单核细胞白血病（AML-M4）和急性单核细胞白血病（AML-M5）

A. 初步诊断为患骨髓性白血病（CML）猫的血液，呈现明显核左移的中性粒细胞血症。未进行骨髓活检组织确诊。血涂片中可看到少量的原始粒细胞（左上角）。瑞氏-姬姆萨染色。

B. 患AML-M2犬血液中的Ⅱ型原始粒细胞（左）和高度分叶的中性粒细胞（右）。瑞氏-姬姆萨染色。

C. 患AML-M4犬的血液。显示中性粒细胞、单核细胞及它们的前体细胞。瑞氏-姬姆萨染色。

D. 患AML-M5犬的血液。除左下角的中性粒细胞外，其他的细胞均为单核细胞的前体细胞及成熟的单核细胞。瑞氏-姬姆萨染色。

原始单核细胞

原始单核细胞与原粒细胞相似，但原始单核细胞的核为不规则圆形或边缘卷曲（图24 N，图24 O）。经常可以观察到原始单核细胞的细胞质中，特别是在细胞核凝集区的周围有一个清晰的区域即高尔基区。核质比高，但与原始粒细胞相比略低。原始单核细胞可出现在急性粒-单核细胞白血病（AML-M4）和急性单核细胞白血病（AML-M5）的动物血液中（图26 D）。尽管急性骨髓性白血病（AML）在马上很少见，但曾报道过患有AML的马大多为AML-M4或AML-M5。

原始红细胞

与原始粒细胞、原始单核细胞和大多数的淋巴母细胞相比，原始红细胞的染色质嗜碱性更强（图24 P）。尽管前面提到的原始粒细胞的核大致为圆形，但原始红细胞的胞核为规则的圆形。染色质呈细颗粒状，有一个或多个核仁。患有再生障碍性贫血的动物血液中原始红细胞很少。在患有红细胞性白血病（AML-M6或AML-M6Er）动物血液中，原始红细胞的数量变化较大（图27 A、图27 B）。

原始巨核细胞

原始巨核细胞出现在患有原始巨核细胞白血病（AML-M7）的动物血液中。原始巨核细胞的细胞核几乎和原始红细胞的细胞核一样呈圆形，但原始巨核细胞的细胞质为典型的弱嗜碱性，甚至有时含有紫红色颗粒（图24 Q，图24 R）。有些原始巨核细胞的形态非常独特，含有多个独立的空泡（图27 C）和胞质突出（图24 R）。

未定型原始细胞

在白细胞分类计数时原始细胞不能按照上面列出的进行确切分类的即为未定型原始细胞。当未定型细胞在骨髓（有时在血液中）中占优势时，即可诊断为急性未定型白血病（AUL）（图24 S，图27 D）。

转移性瘤原始细胞

尽管来自于非造血器官的转移性肿瘤非常常见，但在血液中很难识别这些转移瘤细胞（除恶性肥大细胞外）。这些瘤细胞要比造血干细胞大得多（图24 T）。

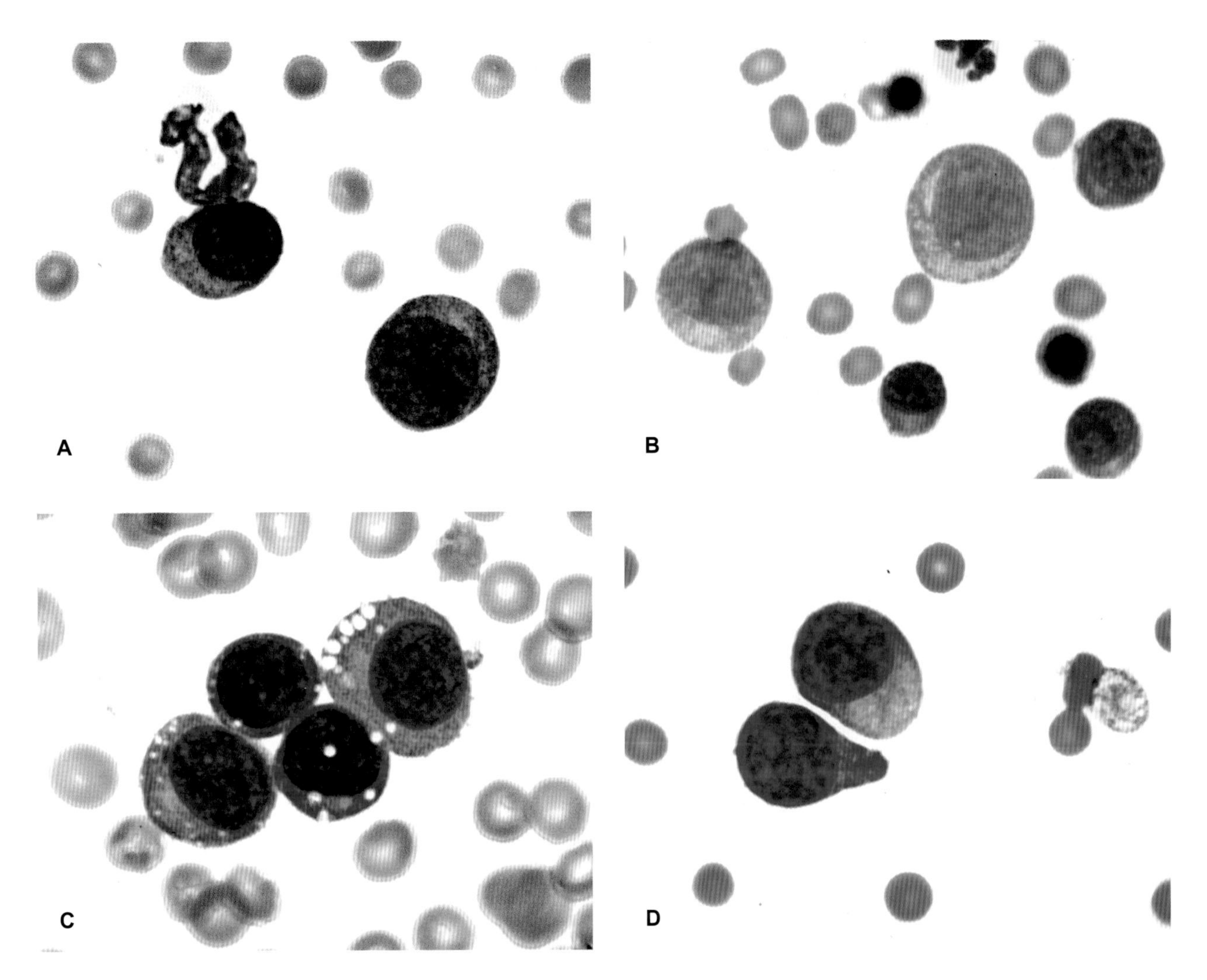

图27　急性骨髓性白血病。包括红细胞性白血病（AML-M6或AML-M6Er），原始巨核细胞白血病（AML-M7）和急性未定型白血病（AUL）

A. 患红细胞性白血病猫的血液。一个中性粒细胞和两个细胞质呈嗜碱性的原始红细胞。瑞氏-姬姆萨染色。

B. 患红细胞性白血病猫的血液。细胞质淡蓝色的两个大的细胞为原始粒细胞，较小的两个圆形细胞为红细胞系前体细胞。瑞氏-姬姆萨染色。

C. 患原始巨核细胞白血病犬的血液。细胞质中有明显空泡的四个肿瘤性原始巨核细胞。瑞氏-姬姆萨染色。

D. 患急性未定型白血病猫的血液。两个未分类的肿瘤细胞。瑞氏-姬姆萨染色。

第四章

血 小 板

（Platelets）

血小板的正常形态

哺乳动物体内的血小板呈小的圆形或椭圆形，没有细胞核，无应激的状态下，呈薄盘状，是巨核细胞细胞质内圆柱管型的分裂碎片。血小板的细胞质呈浅蓝色，采用血常规分析可见许多紫红色小颗粒（图28 A，图28 B）。马的血小板不易被瑞氏-姬姆萨染液染色（图28 C），但用快速鉴别（图28 D）染色效果很好。血小板能经新亚甲蓝染色剂染成均匀的紫色（图29 A）。

不同动物血小板的直径有所不同，猫的血小板比其他家畜的都大（图28 E）。当采集或处理血样时，猫的血小板反应尤其敏感，表现为血小板脱颗粒，发生聚集，这一点经常被没有经验的观察者所忽视（图28 F）。在患有单克隆冷沉淀蛋白血症（图28 G）的猫血液中发现的一些冷沉淀球蛋白与脱颗粒血小板的聚集非常相似。

新形成的血小板中RNA的含量较高，被称为网状血小板。新生血小板不能依据形态进行计数，但可以对含有的RNA进行荧光标记后通过流式细胞仪计数。

血小板增多症是一种慢性骨髓增殖性疾病，动物在患有该病时，其血小板形态通常是正常的，但其数量超过$1 \times 10^6/\mu L$（图29 B）。尽管如此，据报道两只被确诊为该病的犬的血小板平均体积（MPV）有所增加。

血小板的异常形态

巨血小板

直径等于或大于红细胞直径的血小板被称为巨血小板（图28 H ~ 图28 L），在正常的猫血液中有时能看到少量的巨血小板。巨血小板在患有血小板病的动物体内频繁出现表明患病动物血小板增生，并且巨血小板有可能在伴有骨髓增生症的血小板病动物中存在，也有可能存在于没有患血小板病，但刚刚从血小板减少症恢复的动物体内（图29 C，图29 D）。有时也会在健康但有遗传性血小板功能缺陷的查理士王猎犬和猎水獭犬的血液中发现大量的巨血小板。

激活的血小板

部分血小板被激活以后不再呈盘状，但有从球形细胞体延伸出来的细胞质突。当血小板被进一步激活以后，其颗粒会破碎并且靠周边的微管和细丝聚集在中央，很容易被误认为细胞核（图28 J）。在体外，血小板聚集是伴随其活化发生的。通过染色的血片可以看出，如果发生脱颗粒现象，血小板的聚集是很难辨认的（图28 F，图29 E）。血小板聚集时应该注意，因为这时可能出现假性血小板数减少。

脱颗粒血小板

脱颗粒血小板可能来自于血小板的活化和分泌，但在患有骨髓组织增生症的动物血内也发现这种血小板。（图28 M ~ 图28 P）。关于反刍动物白血病淋巴瘤的报道中提到颗粒减少的血小板，这种血小板是由不同细胞的胞质裂解分化而来（图28 Q）。

埃里希氏体感染

埃里希氏体是一种立克次氏体，主要感染犬血小板。在血小板细胞质内呈现紧凑的嗜碱性的桑葚胚样生物聚集体（图28 R ~ 图28 T）。类似的团状物在猫血小板内也曾发现。

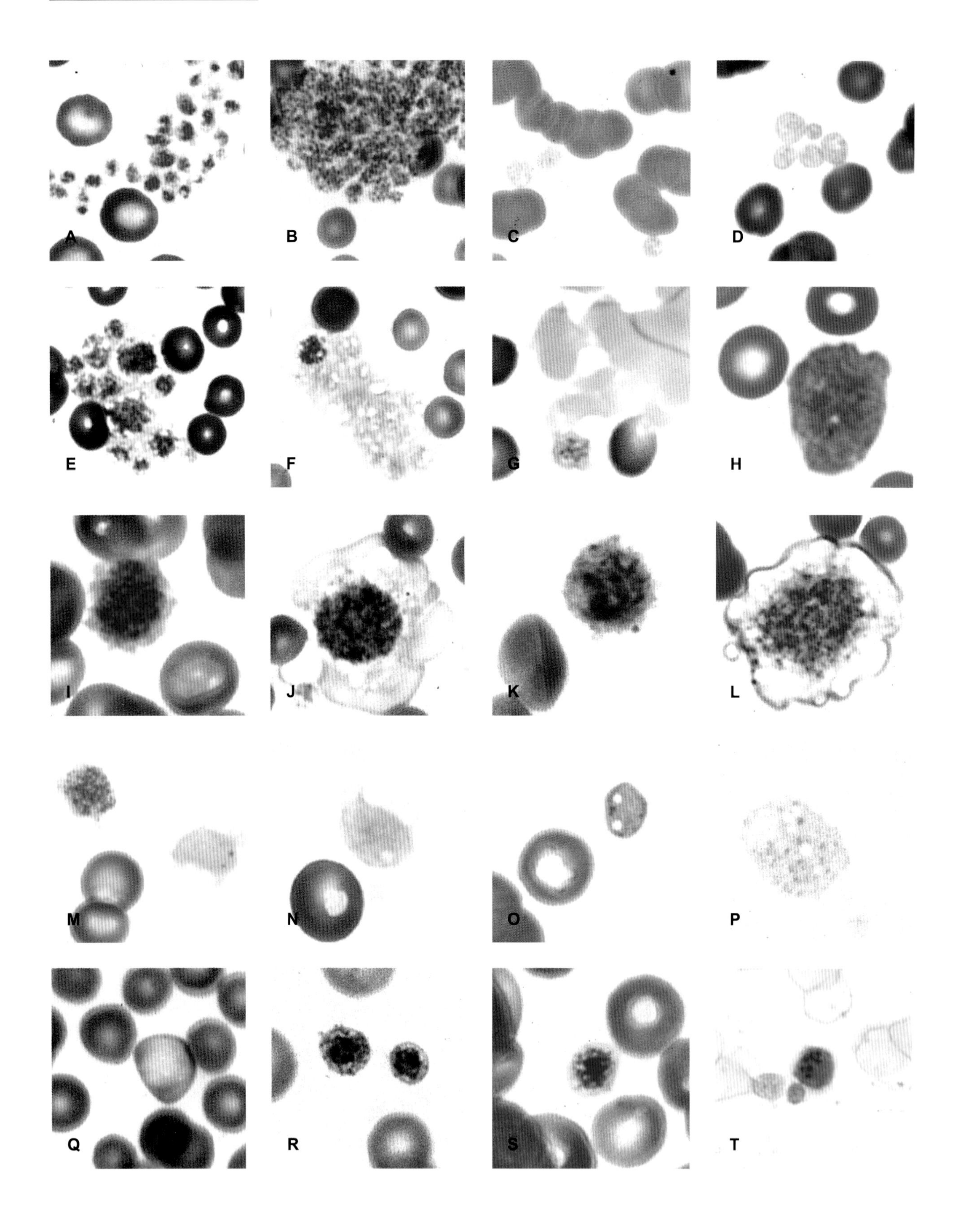
A
B
C
D
E
F
G
H
I
J
K
L
M
N
O
P
Q
R
S
T

图28　血小板的正常和异常形态

A. 犬血液中聚集的血小板。瑞氏–姬姆萨染色。

B. 奶牛血液中聚集的血小板。瑞氏–姬姆萨染色。

C. 马血液中三个淡染的血小板，一个红细胞内含有一个豪–诺二氏小体。瑞氏–姬姆萨染色。

D. 马血液中五个血小板。快速鉴别染色。

E. 猫血液中聚集的血小板，显示了这个物种特有的大血小板特征。瑞氏–姬姆萨染色。

F. 猫血液中活化的和脱颗粒的血小板发生聚集，左上方只有一个有颗粒的血小板。瑞氏–姬姆萨染色。

G. 患有单克隆冷沉球蛋白血症美国短毛猫的蓝染的匀质冷球蛋白，沉淀的冷球蛋白跟脱颗粒血小板的聚集相似，在底部的两个红细胞之前有一个血小板。图片引自1999年ASVCP的幻灯片，由T.Stokol，J.Blue，F.Hickford，Y.Von Gessel和J.Billigs提供。姬姆萨染色。

H. 免疫诱导的血小板减少症的犬血液中的巨血小板。瑞氏–姬姆萨染色。

I. 埃里希氏体感染以及血小板减少症的犬血液中的巨血小板。瑞氏–姬姆萨染色。

J. 患有腹部脓肿及中毒性核左移的猫血液中巨血小板颗粒聚集，这很容易被误认为细胞核。瑞氏–姬姆萨染色。

K. 患有CML的犬血中的巨血小板。瑞氏–姬姆萨染色。

L. 患有骨髓增生综合征的猫血中的巨血小板，其颗粒聚集在中央。瑞氏–姬姆萨染色。

M. 患有CML的犬血液中含颗粒（左上方）和脱颗粒（右边）血小板，两种血小板都有薄层细胞质。瑞氏–姬姆萨染色。

N. 患有CML的犬血液中脱颗粒血小板，可看到薄层细胞质。瑞氏–姬姆萨染色。

O. 患有AML–M6Er的犬血中脱颗粒血小板。瑞氏–姬姆萨染色。

P. 患有CML的犬血液中脱颗粒巨血小板。瑞氏–姬姆萨染色。

Q. 患有白血病淋巴瘤的奶牛血中的细胞质裂解片段，这些片段有可能与脱颗粒血小板相混淆。瑞氏–姬姆萨染色。

R. 犬血液中的两个含桑葚胚样埃里希氏体的血小板，与通常的品红颗粒染色不同，其颗粒被染成深蓝色。瑞氏–姬姆萨染色。

S. 犬血中一个含桑葚胚样埃里希氏体的血小板，与通常的品红颗粒染色不同，其颗粒被染成深蓝色。瑞氏–姬姆萨染色。

T. 犬血液中的含有两个桑葚胚样埃里希氏体的大血小板，每个埃里希体含有多重亚基。新亚甲基蓝染色。

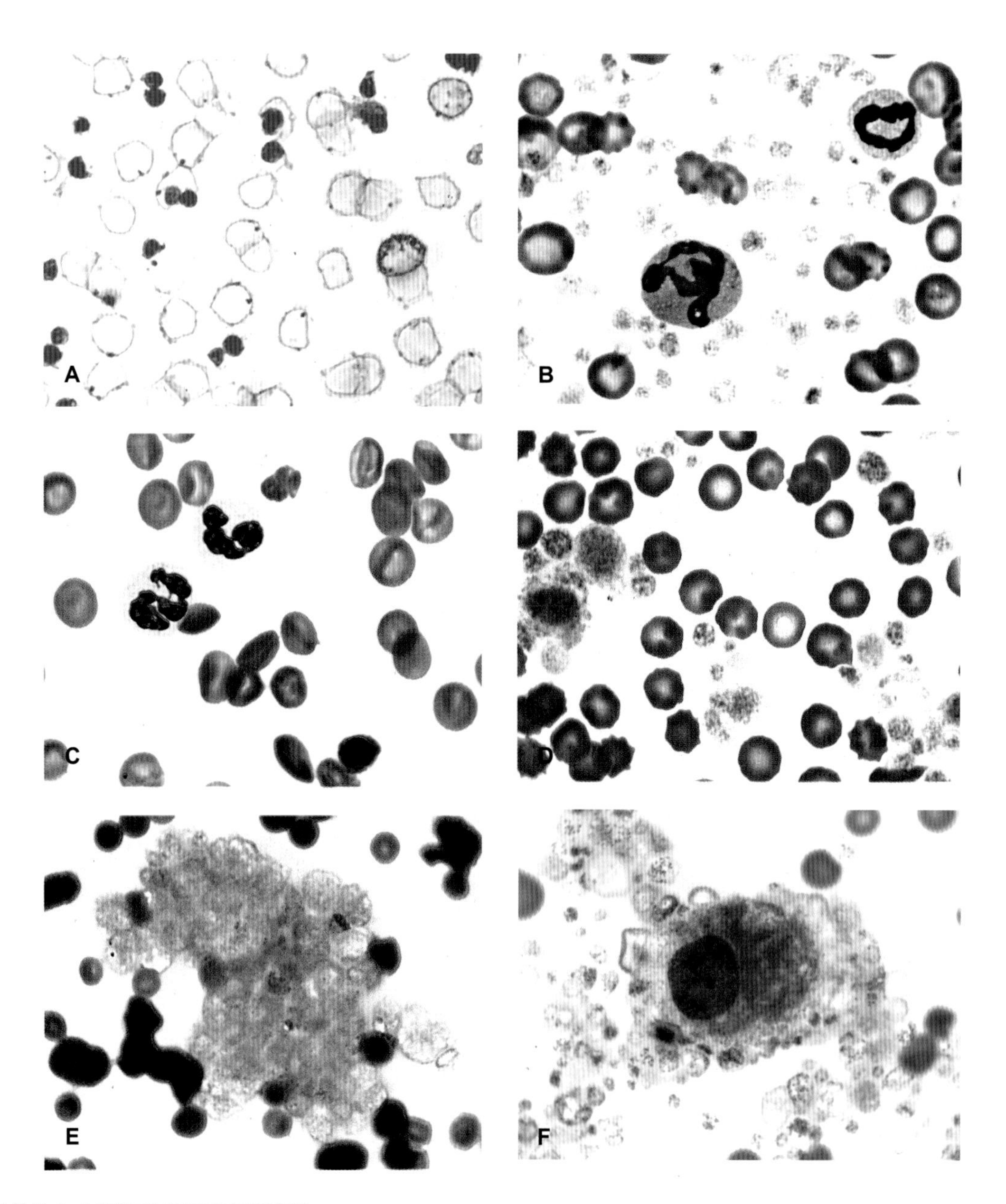

图29　异常的血小板和发育不良巨噬细胞

A. 脾脏切除后犬血液内血小板轻度增多。血小板显示为紫色小细胞，红细胞显示为未着色的血影。单个小海因茨氏体在许多红细胞内显示为嗜碱性的“圆点”。一网织红细胞在中心右侧。新亚甲基蓝染色。

B. 患有血小板减少症的犬血液中血小板数量显著增加，也存在嗜碱性（底部）和中性粒细胞（右上）。出自1987年ASVCP幻灯片中血涂片，该病例由C.P.Mandell，N.C.Jain，J.G.Zinkl提供。瑞氏染色。

C. 患有免疫性血小板减少症的犬的血涂片中血小板减少（血小板数仅为$20 \times 10^3/\mu L$）和再生障碍性贫血。图中有多染性红细胞，一个晚幼红细胞（底部）和两个中性粒细胞，瑞氏–姬姆萨染色。

D. 与图29 C同一只犬，经过强的松治疗一周后的血小板增多（血小板数达到$950 \times 10^3/\mu L$），并出现几个巨血小板。瑞氏–姬姆萨染色。

E. 患有血小板增生症的猫血液内存在大量聚集的血小板，用电子阻抗技术检测血样中的白细胞数，造成白细胞总数假性升高。瑞氏–姬姆萨染色。

F. 图为在患有骨髓增生综合征的猫白细胞层中的发育不良巨噬细胞和许多血小板。瑞氏–姬姆萨染色。

第五章

其他细胞和寄生虫

（Miscellaneous Cells and Parasites）

核固缩及核碎裂

经过程序性死亡（凋亡）的细胞表现核固缩及核碎裂（图30 A～图30 D）。固缩现象涉及细胞的缩水和凝结以及核的密集或凝聚。核碎裂是指连续的破碎。它可能无法确定细胞来源。

有丝分裂细胞

有丝分裂细胞可能出现在患有恶性肿瘤的动物血液中（图30 E），但是它们也可能发生在非肿瘤性疾病的动物，如转化的淋巴细胞（图30 F），再生障碍性贫血的有核红细胞前体和激活的单核吞噬细胞。

游离核

在血涂片制备期间细胞溶解时，可能会观察到游离核（无细胞质的核）（图30 G）。当游离核在血涂片上薄薄的展开时，它显示出粉红色网状结构，这种结构被称为“篮子细胞”（图30 H）。这个术语使用并不准确，因为“篮子细胞”不是真正的细胞，仅仅是变形的细胞核。在血涂片制备过程中淋巴细胞是最有可能溶解的一类血细胞。

内皮细胞

有时在血涂片中会观察到带有长细胞核的纺锤状内皮细胞（图30 I）。在采集血液样本过程中当针头进入静脉时，内皮细胞排列呈管状，并有可能脱落。

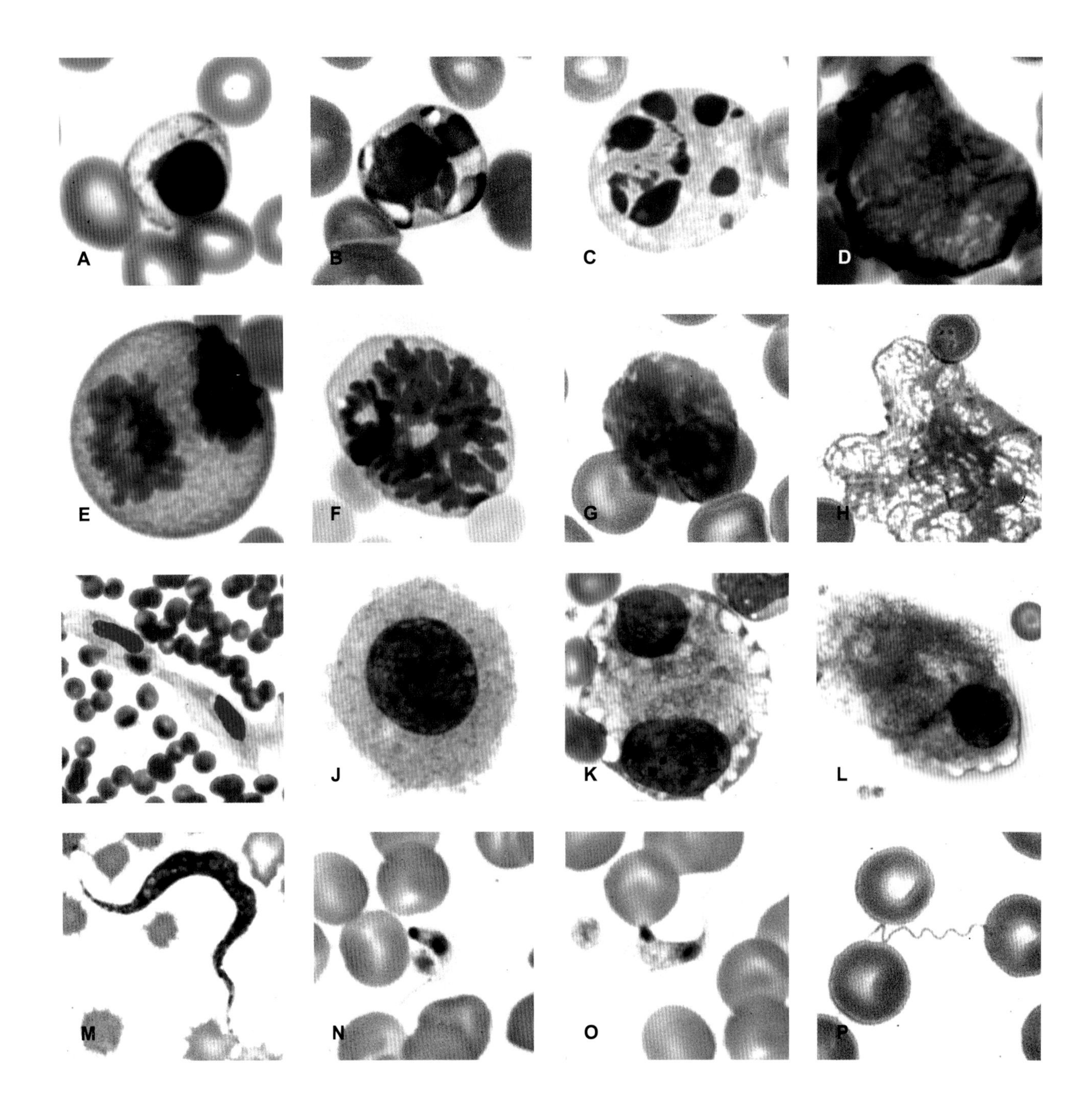
A
B
C
D
E
F
G
H
J
K
L
M
N
O
P

〈 **图30 血液中的其他细胞和游离的传染性病原微生物**

A. 中毒引起的核左移的犬血液中染色质浓缩的固缩细胞。瑞氏–姬姆萨染色。

B. 患有犬心丝虫感染症的犬血液中细胞固缩和核破碎。瑞氏–姬姆萨染色。

C. 患有急性单核细胞白血病（AML–M5）的犬血液中细胞固缩和核破碎。瑞氏–姬姆萨染色。

D. 患有白血病淋巴瘤的母牛血液中细胞固缩和核破碎。 瑞氏–姬姆萨染色。

E. 患有红白血病（AML–M6）猫的血液中后期有丝分裂细胞。瑞氏–姬姆萨染色。

F. 患有马传染性贫血的马血液中早期有丝分裂细胞（可能是淋巴细胞）。瑞氏–姬姆萨染色。

G. 患有慢性淋巴细胞白血病的犬血液中游离核。瑞氏–姬姆萨染色。

H. 猫血液中变形网状结构（篮子细胞）的游离核。瑞氏–姬姆萨染色。

I. 母牛血液中两个梭状长形核的内皮细胞。这些细胞有可能是在采集血液样本过程中从血管壁上脱落下来的。瑞氏–姬姆萨染色。

J. 患有慢性粒细胞白血病的犬血液中单核发育不良的巨核细胞。瑞氏–姬姆萨染色。

K. 患有慢性粒细胞白血病的犬血液中双核发育不良的巨核细胞。瑞氏–姬姆萨染色。

L. 患有急性巨核细胞白血病的犬血液中发育不良的巨核细胞。

M. 3日龄安格斯牛犊血液中的泰勒锥虫。血涂片照片引自1998年ASVCP的幻灯片，由H.Bender，A.Zajak，G.Moore和G.Saunders提供。瑞氏染色。

N. 犬血液中的克氏锥虫。血涂片照片由Dr.S.C.Barr.提供。瑞氏染色。

O. 犬血液克氏锥虫。血涂片照片由Dr.S.C.Barr.提供。瑞氏染色。

P. 伯氏疏螺旋体和钩端螺旋体血清反应阴性的北中部佛罗里达犬血液中的螺旋体。瑞氏–姬姆萨染色。

巨核细胞

巨核细胞是核具有多个分叶，生成血小板的巨型细胞，这些细胞存在骨髓外周血管窦中（更多细节见骨髓章节）。有时全部血小板进入血管窦，这就很好地解释了正常动物血液涂片中很少观察到巨核细胞的原因。巨核细胞容易在白细胞涂片中发现。到达血液的巨核细胞被肺毛细血管迅速捕获，在肺毛细血管内可继续生产血小板。

发育不良的巨核细胞要比正常的骨髓巨核细胞小，染色体倍数较低。但是它们的细胞浆常常含有颗粒，并和血小板很相似（图29 F，图30 J～图30 L）。发育不良的巨核细胞通常在患有骨髓增殖性疾病的动物的骨髓中发现，但在血液中很少见。

寄生虫和细菌

在血液中可以看到与血细胞毫无联系的寄生虫和细菌。不过，细胞间的杆菌和球菌通常都可着色。

微丝蚴

潜在的微丝蚴（线虫幼虫）包括犬、猫和野生犬科动物体内的犬恶丝虫（图5 D）；犬的隐现棘唇线虫；牛和马的腹腔丝虫。

锥虫

在血液中可能会观察到各种锥虫（图30 M～图30 O）。这些狭长的有鞭毛的原生动物导致美国以外的家畜发生疾病，但是在美国牛体内观察到的锥虫（泰勒锥虫）通常是非致病性的。在美国，很多犬被克氏锥虫感染，但是在血液中很少观察到，大多数情况下是亚临床感染。当发病时，疾病的临床形式主要涉及心脏或神经功能障碍。

细菌

血涂片中可能存在各种细菌。要证明这些细菌不是污染物是很重要的，尤其在染色过程中。中性粒细胞内存在被吞噬的细菌，表明该细菌可能具有临床意义。患有伯氏疏螺旋体感染的犬血液中观察到螺旋体。已经在来自佛罗里达犬的血液中观察到了不同于莱姆病螺旋体的伯氏疏螺旋体（图30 P）。

骨　髓

BONE MARROW

第六章

造血作用

（Hematopoiesis）

在哺乳动物整个成年生活过程中，全部类型血细胞由原始造血干细胞在骨髓的血管外空间连续不断地产生。全能的造血干细胞生产多能淋巴细胞、多能骨髓干细胞。随着有限的自我更新能力的增加，骨髓的多能干细胞产生了一个日益分化的祖细胞系列，这种自我更新维持着非淋巴血细胞的生产。干细胞和祖细胞是单核细胞，其不能与淋巴细胞的形态相区分。体外细胞培养法检测时，如果祖细胞形成集落，则用集落形成单位（CFUs）或爆裂型集落生成单位（BFUs）来表示。全功能造血干细胞也产生破骨细胞，肥大细胞，树状突细胞，朗氏细胞的祖细胞。

由于骨髓中存在独特的造血微环境，血细胞的产生发生在成年动物的骨髓中。造血微环境是一个复杂的网络，这个网络由各种基质细胞、辅助细胞、糖蛋白因子和细胞外基质组成的，这些物质影响造血干细胞和祖细胞活性、增殖和分化。基质细胞（内皮细胞，成纤维细胞样的网织红细胞，脂肪细胞和巨噬细胞）和辅助细胞（淋巴细胞亚群和自然杀伤细胞）产生各种积极和消极的生长因子。基质细胞还产生了细胞外基质成分。除了提供结构性支持，细胞外基质对于造血细胞和水溶性基质细胞生长因子的结合是非常重要的，它可以促进细胞的增殖和分化。

除巨噬细胞外，基质细胞似乎来源于共同的间质干细胞，这些间质干细胞不同于造血干细胞。除了网织红细胞，脂肪细胞和内皮细胞，间质干细胞也分化为成骨细胞和肌细胞。造血干细胞和祖细胞的增殖不能自发进行，而需要特异的造血细胞生长因子的存在，这种生长因子可由骨髓本身产生，或由周边组织产生，然后通过血液输送到骨髓（体液运输）。有些造血细胞生长因子被称为促血细胞生成素（促红细胞生成素和促血小板生成素）。根据体外培养的研究，另一些生长因子已被列为集落刺激因子。最后，一些造血细胞生长因子被称为白细胞介素。

红细胞生成

在骨髓血管外空间，原始红细胞连续不断地从祖细胞中产生。原始红细胞的分化在3d或4d间启动了4次分裂，产生大约16个晚幼红细胞，其不再具有分化能力（图31）。

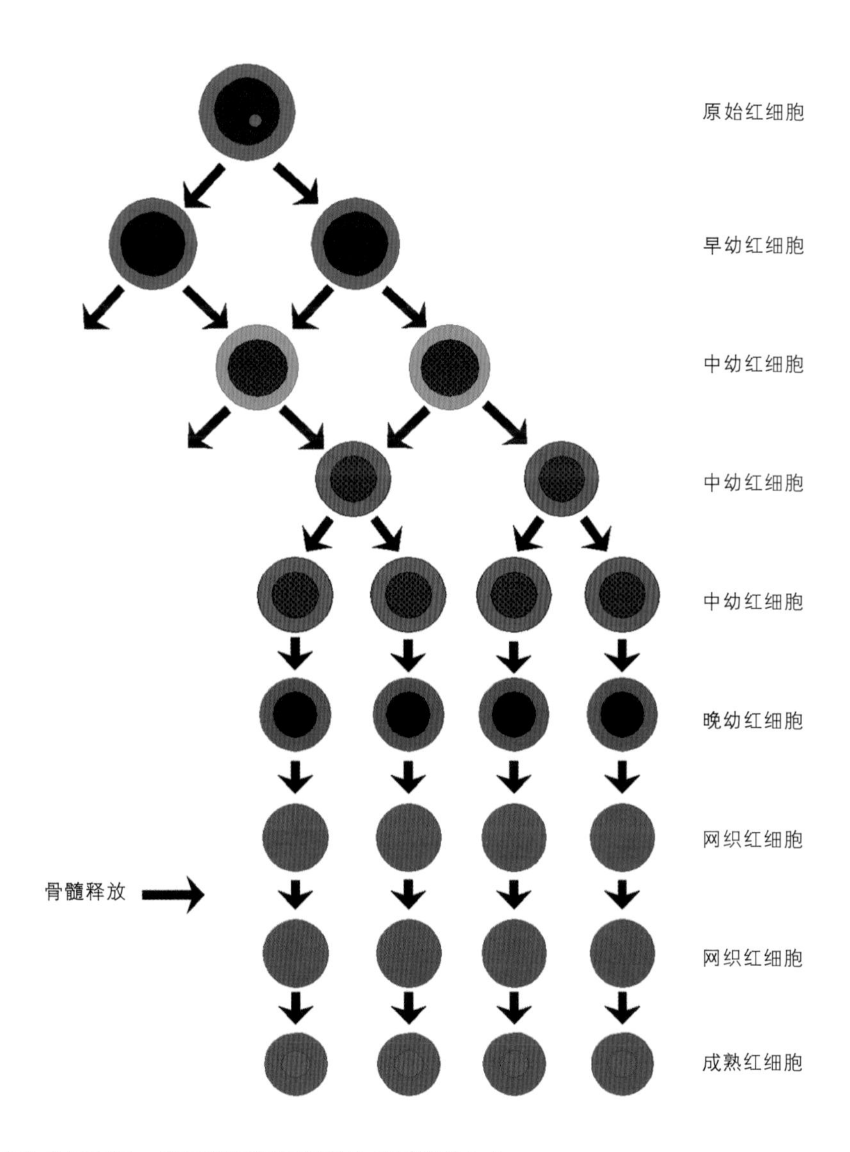

图31 犬正常红细胞生成示意图，当网织红细胞正常生成后释放入血

（摘自Modified from Meyer DJ，Harvey JW: Veterinary Laboratory Medicine. Interpretation and Diagnosis，2nd ed. WB Saunders，Philadelphia，PA，1998）

用罗曼诺夫斯基染色时，早期的前体细胞具有蓝色的细胞质，这是因为有许多嗜碱性核糖体和多聚核糖体的存在，这些核糖体在合成珠蛋白和少量的其他蛋白质中非常活跃。由于这些细胞的分裂和成熟，细胞变小。N：C下降，核染色质凝结增加，细胞质嗜碱性下降，血红蛋白逐渐积累增加，使细胞质具有染成红色的特性。既具有红染又具有蓝染特性的细胞称为多染性红细胞。未成熟红细胞，称为网织红细胞。

网织红细胞一般是在骨髓中开始成熟，在外周血液中完成，而犬、猫和猪在脾中完成。随着网织红细胞的成熟，其可变形性逐渐增强，这个特性有利于它们从骨髓中释放出来。相比较而言，犬和猪的未成熟的聚集形网织红细胞从骨髓中释放出来。对于正常的猫，通常直到网织红细胞成熟到点状网织红细胞时，才从骨髓中释放出来；因此，在正常成年猫血液中几乎看不到聚集的网织红细胞（<0.5%），但是可观察到多达10%的点状网织红细胞。马和反刍动物的网织红细胞通常在骨髓中形成成熟的红细胞。患有贫血的反刍动物网织红细胞可能被释放进入血液，但是这种情况很少发生在贫血的马身上。

白细胞的形成

中性粒细胞

骨髓内的中性粒细胞包含在两个池中——增殖和成熟池（增殖池），池中包括原始粒细胞、早幼粒细胞和中幼粒细胞。数天发生约4或5次分裂。在这期间，初级（紫红色）细胞质颗粒在原始粒细胞晚期或早幼粒细胞早期产生，次级颗粒在中幼粒细胞期合成。多年来，这些初级颗粒称为嗜苯胺颗粒，但是这些颗粒不显示蓝色（天蓝色）；相反，它们显示紫红色。一旦细胞核凹陷和凝聚明显出现，前体细胞就不再分裂（图32）。成熟池和储存池（有丝分裂后期的池）包括晚幼粒细胞，杆状核中性粒细胞，分叶中性粒细胞。在成熟的中性粒细胞穿过血管内皮细胞进入血液循环之前，细胞通常在这个池中经过数天的储存和成熟。

嗜酸性粒细胞和嗜碱性粒细胞

骨髓嗜酸性粒细胞的产生与中性粒细胞相似。成熟的嗜酸性粒细胞在骨髓的储存池中经过时间是1周或更少。嗜酸性粒细胞和嗜碱性粒细胞来源于同一个骨髓干细胞前体细胞，产生每个世系的先祖特征。在中幼粒细胞时期嗜酸性粒细胞和嗜碱性粒细胞特征性的次级颗粒出现时，其前体可以辨认出来。还不清楚嗜碱性粒细胞和肥大细胞是否起源于相同的祖细胞。嗜碱性粒细胞在骨髓中成熟，而与嗜碱性粒细胞不同的是肥大细胞祖细胞在组织中转化成成熟肥大细胞。

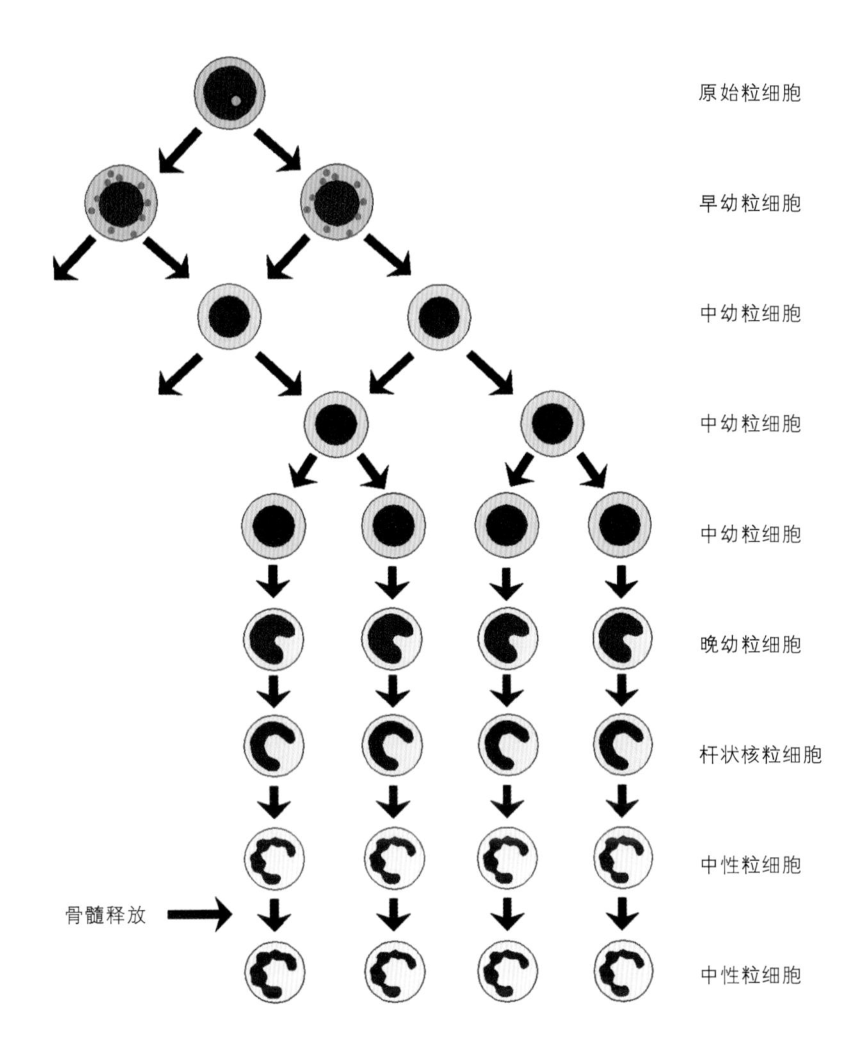

图32 粒细胞生成图解

（经允许，修改自Meyer OJ.Harvey JW: Veterinary Laboratory Medicine.Interpretation and Diagnosis，2nd ed. WB Saunders.Philadelphia，PA，1998）

单核细胞

产生单核细胞需要的时间比粒细胞要少很多，并且单核细胞在骨髓的储备很少。单核细胞不是末期的（成熟的）细胞，而是进入组织变成巨噬细胞。

淋巴细胞

淋巴系干细胞产生B淋巴细胞前体和T细胞/杀伤性细胞前体，并且T细胞/杀伤细胞前体细胞产生T淋巴细胞前体和自然杀伤性细胞（NK）前体细胞。对绝大多数哺乳动物而言，B淋巴细胞前体细胞在骨髓中产生B淋巴细胞。B淋巴细胞迁移到淋巴结内皮，进入空肠淋巴结滤泡和哺乳动物脾淋巴滤泡。

T淋巴细胞前体细胞离开骨髓迁移到胸腺，在胸腺微环境的影响下它们发展成T淋巴细胞。T淋巴细胞在胸腺中成熟后，在哺乳动物淋巴结内副皮质区、脾脏周围淋巴鞘和空肠淋巴结滤泡间区不断积累增多。自然杀伤性细胞在骨髓生成，并成熟，但是自然杀伤性细胞的前体细胞也出现在胸腺中。

血小板生成

哺乳动物血小板在骨髓中由多核巨细胞产生。起始于原始巨核细胞，在无细胞分裂情况下，3～5个核复制，结果成熟的巨核细胞中有8～32对染色体。在前两次核复制中可以观察到独立的核（幼巨核细胞），但是当巨核细胞成熟时形成可见的大分叶核（图33）。随着每次复制细胞体积增大。因此，除了破骨细胞，巨核细胞比骨髓中其他所有细胞都大。幼巨核细胞的细胞质有很强的嗜碱性。随着巨核细胞的成熟，嗜碱性逐渐下降，颗粒增加。

巨核细胞不是分布在血管窦外，就是构成血管窦壁。巨核细胞的胞浆突起形成并延伸到血管窦中。这些类似珠状的前体血小板在血管窦和大循环中逐渐破裂形成单独的血小板。

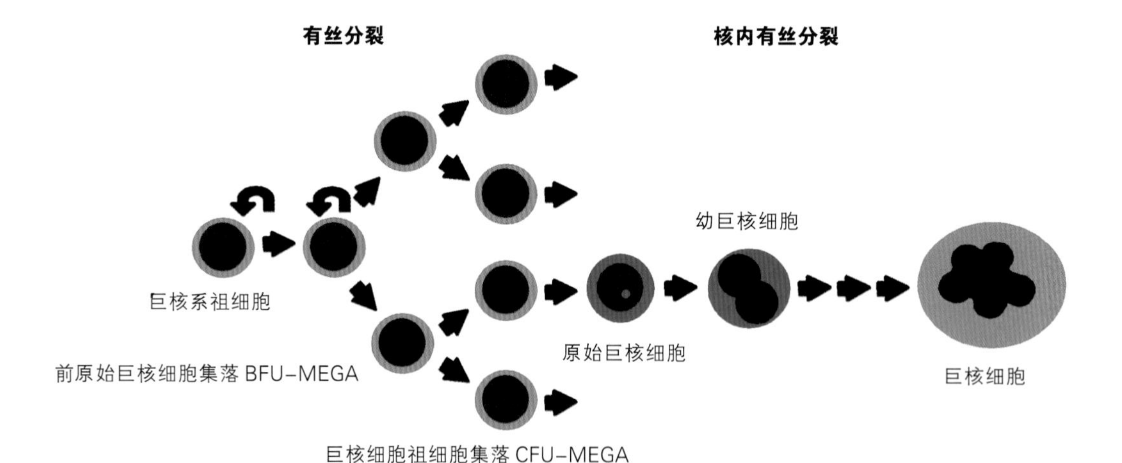

图33 巨核细胞的分化阶段。BFU-MEGA，爆裂式巨核细胞集落（前原始巨核细胞集落）形成单位；CFU-MEGA，巨核细胞祖细胞集落形成单位

（经允许，修改自Meyer DJ，Harvey JW: Veterinary Laboratory Medicine. Interpretation and Diagnosis，2nd ed. WB Saunders，Philadelphia，PA，1998）

第七章

骨髓检查

（Bone Marrow Examination）

骨髓检查的原因

当发现血象异常时，可以通过骨髓检查判断病情。血象变化常见的有中性粒细胞减少、血小板减少、再生障碍性或缺铁性贫血，或几种情况伴发。通过骨髓检测可以早期诊断一些增生性病例，如血小板异常增多、白细胞持续增多、血细胞形态异常、未成熟红细胞增多（有核红细胞前体的多染性消失或无炎症情况下中性粒细胞核左移）。

骨髓检查可以确定肿瘤所处的阶段（淋巴瘤、肥大细胞瘤），评估机体骨髓内铁的储量，评估渐进性的骨质损伤，探寻不明原因的动物机体发热、体重下降和精神沉郁的病因。骨髓瘤、淋巴瘤、利什曼原虫病和全身真菌感染并继发高铁血红蛋白症时，可用骨髓检测确定其病因。当与淋巴瘤、骨髓瘤和骨的转移瘤联系在一起时，骨髓检测能揭示出血钙过高的原因。

在兽医临床检查中，骨髓穿刺检查比骨髓组织检查更常用。与骨髓组织检查相比骨髓穿刺检查更容易、更快和更便宜。骨髓组织检查要用到切割组织的特殊针头，然后将组织放入固定剂中，脱钙、包埋、切片、染色，最后经病理学家进行显微检查。评估骨髓细胞结构和检查转移性瘤细胞，组织活检切片法比骨髓穿刺涂片法精确，但是，前者在评估细胞形态学方面较困难。

骨髓穿刺活检技术

骨髓穿刺活检很少有禁忌症及并发症。当使用免疫抑制剂、镇静剂和麻醉药时，会给活检带来较大危险，造成活检后有出血倾向，如有出血性素质的病畜活检后会伴发潜在的出血。高血红蛋白血症的动物活检之后也可能伴发出血，可以通过缝合皮肤上的切口和按压活检部位来控制出血。活检后，感染也是一个潜在的并发症，可运用适宜的无菌操作技术降低感染的机会。

骨髓穿刺活检方法作为一种辅助诊断方法，主要依靠收集适宜的骨髓样本、准备高质量的骨髓涂片。在很多种情况下，针头活检只需局部麻醉。有时当病畜保定发生反抗时，可用安定。活检部位要剪毛，并用肥皂水洗净皮肤，局麻药通过皮下注射到活检位置的骨膜上，并用解剖刀片在皮肤上做一个小切口帮助针头穿过皮肤，针头和手套一定要灭菌。如有其他手术需要全身麻醉，可将骨髓穿刺与之安排在同一时间内完成，以减少动物应激。

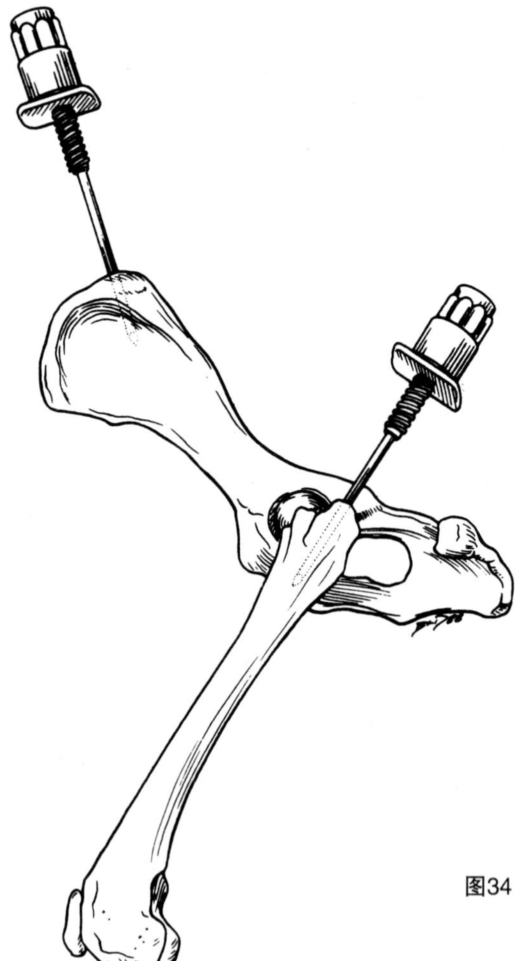

图34　大腿近端髂骨冠的骨髓活组织检查位点

（摘自Grindem CB: Bone marrow biopsy and evaluation.Vet Clin N Am Small Anim Pract 19:669-696，1989）

骨髓穿刺针头必须有一个可移动的内针固定在特定位置，在骨髓腔进针时防止骨皮层将针的内腔阻塞。2.5～3.8cm（1～1.5in）（罗斯塔尔造）长的16～18号针正合适（图37A）。

幼龄动物大部分骨骼中是红骨髓，红骨髓在动物生长到成年期时开始从长骨中退化，因为动物生长时骨髓腔增长比血容量的增长更快。一旦动物生长停止，血细胞数量必定保持在一定范围内，就没有必要为适应生长而增加血细胞了。当造血细胞退化消失后，骨髓腔内就被脂肪（黄骨髓）所代替，并处于稳定状态，如果需要，例如发生贫血，黄骨髓还可以转变成红骨髓，进行造血。

红骨髓存在于扁骨（椎骨、胸骨、肋骨和骨盆）和成年动物的肱骨、股骨近端。常在髂骨嵴作为犬和猫骨髓活检的部位。穿刺针头从所在位置进入髂骨嵴最突出部位后，要与髂骨翼的长轴相平行（图34）。在髂骨翼尾中央凹陷处和髂骨嵴腹面也可进行骨髓的穿刺（图35）。由于宠物小猫和小犬的髂骨特别薄，可以经转节窝由近端的股骨头部抽取骨髓（图34）。另一个常用位置是从肱骨最近端的前面抽提骨髓，尤其在肥胖病畜中。触摸

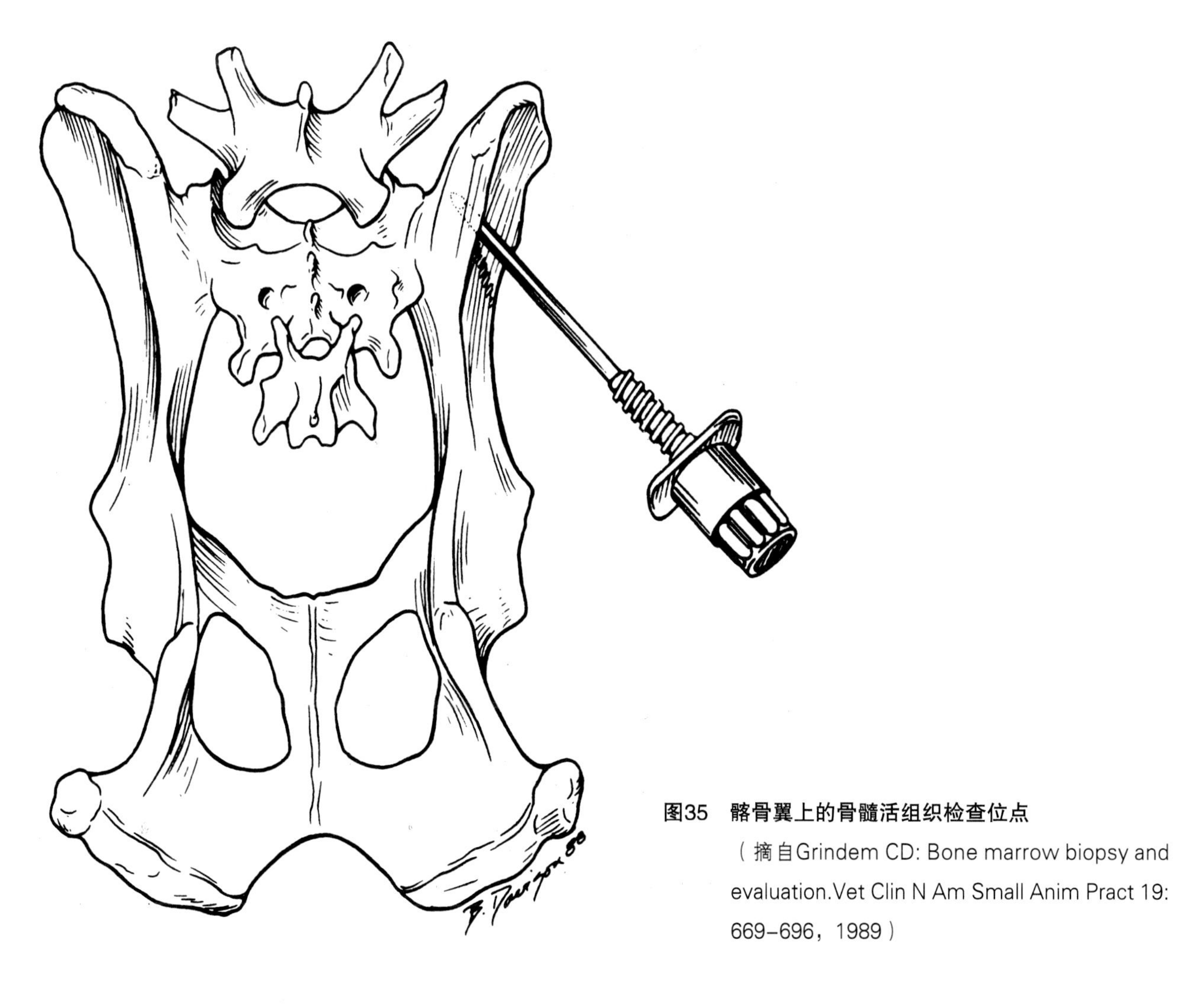

图35 髂骨翼上的骨髓活组织检查位点

（摘自Grindem CD: Bone marrow biopsy and evaluation.Vet Clin N Am Small Anim Pract 19: 669–696，1989）

到肱骨大结节后，将针头插入结节远端的肱骨近端的侧面扁平区域内（图36）。在大型犬中第三、四、五胸骨节可作为活检部位。胸骨活检时，不小心会穿透胸腔，造成胸腔穿孔。用短的活检针头（最好有矫正防护装置），在骨中心操作时要谨慎，以减少气胸、大出血或者心脏破裂的危险。虽然从大动物身上采集胸骨活检材料有很大危险，但是胸骨仍是从马身上采集高质量活检材料的首选位置。虽然在成年动物的肋骨脊末端一般很难被活检针头穿透，但这个部位仍为大动物骨髓采集部位。同时肋骨被用作活检部位时，也有发生气胸、大出血的风险。幼龄马的髋结节可以被用作骨髓采集的位点，成年马因为缺少红骨髓，所以从这个位置一般不能得到足够的骨髓样本。若想用骨髓穿刺的方法检测某部位的疾病，则可选其他组织抽取骨髓。

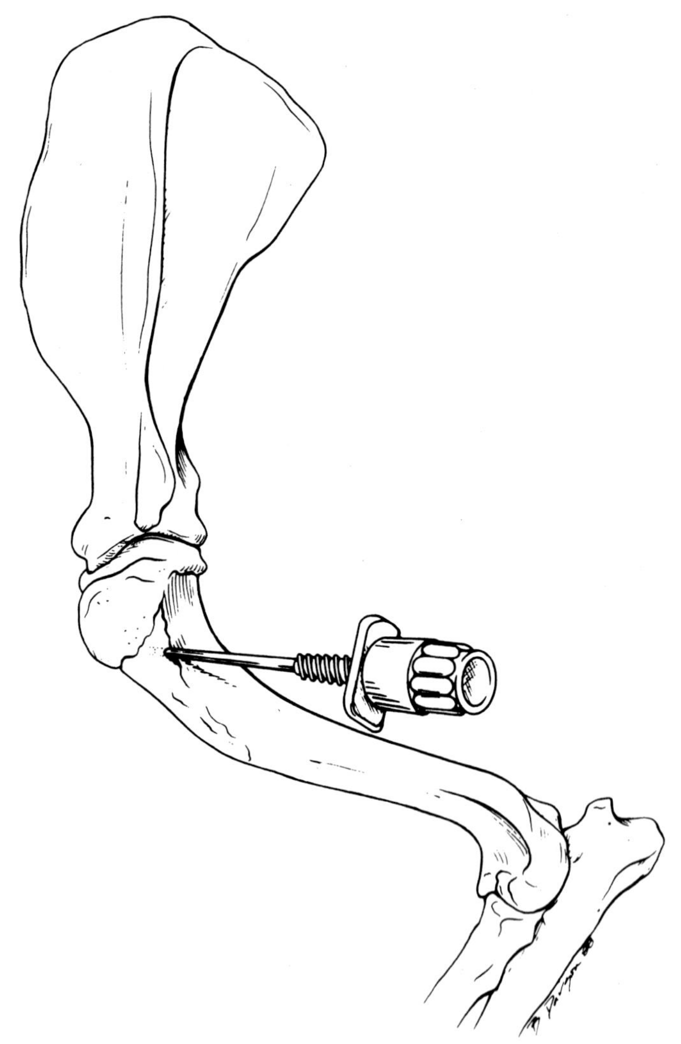

图36　肱骨近端骨髓活组织检查位点

（摘自Grindem CB:Bone marrow biopsy and evaluation.Vet Clin N Am Small Anim Pract 19: 669–696，1989）

针头进入骨髓腔后，当针交替作顺时针和逆时针旋转运动时，力度要适中（内针要锁定）。一旦针头被牢固的嵌入骨内时，一般就说明到骨髓腔了。然后将内针抽出，把一个12mL或20mL的注射器连到采样器上，并将注射器的活塞尽可能快的抽提，使内部形成强烈的负压真空，骨髓液一进入注射器，负压就会降低，迅速将全部的骨髓液移走，做涂片检测。如果抽取时在注射器中没有抽出骨髓液，那么再套上内针，另选一个位置重新抽取。

如果注射器中没有加抗凝剂，则在采集骨髓后，要马上做涂片检测工作，否则骨髓液会迅速凝固。抽样时，通常在注射器内加入几滴5% EDTA抗凝剂。样品采集后，由于骨髓细胞（特别是粒性白细胞）会迅速的衰亡，虽然不一定要立刻制作涂片，但样品应该在采集后几分钟内进行检测。抗凝剂和骨髓液混合后，应放入培养皿中。主要原因是骨髓涂片中的骨髓微粒（基质和相关细胞）对准确的评估骨髓质量是非常重要的，骨髓微粒在被血液污染的样本中显示为小白点。用移液管（图37 B）吸取骨髓液滴到一个载玻片的上端，然后将载玻片垂直放置（图37 C），随着血液的流出微粒逐渐黏附于载玻片上，取另外一个载玻片放到第一个载玻片的微粒黏附区上，骨髓细胞就分布于两个载玻片之间，然后水平拉开（图37 D）。做好的涂片很快在空气干燥，同样的采集方法和涂片制备技术也可以用于无抗凝剂的骨髓液。

从死亡动物身上抽提的骨髓液通常质量很低，一旦发生血液凝集，在抽取骨髓液和涂片制备期间细胞会溶解。如从安乐死的动物身上采集骨髓，建议通过静脉注射巴比妥类药物，将动物麻醉后再抽取，然后再给以安乐死处理。

骨髓液涂片用罗曼诺夫斯基血液染色剂染色，如瑞氏染色、姬姆萨染色或者混合染色。临床上通常采用改良的瑞氏染色法——快速血细胞分类计数染色法，能取得满意结果。染色时间的长短要根据检测人员的经验确定。比较厚的涂片，花费的时间较长，一般来讲，骨髓液涂片染色大约要花费相当于血液涂片染色2倍的时间。在带有骨髓微粒的涂片上可见有粗糙的蓝染物质（图37 E）。当显微检查时，可见到早期的血细胞和基质成分（图37 F）。脂肪在酒精固定时已被溶解，呈现出大小不一未被染色的圆形区域。

如果可利用的涂片充足，可以用普鲁士染色法对铁进行染色。还可以利用一些特殊的染色方法用以区别不同类型的白血病。

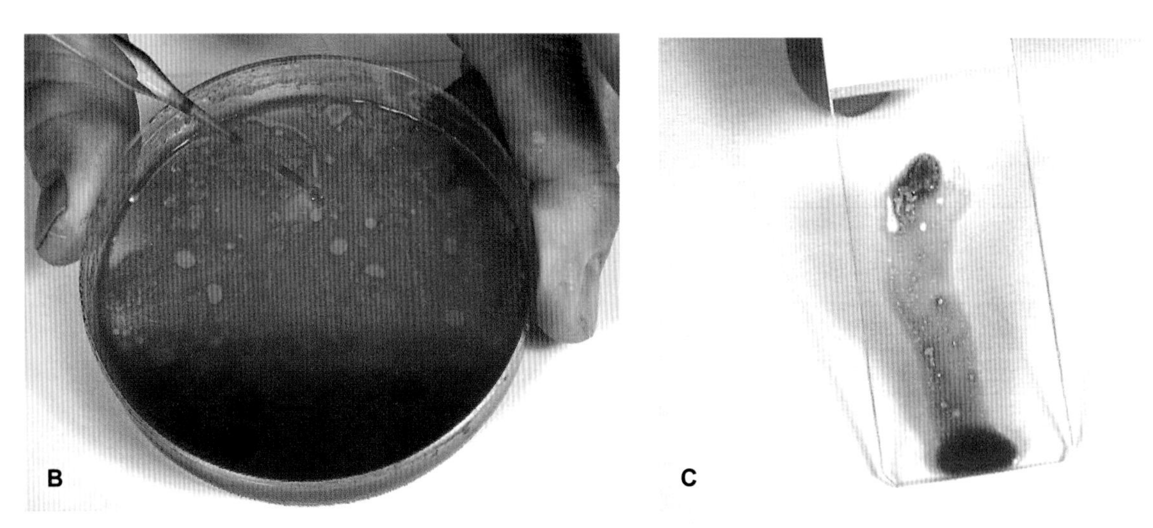

图37　骨髓穿刺针，骨髓液涂片的制备，染色后显微镜观察

A. 18号的骨髓穿刺针，它带有一个内针和可调节的后鞘用以限制插入的深度。

B. 用EDTA做抗凝剂采集的骨髓液放入培养皿中。然后用移液管收集微粒，为骨髓液涂片作准备。

C. 骨髓微粒从培养皿中吸出滴到一张载玻片的末端，然后将载玻片垂直竖起。随着血液的流出，微粒黏附于载玻片上。

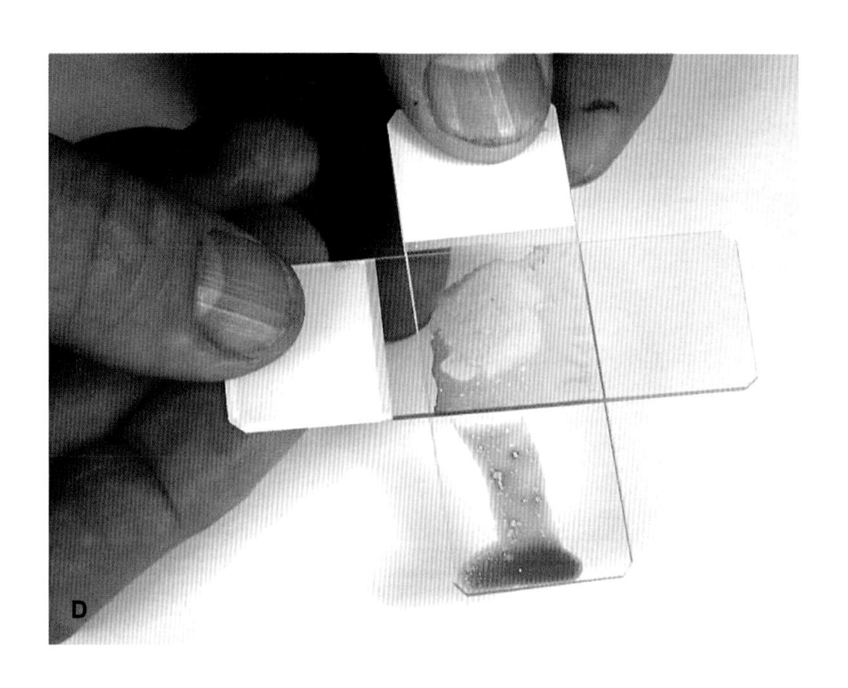

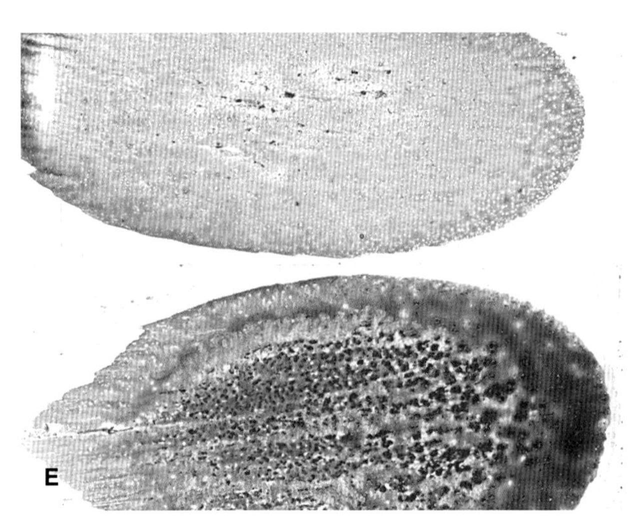

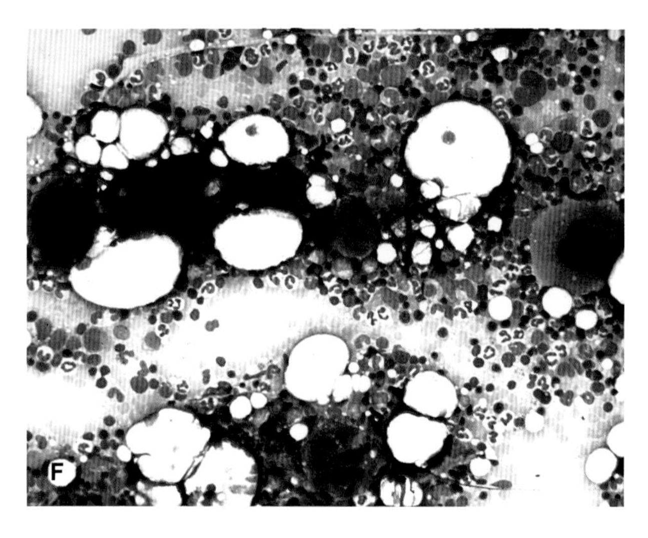

（图37，续）

D. 第二张载玻片交叉放置在微粒黏附区，与第一张垂直，两张载玻片黏合在一起导致骨髓微粒在它们之间展开，然后迅速将两张载玻片水平分开，并在空气中干燥。

E. 两张骨髓液涂片。上面的载玻片仅含很少的蓝染物，说明含有很少的骨髓液微粒。下面的涂片含很丰富的蓝染物，说明有大量的骨髓液微粒存在。瑞氏–姬姆萨染色。

F. 犬正常的骨髓液涂片。图中大小可变且形态不固定的环形区域是脂肪在酒精固定的过程中被溶解遗留下来的区域。现存的大细胞是巨核细胞。瑞氏–姬姆萨染色。

中央骨髓组织活检技术

若骨髓的干化现象总是重复出现（即吸取骨髓微粒失败）那么就要做中央骨髓组织活检。干化现象有可能是由于技术操作的失误造成，但当骨髓与细胞之间过于紧密（白血病时）或出现骨髓纤维化变性时，这种现象就会发生。幼龄动物在进行骨髓抽检时，即使骨髓内有大量的细胞，也常常会发生干化或采出低质量的样品。骨髓组织活检技术为骨髓多孔性的评估、骨髓纤维化疾病以及包括骨髓和转移瘤形成的肉芽组织的疾病检查提供了一种比穿刺涂片更准确的方法。

中央骨髓组织活检的检测部位、动物的保定与骨髓液的抽取活检中描述的一致。骨髓组织活检要用一种专门为切割固体而设计的特殊针头。兽医临床中一般用规格为11～13号的贾姆希迪（Jamshidi）骨髓活检针，该针大约为7.6～8.2cm（3～4in）长（图38 A）。骨髓组织活检部位的确定取决于动物的种类和体积，可以选择在髂骨的翼部、肱部的上端或胸骨。骨髓组织活检和骨髓液抽取活检选择两个不同的部位（最好是不同的两块骨），以保证一个活组织检查时不影响另一个区域，两个独立位点的采集还可以增加鉴定肿瘤细胞转移的可能性。

当内针固定在一定的位置上后，适度的用力，使针做顺时针-逆时针的旋转运动。当针牢牢地插入骨中以后，内针就可以移走，贾姆希迪骨髓活检针再做顺时针-逆时针旋转。如果可能，最好使针插入最少2.54cm以获得充足的检测样本。一旦针到达最大深度，连续做几次360° 旋转，退针。留在针里面的骨髓样本，可以用针附带的金属丝推出来。金属丝从针柄端插入针孔，使骨髓样本从针尖处排除。由于针尖端逐渐变细，所以骨髓样本在排除的过程中会有骨髓碎屑的混入。

因为中央骨髓组织活检针比穿刺活检针大，猫的髂骨翼太薄，而导致不能像犬那样在平行于髂骨翼长轴的地方采集到骨髓组织样品。尽管如此，猫的骨髓组织活检仍会通过在髂骨翼背部做2～3个完全垂直孔来完成。

如果骨髓穿刺活检产生干化或质量劣质的涂片，骨髓组织活检用针尖轻轻地在载玻片上滑动，然后用与穿刺涂片相同的染色方式进行染色，而滑动准备所要求的质量要低于穿刺涂片。尤其是在巨核细胞计数及对铁进行染色时使用，经过一次或多次滑动后，骨髓组织经固定后进行病理学检查：脱脂、包埋、制片、H.E染色和其他必要的染色，然后在显微镜下进行检查（图38 B）。与其他固定剂相比福尔马林有时是首选的固定剂，因此在收集样本之前应首先考虑病理学检查的目的。未染色的骨髓液涂片或其他脱落性细胞标本不可与福尔马林固定的组织放在一起邮寄，因为福尔马林的蒸发会干扰细胞形态，影响染色的质量。

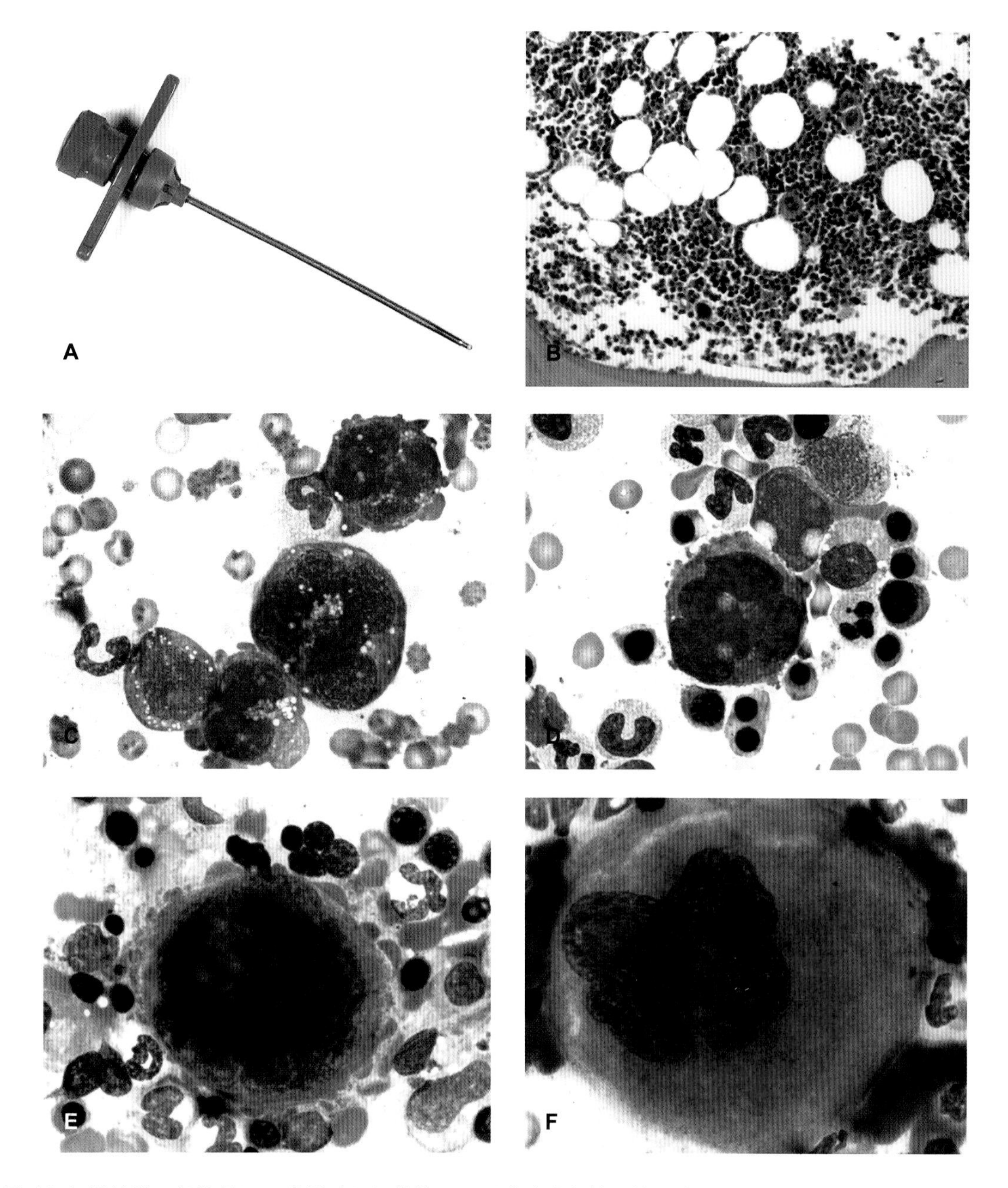

图38　骨髓组织活检针，低倍镜下正常骨髓组织抹片，不同发展阶段的巨核细胞

A. 带有内针的11号贾姆希迪骨髓组织活检针。

B. 低倍镜下犬正常的骨髓组织抹片。骨髓组织被固定、脱脂、制片和进行H.E染色。涂片底部中存在红染的骨小梁。大小可变且形态不固定的环形区域说明脂肪在酒精固定的过程中已溶解。现存的大细胞是巨核细胞。

C. 原始巨核细胞有一个单独的核（底部，左侧），幼巨核细胞含两个核（底部，中央），幼巨核细胞含四个核（上部，右侧），在犬的骨髓中含六个核的巨噬细胞被认为是原始巨核细胞到嗜碱性巨核细胞的过渡形式。瑞氏–姬姆萨染色。

D. 犬骨髓中带有四个核的幼巨核细胞，被小骨髓系和红系前体骨髓包围。瑞氏–姬姆萨染色。

E. 犬骨髓的嗜碱性巨核细胞，具蓝色的细胞质和多细胞核融合体。瑞氏–姬姆萨染色。

F. 犬骨髓的成熟巨核细胞，细胞质中有紫红色的颗粒和多细胞核融合体。从图38 C～图38 F采用相同的放大倍数是为了证明随着发展巨核细胞的体积不断增大。瑞氏–姬姆萨染色。

细胞形态学鉴定

这里主要集中在用瑞氏-姬姆萨染色对骨髓穿刺液涂片进行细胞形态学检查，以及描述H.E染色的骨髓组织活检切片。当肉眼观察时，骨髓微粒在穿刺涂片上呈现出蓝染区域（图37 E）。显微镜检查时，会发现里面含有血细胞前体细胞、血管、网织红细胞、巨噬细胞和浆细胞（图37 F），脂肪在酒精固定过程中被溶解，在大小不一未被染色的圆形区域中以微粒形式存在。在正常动物体中大多数微粒是由细胞碎片组成的（图37 F，图38 B）。

巨核细胞系

成巨核细胞是巨核细胞系中最早发现的。它们有一个单独的核和深度嗜碱性的细胞质（图38 C）。这种细胞形态在大多数正常的穿刺涂片中是不能识别的，因为它的数量很少而且很难从其他胚细胞中区别出来。原始巨核细胞含有2～4个细胞核和深度嗜碱性细胞质，而且很容易辨别出来（图38 C，图38 D）。这些细胞比白细胞和红系前体细胞大得多。而后随着细胞核的复制将会引起嗜碱性巨核细胞的增大（图38 E）。嗜碱性巨核细胞的细胞核通常是聚合成若干小叶，当细胞核发生复制时很难计算它的数量。成熟的巨核细胞的特征性结构是在细胞质中染成粉红色的颗粒（图38 F）。巨核细胞的体积很大，直径从50～200μm不等，较大的细胞中有一个巨大的细胞核。

红细胞系

红细胞系成熟过程的形态学变化包括体积的减小、N：C的比例的减小、核逐渐浓缩、红色细胞质的出现，即血红蛋白的合成及在细胞质中的积累（图39）。

原始红细胞：最早辨认的红细胞是原始红细胞。它们的体积相对较大，N：C的比例也较高，逐渐浓缩的嗜碱性细胞质，产生大量多核糖体。原始红细胞的细胞核是近圆形的，染色质呈细微的颗粒状，包含1～2个淡蓝色或蓝色核仁（图40 A）。

早幼红细胞：当细胞核消失后，染色质发生凝聚，此时细胞即可判定为早幼红细胞（图40 B）。N：C的比例略低于原始红细胞。

嗜碱性中幼红细胞　下一个红细胞系的类型是嗜碱性中幼红细胞，这些细胞也含有蓝色的细胞质，但比早幼红细胞小，N：C的比例也降低，核浓缩成明暗相间的区域，使细胞核呈现车轮状（图40 C）。

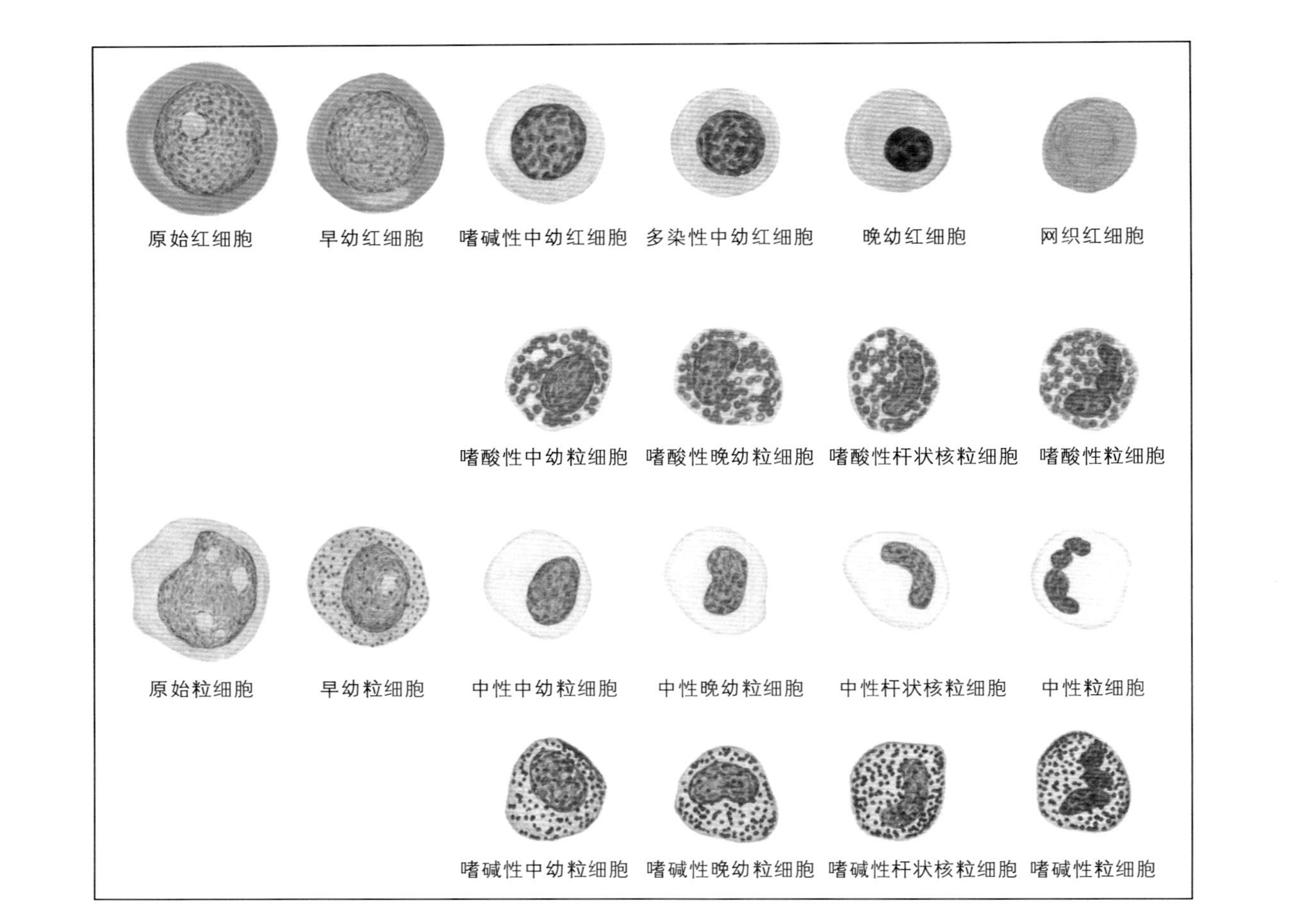

原始红细胞（Rubriblast）
早幼红细胞（Prorubricyte）
嗜碱性中幼红细胞（Basophilic rubricyte）
多染性中幼红细胞（Polychromatophilic rubricyte）
晚幼红细胞（Metarubricyte）
网织红细胞（Reticulocyte）
嗜酸性中幼粒细胞（Eosinophilic myelocyte）
嗜酸性晚幼粒细胞（Eosinophilic metamyelocyte）
嗜酸性杆状核粒细胞（Eosinophilic band）
嗜酸性粒细胞（Eosinophil）
原始粒细胞（Myeloblast）
早幼粒细胞（Promyelocyte）
中性中幼粒细胞（Neutrophilic myelocyte）
中性晚幼粒细胞（Neutrophilic metamyelocyte）
中性杆状核粒细胞（Neutrophilic band）
中性粒细胞（Neutrophil）
嗜碱性中幼粒细胞（Basophilic myetocyte）
嗜碱性晚幼粒细胞（Basophilic metamyelocyte）
嗜碱性杆状核粒细胞（Basophilic band）
嗜碱性粒细胞（Basophil）

图39 成熟犬的红细胞和粒细胞，由佩里·贝恩博士根据姬姆萨染色的骨髓穿刺液涂片绘制

（引自Meyer DJ，Harvey JW: Veterinary Laboratory Medicine.Interpretation and Diagnosis，2ad ed，WB Saunders，Philadelphia，PA，1998）

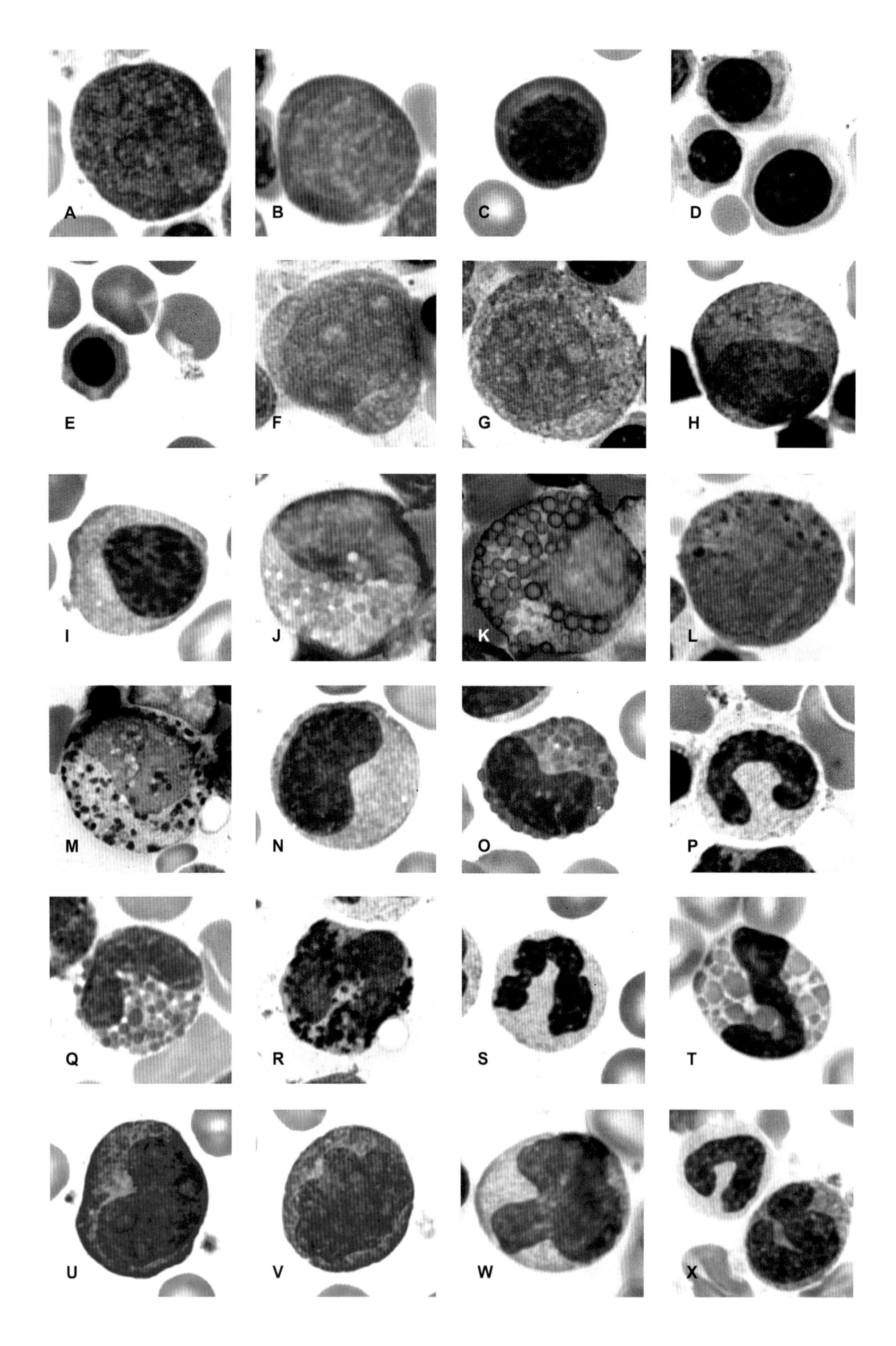
A
B
C
D
E
F
G
H
I
J
K
L
M
N
O
P
Q
R
S
T
U
V
W
X

图40 来源于骨髓液涂片瑞氏–姬姆萨染色的红细胞系、粒细胞系、单核细胞系的前体细胞

A. 骨髓中含有浓密的嗜碱性细胞质的犬的原始红细胞。此类细胞的细胞核中有大量的细微颗粒状染色质，且核中至少含有两个圆形核仁。

B. 猫骨髓中的嗜碱性早幼红细胞，它具有浓密的嗜碱性细胞质和聚集的细微颗粒状核染色质。核仁不可见。

C. 犬骨髓中的嗜碱性中幼红细胞，具有蓝染的细胞质和大量的粗颗粒状核染色质。

D. 三个犬骨髓中的多染性中幼红细胞，带有红蓝两色（多染性）的染色质和大量粗糙的核染色质。

E. 犬骨髓中的晚幼红细胞，具有多染性的胞浆和浓缩的核（左）以及核浓缩（右）后形成的多染性红细胞（网织红细胞）。

F. 犬骨髓中的原始粒细胞，呈蓝色的细胞质中没有肉眼可见的微粒。核中含有聚集成细颗粒状的核染色质和三个圆形核仁。

G. 犬骨髓中的早幼粒细胞，具有蓝色的细胞质和很多红紫色颗粒。核内含细颗粒状的染色质以及三个核仁或核环。

H. 犬骨髓中的早幼粒细胞，具有蓝色的细胞质和很多红紫色颗粒。核内含细致成群的染色质，没有任何可见的圆形核仁或核环。

I. 犬骨髓中的中性中幼粒细胞，含有蓝色的细胞质和圆形细胞核，核内有中等密度的染色质。中性微粒未着色。

J. 犬骨髓中的嗜酸中幼粒细胞，带有圆形的细胞核，细胞质中有大量嗜酸性颗粒。

K. 马骨髓中的嗜酸性中幼粒细胞，含有一个圆形的细胞核，细胞质中有大量的圆形微粒。

L. 犬骨髓中的嗜碱性中幼粒细胞，有一个圆形的细胞核，细胞质中有少量紫色微粒。

M. 猫骨髓中的嗜碱性中幼粒细胞，含有一个圆形细胞核，细胞质中有紫红色和亮紫色的微粒。位于细胞核上的亮紫色微粒使细胞核成“虫蛀”样。

N. 犬骨髓中的中性晚幼粒细胞，带有蓝色的细胞质和肾形细胞核。中性颗粒未着色。

O. 犬骨髓中的嗜酸性晚幼粒细胞，胞浆中含肾形细胞核和嗜酸性微粒。

P. 犬骨髓中的中性杆状核粒细胞，胞浆呈亮蓝色。中性颗粒未着色。

Q. 犬骨髓中的嗜酸性杆状核粒细胞，胞浆内有嗜酸性微粒。

R. 犬骨髓中的嗜碱性杆状核粒细胞，胞浆内有紫红色微粒。

S. 犬骨髓中的成熟中性白细胞，带有亮粉红色微粒。

T. 犬骨髓中的成熟嗜酸性细胞。

U. 犬骨髓中的原始单核细胞，内含嗜碱性细胞质和具核仁的肾形核。

V. 犬骨髓中的假定原单核细胞，含有卷曲的细胞核和嗜碱性细胞质。

W. 犬骨髓中的单核细胞，带有卷曲的细胞核。

X. 犬骨髓中的单核细胞（下）和中性杆状核粒细胞（上）。在这幅图中，这是最低分辨率的图片。

多染性中幼红细胞　血红蛋白（红色）和核糖体（蓝色）的共同存在就解释了为什么红蓝色细胞质是多染性中幼红细胞的特征。这些细胞比嗜碱性中幼红细胞体积更小，细胞核浓缩增强（图40 D）。在马和猫体内有少量的中幼红细胞，有与成熟细胞相似的红色细胞质。

晚幼红细胞　成熟的有核红细胞系的类型是小晚幼红细胞（图40 E）。它的核呈黑色（浓缩的），仅有很小或没有明亮的区域，它的细胞质通常呈多染性，但属于正常现象。

多染性红细胞（网织红细胞）　随着晚幼红细胞核的消失，网织红细胞形成。在形成过程中多染性晚幼红细胞将以多染性网织红细胞的形式出现（图40 E）。血红蛋白的继续合成和核糖体的消失导致了含红色细胞质的成熟红细胞的形成。

粒细胞系

粒细胞系在细胞成熟过程中发生了形态学变化，包括体积的适度缩小，N：C比例的下降，细胞核的持续收缩与形状发生变化，细胞质中小颗粒出现。由原始粒细胞向成熟粒细胞转化的过程中，细胞质的颜色也由灰蓝色转为亮蓝色乃至无色（图39）。

原始粒细胞　最早发现粒细胞系的细胞是原始粒细胞。I型原始粒细胞是一个大的圆形细胞，里面含有一个圆形、椭圆形核，位于细胞中央。N：C比例很高（>1.5），细胞核的轮廓光滑而有规则（图40 F）。核染色质呈细微的斑点状，含有一个或多个核或核环。细胞质为中度嗜碱性（颜色为灰蓝色），但又不像原始红细胞那样暗。原始粒细胞后期，一些初期小颗粒开始形成；因此在一些细胞的细胞质中可能会有少量的（<15）小的红染的小颗粒。这样的细胞属于Ⅱ型原始粒细胞。

早幼粒细胞（前骨髓细胞）　当细胞质中出现大量红染的初期颗粒时，细胞即可归为早幼粒细胞或前骨髓细胞。虽然一些细胞中可以看到细胞核或核环（图40 G），但是没有其他任何核仁组织的存在（图40 H）。由于含有更加丰富的细胞质，所以早幼粒细胞在一定程度上要比原始粒细胞大一些。

中幼粒细胞　在中幼粒细胞中早幼粒细胞特征性的红染颗粒已基本消失，在这一阶段以次级颗粒为特征的中性粒细胞、嗜酸性粒细胞和嗜碱性粒细胞出现。中幼粒细胞仍然有圆形的细胞核，可是由于核浓缩体积相对早幼粒细胞要小，细胞质颜色呈亮蓝色。但是由于中性粒细胞的中性染色特性导致它的次级颗粒很难被观察到（图40 I）。嗜酸性粒细胞和嗜碱性粒细胞可分别以它们特征性的颗粒来分辨（图40 J～图40 M）。在猫中，嗜酸性红色颗粒为杆状，其他均为圆形。猫的嗜碱性粒细胞同样是有区别的，它的细胞质内充满了暗紫色和亮紫色的椭圆形颗粒（图40 M）。

晚幼粒细胞　一旦细胞核的浓缩和凝结变得容易观察到，前体细胞就不再进行分化。

细胞核呈肾形的前体细胞称为晚幼粒细胞（图40 N，图40 O）。如果少于25%的核有轻微皱缩，那么仍把它归为中幼粒细胞。像中幼粒细胞一样，晚幼粒细胞的细胞质在染色特性上也分为中性、嗜酸性和嗜碱性三种。

杆状核粒细胞　细胞内含细杆状核，而且与它的细胞面平行的细胞叫做杆状核中性粒细胞（图40 P～图40 R）。含细胞核的直径小于含细胞直径的2/3。杆状核细胞在细胞质中扭成空间上相对称的形式，最常见的为马蹄形或S形。

分叶核粒细胞　粒细胞的最后一个阶段即分叶核粒细胞或成熟粒细胞。这时细胞内的核膜变得不再光滑，细胞核的宽度变得不规则，分成两个或更多分叶（图40 S）。核染色质由均匀分布逐渐凝聚成块（图40 T）。细胞质的颜色通常无色，但看起来呈淡蓝色或淡红色。嗜酸性和嗜碱性粒细胞的细胞核和中性相比，通常很少分叶，而且细胞质中可观察到特殊的颗粒（图40 T）。

单核细胞系

单核细胞系是由原始单核细胞、幼单核细胞和单核细胞组成。在骨髓细胞中，它们仅占了很小的比例，而且除了细胞内含大量红染微粒的早幼粒细胞外，它很难被准确地从早期粒细胞中分辨出来。原始单粒细胞与原始粒细胞很相似，只是原始单粒细胞的细胞核形状为不规则的卷曲圆状（图40 U）。幼单核细胞在形状上与原始粒细胞和晚幼粒细胞相似（图40 V）。骨髓中的单核细胞与外周血液中的相同（图40 W，图40 X）。

巨噬细胞

巨噬细胞形态较大，含有丰富的细胞质，细胞核为圆形或椭圆形并且染色质聚集成块状（图42 A）。巨噬细胞的细胞质内有很多被吞噬的液泡及物质残片，如残留的核碎片、血铁黄素，甚至有少量的红细胞和白细胞。巨噬细胞中的铁血黄素在常规的血液染色中呈灰色至黑色。尽管在骨髓中有核的红细胞前体会在巨噬细胞周围发育，但是成群的红细胞在骨髓穿刺涂片中很少看到，因为在骨髓穿刺和涂片的过程中很容易被破坏。

淋巴细胞

淋巴细胞的增殖通常发生在骨髓内；因此，虽然存在少量的淋巴母细胞和幼淋巴细胞，但它们很难从原始红细胞和早幼红细胞中分辨出来。虽然骨髓中存在活动性淋巴细胞（图41 C），但大多数骨髓淋巴细胞都很小，而且从形态学上看与在血液中的相同（图41 A，图41 B）。

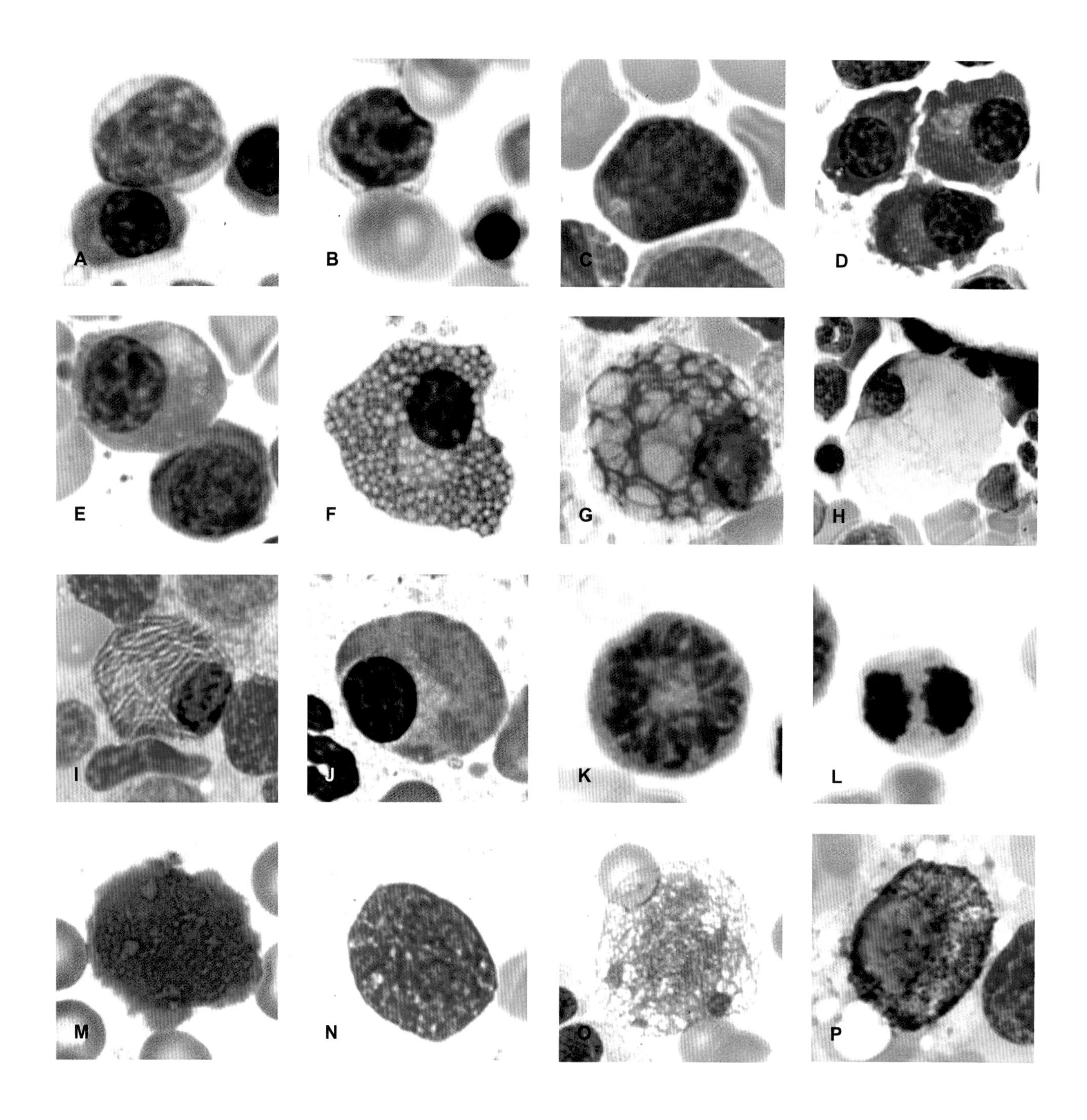
A
B
C
D
E
F
G
H
I
J
K
L
M
N
O
P

〈 **图41　瑞氏-姬姆萨染色的骨髓穿刺液涂片：淋巴细胞、浆细胞、有丝分裂细胞、游离核细胞和肥大细胞**

A. 马骨髓中的一个小淋巴细胞（上）和多染性原始红细胞（下）

B. 犬骨髓中的小淋巴细胞（左上）和早幼红细胞（右下）。

C. 犬骨髓中的原始淋巴细胞或活动性淋巴细胞。

D. 犬骨髓中的三个浆细胞，内含大量重度嗜碱性细胞质，细胞质内有偏向细胞一侧的核和苍白色的高尔基体。凝集的粗染色质镶嵌在核内。这张图是整个图41中放大倍数最低的图。

E. 犬骨髓中的浆细胞（上）和嗜碱性中幼红细胞（下）。

F. 犬骨髓中的浆细胞，细胞质内含有大量小的微蓝的包含体（拉塞尔体）。

G. 犬骨髓中的浆细胞，细胞质内含有很大的微蓝色包含体（拉塞尔体）。

H. 犬骨髓中的浆细胞，细胞质内充满青绿色的物质。

I. 犬骨髓中的浆细胞，细胞质内充满蓝染的针状物质。

J. 患多发性骨髓瘤的犬骨髓中的浆细胞，内含微红的细胞质。在这个动物的骨髓中，许多浆细胞染色相同。

K. 犬骨髓中的大有丝分裂细胞。

L. 犬骨髓中的有丝分裂细胞。根据体积和细胞质颜色来判断，这可能是一个多染性中幼红细胞。

M. 红染物质是一个游离的核。蓝色的包涵物是核仁。

N. 红染物质是一个带有开放区的游离核。蓝色的包涵物是核仁。

O. 红染物质是一个游离的核，染色质如花边状分散。虽然里面不含细胞质，但这种形态被称为篮子细胞。

P. 犬骨髓中的肥大细胞，胞浆内有偏于细胞一侧的圆形细胞核（细胞左侧）和紫色微粒。

浆细胞

浆细胞比较大，与其他的淋巴细胞相比，它的N：C比例较低，细胞质的嗜碱性也强。而且N：C比例比其他的淋巴细胞低（图41 D，图41 E）。在细胞质内，高尔基复合体呈现出白色的围核区（高尔基区）。细胞核典型的偏离原来的中心位置，粗大的染色质聚集成斑块状。浆细胞的胞浆内还有极少数粉红色或淡蓝色的包含体（图41 F～图41 I）。这些包含体是由膨胀的粗面内质网构成，内含免疫球蛋白和其他糖蛋白。这主要是由于细胞缺乏加工和运输这些蛋白质的功能造成的。这些被包含体填满的细胞称为莫特细胞（Mott's cells）。有些浆细胞的胞浆微带红染，尤其在细胞的外周，这种浆细胞称为焰细胞（图41 J）。

破骨细胞

破骨细胞是吞噬骨髓的多核巨型细胞。进行组织学切片观察时可发现它们贴在骨的表面（图42 D）。破骨细胞容易与巨核细胞相混淆；但是破骨细胞中的核是独立分开的（图42 E），而巨核细胞的核物质是融合在一起的。蓝染的细胞胞浆通常含有很多大小不一的红染颗粒物质，通常被认为与骨的溶解、消化作用有关（图42 F）。破骨细胞很难在成年动物骨髓穿刺涂片中观察到，可是在一些溶骨性增加的患病动物中却存在，如恶性的高钙血综合征。破骨细胞一般从骨的再生性较活跃的幼龄动物体内获得。

成骨细胞

成骨细胞是相对较大的细胞，有偏离中心位置的细胞核和泡沫状的嗜碱性细胞质（图43 A，图43 B）。在细胞质中央可见到一个透明的区域（高尔基区）。从表面上看，成骨细胞似乎与浆细胞相似，但实际上它们要大一些，细胞核染色质也不太致密。成骨细胞的核是圆形或椭圆形的，染色质呈网状，含有一个或两个核仁。成骨细胞一般在骨小梁的表面成群存在（图42 D），但在骨髓穿刺涂片上也会以小群形式存在（图43 A，图43 B）。

有丝分裂像

骨髓每时每刻都在产生新的血细胞，但在细胞周期中，有丝分裂仅仅是一个很短暂的部分。因此进行有丝分裂的细胞还占不到骨髓中所有细胞的2%（图41 K，图41 L）。有丝分裂细胞的起源可从细胞质的特征上予以鉴别，如存在着颗粒或血红蛋白等（图41 L，图43 C）。

混杂的细胞和游离核

血管和结缔组织细胞在穿刺和涂片过程中经常遭到破坏，尽管偶尔可以看到少量完整的细胞（图43 D，图43 E）。在患骨髓再生障碍的骨髓涂片中，间质细胞更加明显，而正常的血液细胞前体却显著的减少或缺失（图43 F）。破裂的间质细胞就解释了为什么在一些骨髓涂片中会发现一些游离的核（图41 M～图41 O）。游离的核还可来自各种各样其他的骨髓细胞，特别是凝集的骨髓涂片、薄涂片以及一些遭外力挤压破坏的细胞。晚幼红细胞的游离核又称为成血细胞。“篮子细胞”这一术语一般常指染色质分散成篮子环状的游离核（图41 O）。

在骨髓中，脂肪细胞体积大小、数量均不同。尽管正常的骨髓中含有很多脂肪细胞，但是这些细胞很容易在样品收集和涂片的过程中被破坏。涂片固定中脂肪被溶解后，骨髓颗粒中脂肪细胞会出现一个很大的空泡（图38 F，图43 F）。

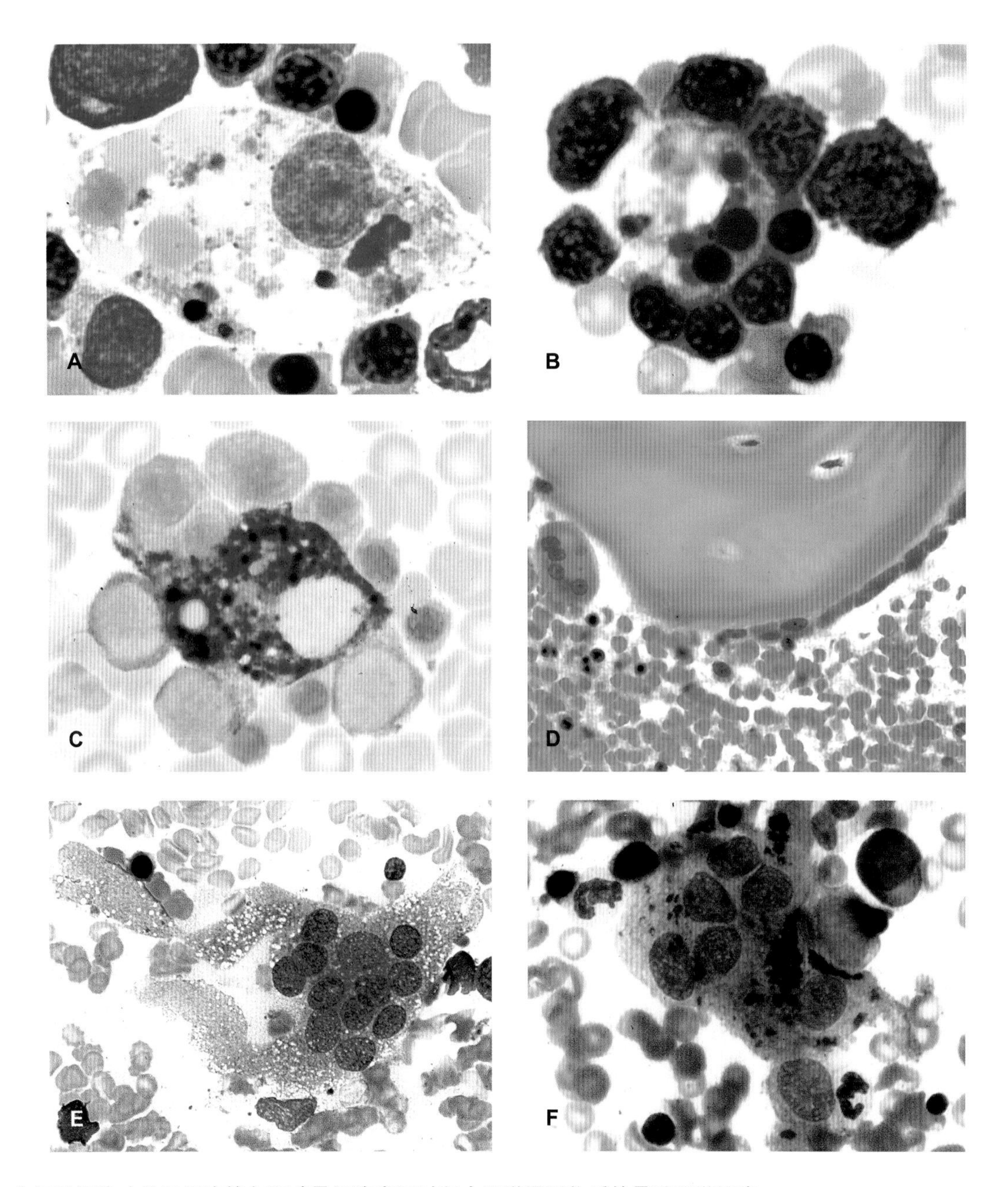

图42　在红系细胞（幼红细胞簇）和破骨细胞发展过程中吞噬周围物质的骨髓巨噬细胞

A. 犬骨髓中的具有吞噬红细胞作用的巨噬细胞。细胞质内还有核碎屑和一些灰染的与含铁血黄素一致的物质。瑞氏–姬姆萨染色。

B. 猫骨髓中有核红细胞簇。含吞噬物质的中央巨噬细胞被一些有核红系细胞包围。一些红细胞中的灰色斑点是海因茨小体。瑞氏–姬姆萨染色。

C. 犬骨髓中有核红细胞簇。内含红染的吞噬性核质，其中央巨噬细胞被一些有核红系细胞包围。巨噬细胞的胞浆为深蓝色，表明含大量铁血黄素。普蓝染色。

D. 沿着骨小梁的破骨细胞（多核细胞，左）和成骨细胞（靠近右侧线的细胞）的骨髓组织活检图片。样品来自患中度全身性骨髓发育不全继发严重的慢性肠炎病的犬。H.E染色。

E. 犬骨髓液中的多核破骨细胞。瑞氏–姬姆萨染色。

F. 犬骨髓液中的多核破骨细胞。由于骨的吞噬和消化作用导致细胞质中出现红染的颗粒物质。瑞氏–姬姆萨染色。

肥大细胞的前体产生于骨髓，但是成熟的肥大细胞在正常的骨髓中很少见。肥大细胞和细胞核都呈圆形。典型的细胞质中含有大量紫色颗粒。

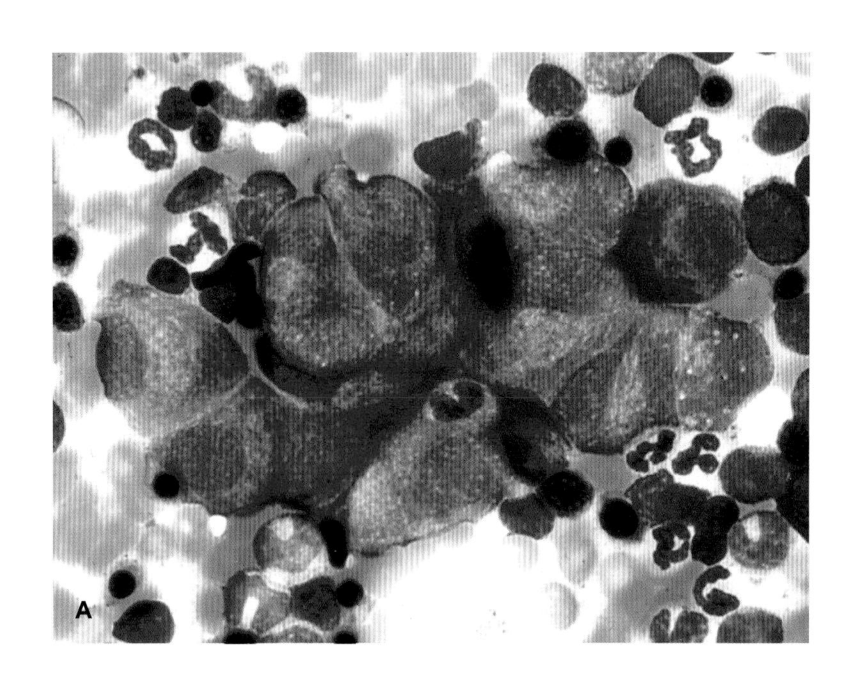

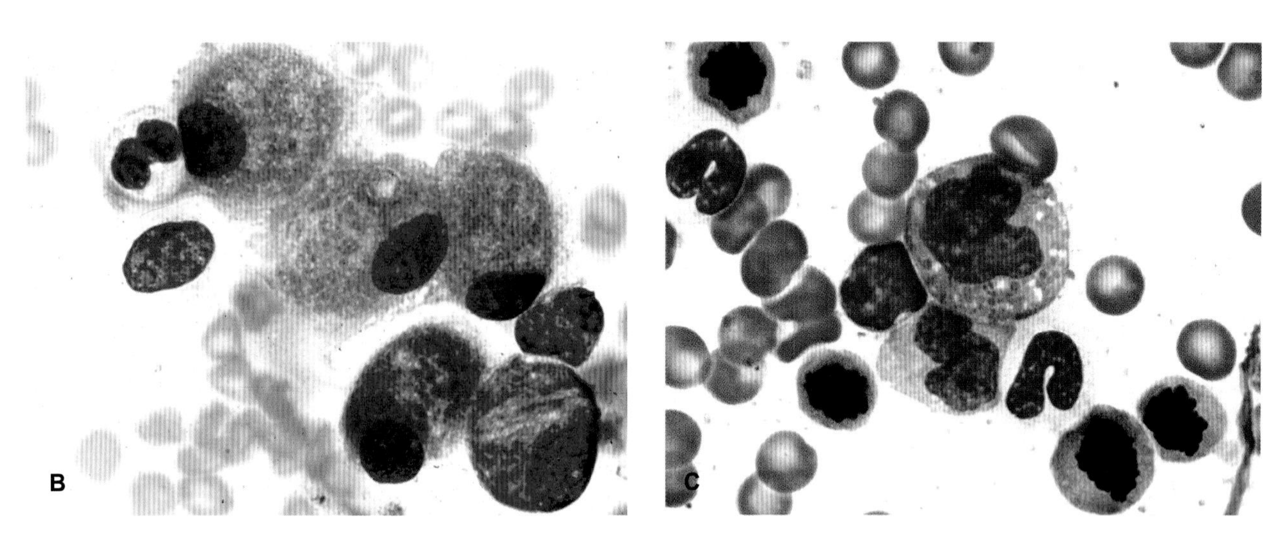

图43　在骨髓液涂片中的造骨细胞、有丝分裂的中幼红细胞和间质细胞（瑞氏–姬姆萨染色）

A. 犬骨髓中带有偏离细胞核和较多细胞质的造骨细胞簇。

B. 犬骨髓中带有偏离的细胞核和较多细胞质的五个造骨细胞。

C. 一只经过静脉注射长春新碱6h后犬的骨髓中出现四个有丝分裂多染色性红细胞。在中央最大的是嗜酸性粒细胞。

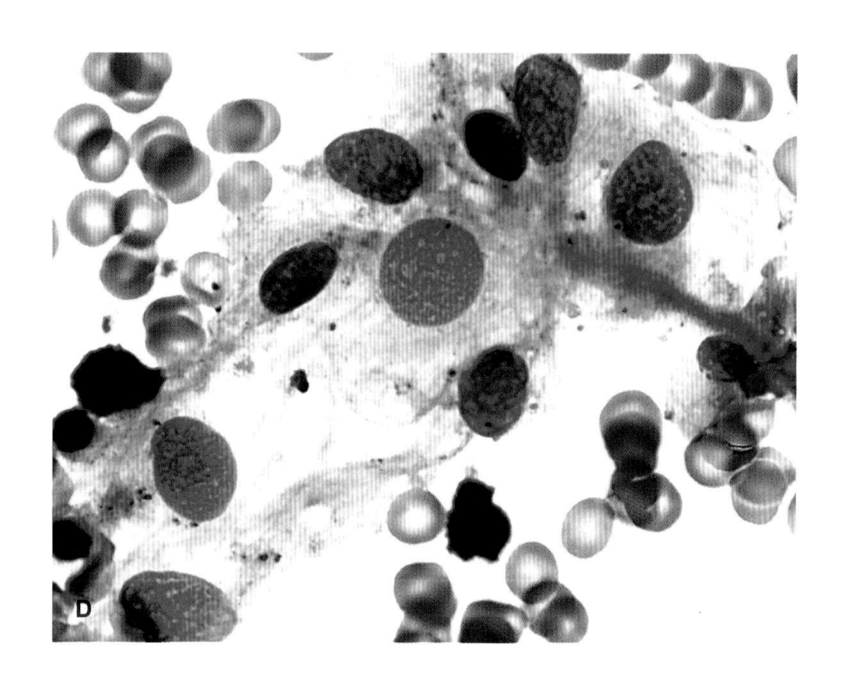

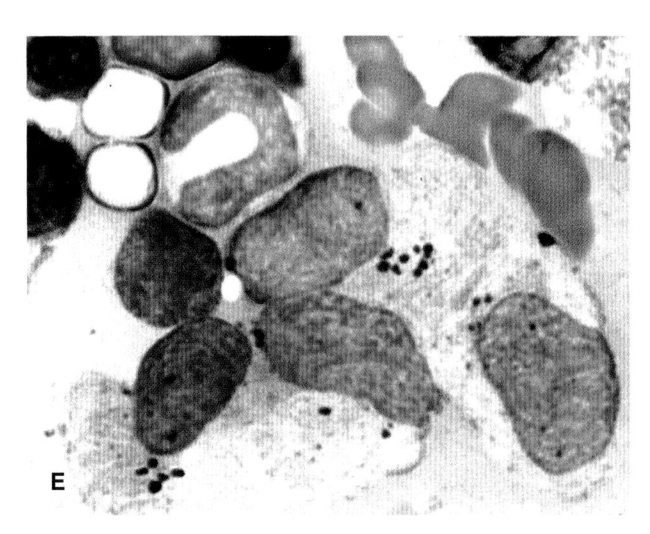

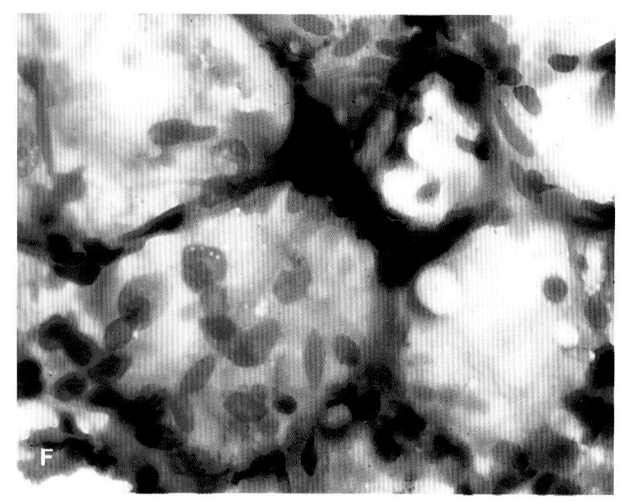

（图43，续）

D. 犬骨髓中的纺锤形间质细胞，带有“小束状”的细胞质。

E. 犬骨髓中的四个纺锤形间质细胞，带有拉长的核和细胞质颗粒。

F. 在一只患有再生障碍性贫血继发严重的慢性埃里希氏体病的犬骨髓中三个浆细胞的残留基质（中心左下方）。大小可变的无着色环形区域是脂肪被酒精固定时溶解留下来的区域。着黑色的物质是含铁血黄素。

骨髓组织检测方法的评价

低倍镜下观察骨髓液涂片和组织活检以鉴定整体细胞的结构和巨核细胞的数目。正常的骨髓中会出现异常的物质，部分或全部的骨髓液涂片或组织切片中出现均一或不正常的细胞群现象。与骨髓液穿刺涂片相比，瘤细胞渗透的区域更容易在骨髓组织切片中得到鉴别。

通常来说，在相同的成熟阶段，红细胞的前体要比粒细胞前体小，且含有近乎球形的细胞核，核中带有更浓缩的染色质，以及含有更深颜色的细胞质。所以，在低倍镜下观察的小而黑的细胞通常是红细胞前体（除非淋巴细胞大量增殖），而那些大而白的细胞通常是粒性白细胞前体，与骨髓穿刺液涂片相比较，在骨髓组织活检切片中鉴别特定类型的细胞是相当困难的。所以，组织切片用姬姆萨染色，PAS（过碘酸雪末氏反应）加上H.E染色来尝试鉴别这些细胞。

计数几种健康家畜500个不同类型的细胞，提供了细胞的正常分布情况（表3），完成

表3 家畜中的骨髓细胞计数

细胞类型	犬（n=6）	猫（n=7）[a]	马（n=4）[a]	牛（n=3）[a]
原始粒细胞	0.4 ~ 1.1	0 ~ 0.4	0.3 ~ 1.5	0 ~ 0.2
早幼粒细胞	1.1 ~ 2.3	0 ~ 3.0	1.0 ~ 1.9	0 ~ 1.4
中性中幼粒细胞	3.1 ~ 6.1	0.6 ~ 8.0	1.9 ~ 3.2	2.8 ~ 3.4
中性晚幼粒细胞	5.3 ~ 8.8	4.4 ~ 13.2	2.1 ~ 7.3	2.8 ~ 6.2
中性杆状核粒细胞	12.7 ~ 17.2	12.8 ~ 16.6	6.8 ~ 14.7	4.6 ~ 8.4
中性粒细胞	13.8 ~ 24.2	6.8 ~ 22.0	9.6 ~ 21.0	11.2 ~ 22.6
嗜酸性细胞总数	1.8 ~ 5.6	0.8 ~ 3.2	2.8 ~ 6.8	2.8 ~ 3.8
嗜碱性细胞总数	0 ~ 0.8	0 ~ 0.4	0 ~ 1.5	0 ~ 1.0
原始红细胞	0.2 ~ 1.1	0 ~ 0.8	0.6 ~ 1.1	0 ~ 0.2
早幼红细胞	0.9 ~ 2.2	0 ~ 1.6	1.0 ~ 2.0	0.4 ~ 1.2
嗜碱性中幼红细胞	3.7 ~ 10.0	1.6 ~ 6.2	4.5 ~ 11.1	4.8 ~ 8.4
多染性中幼红细胞	15.5 ~ 25.1	8.6 ~ 23.2	14.7 ~ 26.0	23.0 ~ 36.4
晚幼幼红细胞	9.2 ~ 16.4	1.0 ~ 10.4	11.4 ~ 19.7	9.2 ~ 16.8
M：E 比率	0.9 ~ 1.76	1.21 ~ 2.16	0.52 ~ 1.45	0.61 ~ 0.97
淋巴细胞	1.7 ~ 4.9	11.6 ~ 21.6	1.8 ~ 6.7	3.6 ~ 6.0
浆细胞	0.6 ~ 2.4	0.2 ~ 1.8	0.2 ~ 1.8	0.2 ~ 1.2
单核细胞	0.4 ~ 2.0	0.2 ~ 1.6	0 ~ 1.0	0.4 ~ 2.2
巨噬细胞	0 ~ 0.4	0 ~ 0.2	0	0 ~ 0.8

[a] 犬，猫，马，牛的数值来自 Jain 1993，n= 动物的数量。

这些计数要有时间要求（达到1h），预先排除临床实践中采集所使用时间。可以用分类计数法或对细胞的分布进行评估。因为兽医专业的学生和住院医师是在我们的实验室中培训，我们的病例信息也许会交流发表，所以我们通常执行常规的修改方案，如附录所示。将其他一些细胞进行分组并利用这些值来计算红细胞的成熟指数（EMI）和骨髓的成熟指数（MMI）。通常来训练检测骨髓液涂片的专业人士，以系统的方式检查骨髓，利用骨髓液涂片的专业知识对骨髓液中的细胞数量进行正确的判断，并记录其结果。

细胞构成

评价骨髓细胞构成是通过检查骨髓小粒中细胞与脂肪所占的相对比例（图44 A，图44 B）。如果骨髓小粒由超过75%的细胞构成，那么骨髓表现为细胞过多（图44 C，图44 D），如果骨髓小粒中由超过75%的脂肪构成，那么骨髓被定义为细胞过少（图44 E，图44 F）。然而骨髓细胞的构成并非是均匀的。由于存在着细胞组分构成上的差异，同一张骨髓液涂片中某些骨髓小粒有正常或较高数量的细胞区域，某些则有较低数量的细胞区域（图45 A～图45 C）。显然检测的骨髓液涂片上的骨髓小粒越多，评价整个骨髓细胞构成就越准确。如果涂片上的颗粒很少或没有，那么就不可能准确的评价骨髓的细胞构成。

骨髓的细胞构成随着年龄增长而下降。幼年动物的骨髓细胞含量很高，产生这些细胞不仅用来补偿正常细胞的更替，还要保障心血管系统的发育。骨髓的细胞构成随着年龄而降低，因为骨髓的容积与血液体积之比在增加。

当一个或者多个细胞因外周的需要而大量增殖时，骨髓中细胞成分就增多，例如为适应贫血（红细胞超常增生）、化脓性炎症（粒细胞超常增生）。由于发育不良或者骨髓细胞的瘤性增生，从周围组织渗透的瘤细胞也可能再次使骨髓中细胞成分增多（例如，一个转移的淋巴细胞）。缺少前体细胞或骨髓生存必需的小环境，都会导致骨髓细胞成分减少，这将在后面的部分进行描述。

巨核细胞

估测巨核细胞的频率和形态应该通过低倍镜观察标本。许多大颗粒与巨核细胞有一定的联系（图45 D），而且正常的巨核细胞多数是颗粒状、成熟型的。巨核细胞在骨髓中的分布不常见；所以，在骨髓穿刺涂片中不可能有确定的指标来估测巨核细胞的数目。如果检测几个区域仅能看见少许巨核细胞，那么说明其数量很低。如果使用10倍物镜能够在每个视野看到10～20个巨核细胞，那么说明其数量增加。这种巨核细胞的异常应该被注意（例如，幼巨核细胞数量的增加或者小巨核细胞的存在）。

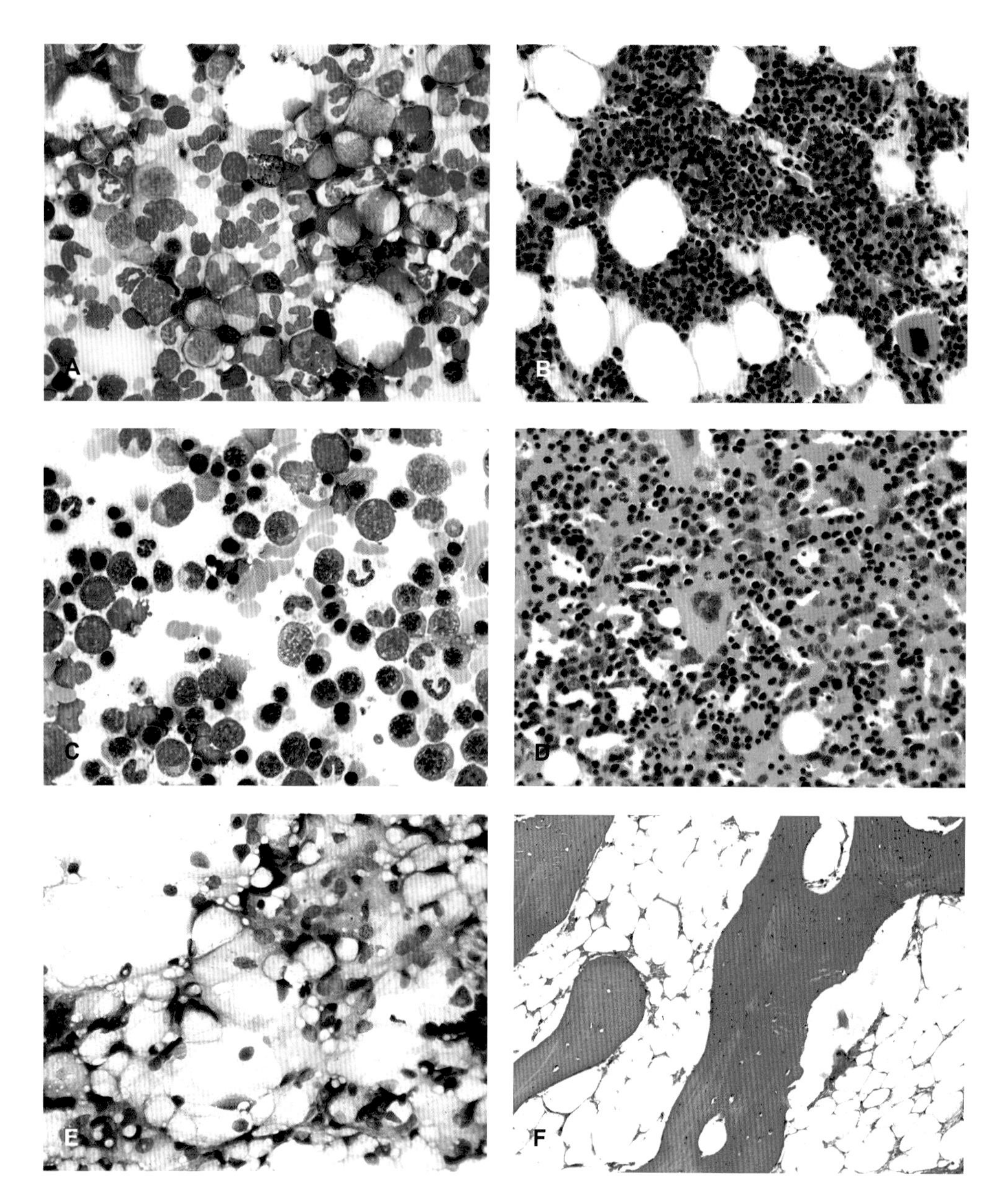

图44 在骨髓穿刺涂片和骨髓组织活检切片中，由正常的、增加的以及减少的细胞构成

A. 马骨髓穿刺涂片中的正常细胞构成；在视野中没有可见的巨核细胞，不着色的环形区域是脂肪在经酒精固定时被溶解遗留下的区域。瑞氏–姬姆萨染色。

B. 与图44 A同一匹马的骨髓组织切片活检中正常的细胞构成。不着色的环形区域是在固定过程中脂肪被溶解。低倍镜，H. E染色。

C. 细胞构成增加，起因是红细胞的超常增生，一匹患有溶血性贫血继发淋巴瘤的马的骨髓穿刺涂片。 M∶E的比率是0.16。瑞氏–姬姆萨染色。

D. 与图44 C同一匹马的骨髓组织切片活检中细胞构成增多。在靠近中心的大细胞是巨核细胞。清晰的区域表明有少量的脂肪存在。低倍镜，H.E染色。

E. 一只患有再生障碍性贫血接受淋巴瘤化疗的猫骨髓液涂片中细胞构成减少，由间质细胞和脂肪的组成。瑞氏–姬姆萨染色。

F. 与图44 E同一只猫的骨髓组织切片活检中细胞构成减少。着红色染料的是骨小梁。低倍镜，用H.E染色。

红细胞

评定红细胞的成熟和形态从而决定是否它是完整的和有序的（常见的多染性红细胞应该存在）。在每个发育阶段一般都有数目增殖过程，从数量较少的原始红细胞（通常低于1%）到数目较多的多染性中幼红细胞，在骨髓中的有核细胞中它占1/4。晚幼红细胞数目很多，但通常不像多染性中幼红细胞数目那么多。

原始红细胞和嗜碱性早幼红细胞通常不会超过整个有核细胞的5%。如果这些未成熟细胞的比率增加，这一结果应该被注意。在红细胞系中未成熟细胞和成熟细胞均增加，可以被认为是贫血造成的。如果未成熟的红细胞增加，但后阶段不会增加，这说明是增生异常。另外，应该注意细胞的异常形态，即包括巨红细胞，双核细胞和多核细胞。

因为马的网织红细胞在贫血时几乎不释放到血液中，在马的骨髓穿刺涂片中可以进行网织红细胞计数，这将有助于贫血的鉴别诊断。网织红细胞数量大于5%时预示着贫血再生性反应。

粒细胞

粒细胞的分布可以评估粒细胞系是否完整有序（例如，存在多少正常的成熟粒细胞）。在每个发育阶段一般都有数目增殖过程，从数量较少的原始粒细胞（通常低于1%）到数目较多的成熟中性粒细胞，在骨髓的有核细胞中它占1/4。原始粒细胞和早幼粒细胞通常不会超过整个有核细胞的5%。如果未成熟细胞的比率增加，那么这一结果应该注意。粒细胞系的成熟细胞和未成熟细胞数量均增加被认为是炎性病症导致。如果未成熟的粒细胞增加，而后阶段不继续增加，这暗示在骨髓粒细胞库中大量的成熟细胞已经耗尽，如发生急性炎症时，或者存在异常增生的情况。当存在形态学异常时，例如细胞过大以及含有空泡的细胞质都应当注意。

在骨髓有核细胞中，嗜酸性粒细胞的数量通常小于6%，嗜碱性粒细胞数量通常小于1%。典型的嗜酸或嗜碱性细胞数量增多应该注意。一种或两种这样的细胞系的增加通常与炎症疾病有关，这就造成在血液和/或组织中嗜酸性细胞或嗜碱性细胞的增加。在某些骨髓增生障碍相关的疾病中，它们也会增加。

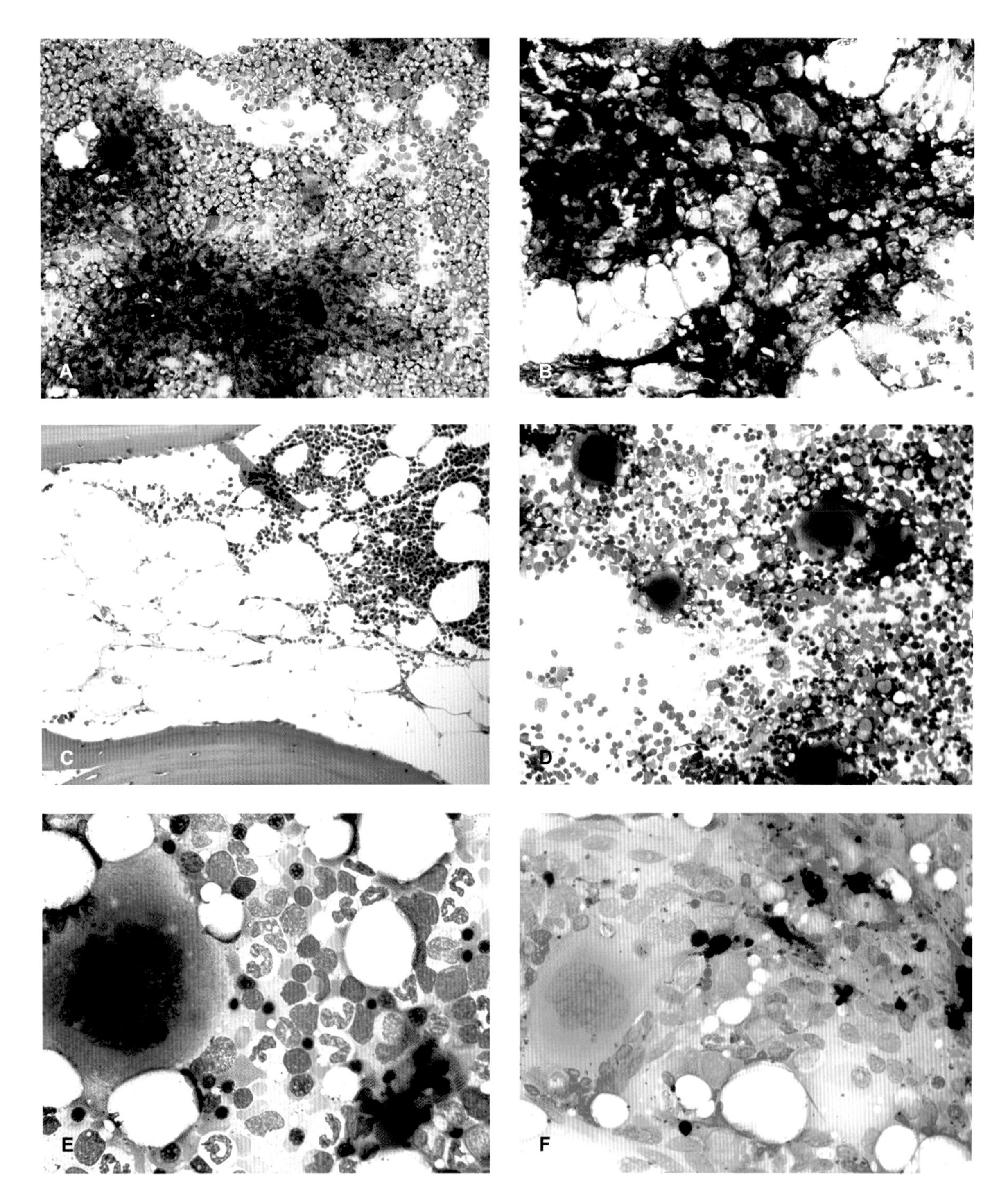

图45　骨髓中不同的细胞构成、巨核细胞以及含铁血黄素在骨髓颗粒中的形态

A. 患有埃里希氏体病犬骨髓液涂片中的细胞成分较高的骨髓小粒。瑞氏–姬姆萨染色。

B. 与图45 A同一只犬的骨髓液涂片中的低细胞构成的骨髓小粒。瑞氏–姬姆萨染色。

C. 来自于与图45 A和图45 B同一只犬骨髓组织活检切片的不同细胞构成的骨髓小粒。H.E染色。

D. 犬骨髓液涂片的五个巨核细胞。瑞氏–姬姆萨染色。

E. 犬骨髓液涂片，右底部的黑色颗粒状是含铁血黄素。左边是一个成熟的巨核细胞。瑞氏–姬姆萨染色。

F. 犬骨髓液涂片中的蓝色颗粒状的含铁血黄素。左边是一个成熟的巨核细胞。普鲁士蓝染色。

表4 在一些家畜中正常骨髓中的粒细胞与红细胞的比率

物 种	范 围	平均值
犬	0.75 ~ 2.53	1.25
猫	1.21 ~ 2.16	1.63
马	0.50 ~ 1.50	0.93
牛	0.31 ~ 1.85	0.71
羊	0.77 ~ 1.68	1.09
猪	0.73 ~ 2.81	1.77

数值来自 Jain 1993。

粒细胞与红细胞比值

骨髓中的红系比率（M：E）（也是指粒细胞与红细胞的比率）是通过检测500个细胞中一定数量的粒细胞（包括成熟的粒细胞），除以一定数量的有核红细胞来计算。这个比率通过专家来估计。表4中给出了一些家畜正常的M：E比率。骨髓穿刺液和血液混合导致错误的高M：E比率，尤其是血液中中性粒细胞增多时。

淋巴细胞

应该标明有关淋巴细胞的数量和形态的特殊的注释。在正常动物中小淋巴细胞与有核细胞的比例一般小于10%，但是它们在一些健康犬中和一些健康猫中可以分别达到14%和20%。可能会出现少量的淋巴母细胞和原始淋巴细胞。但是它们很难从原始红细胞和嗜碱性早幼红细胞中区分出来。在患有慢性淋巴细胞白血病的动物和由细胞介导的免疫反应紊乱的动物中，可以看到更多的成熟淋巴细胞。如果骨髓中出现淋巴滤泡，大量的小淋巴细胞就可能出现在骨髓液涂片中，这种现象出现的可能性很小。而淋巴滤泡在正常的和患病的动物体内均可存在。

原始淋巴细胞和/或淋巴母细胞的增多表示急性淋巴细胞白血病或转移的淋巴瘤的存在。糖皮质激素疗法导致淋巴细胞从血液到骨髓的循环运动，但是骨髓中淋巴细胞的百分比似乎没有增加，可能糖皮质激素能够同时减少存在于骨髓中的增殖性淋巴细胞的数量。

浆细胞

在骨髓涂片中浆细胞在骨髓小粒中容易聚集在一起。这种不均匀的分配妨碍了骨髓细胞的精确计数。它们一般存在的数量很少（小于所有有核细胞的2%）。当浆细胞超过总有核细胞的3%时，就被认为是浆细胞过多。除了多种骨髓瘤外，存在免疫刺激的疾病中，骨髓中浆细胞的数量也增多（例如，埃里希氏体病或利什曼病），并且犬的脊髓发育不良与此有关。

单核吞噬细胞

骨髓细胞的一小部分（<3%）是由单核细胞和它们的前体构成的。它们很难与早期粒细胞区分开来。单核细胞前体数量的增加可能是为了适应炎症反应，但是大量的成单核细胞的出现表明存在骨髓的增生障碍。

巨噬细胞在正常动物的骨髓中一般不超过有核细胞总数的1%。巨噬细胞对有核和/或无核红细胞的吞噬可能发生或继发于免疫联合介导的贫血症、恶性组织细胞增多症、血中吞噬细胞综合征，以及后天性和先天性异常造血障碍症。单核细胞吞噬白细胞的现象很少发生，但是在免疫介导的中性白细胞减少症中，当骨髓细胞凋亡增加时会观察到，同时伴有骨髓增生障碍。骨髓坏死时巨噬细胞中会含有大量吞噬的细胞碎片。巨噬细胞能够吞噬被损坏的和死亡的不带有抗体或补体的细胞，因为在它们的表面存在受体，能够识别变化的碳水化合物和/或磷脂。

在炎性和瘤性（恶性组织细胞增多病）疾病中巨噬细胞在骨髓中可能会增加。在例如利什曼病、组织胞浆菌病、原虫感染和埃里希氏体病的情况下，传染源可能存在于巨噬细胞中。

其他细胞类型

讨论了以上列出的细胞的正常数量和正常形态。下面我们讨论一下这些细胞增加的现象。

当细胞在骨髓中复制的比例增加时，有丝分裂像是增加的。在粒细胞或红细胞系的超常增生中有丝分裂像可能多少会增加，但是它们在急性粒细胞、急性成淋巴细胞性白血病中会增加得很快。长春新碱（图43 C）给药后的几个小时内，有丝分裂的红细胞数量会显著增加，并且有丝分裂象的增加已经在患有先天性红系造血异常的动物中被报道。

在幼年生长动物穿刺骨髓液中可发现破骨细胞和造骨细胞，但是很少在正常成年动物中看到。当骨髓重建增加时，破骨细胞和造骨细胞也可能在成年动物中发现，例如钙代谢异常和骨肉瘤。

肥大细胞很少从正常的家畜骨髓穿刺液中发现，但是可能会出现在患有不同病因的再生障碍性贫血的犬中、可能会出现在某些炎症的情况下。IL-3和IL-6联合处理，会导致老鼠骨髓中肥大细胞发育。肥大细胞可能出现在患有转移的肥大细胞瘤的动物骨髓中，尤其是很可能出现在非皮肤系统的肥大细胞增生病的骨髓中。

网状间质细胞的增加表明间质超常增生和/或骨髓纤维化的出现。可用骨髓组织切片活检技术对其进行检测。

在骨髓组织检查中很少发现来自非造血肉瘤或癌的转移细胞，但是当出现时应当报道。

色素铁

当进行常规的血液染色时，含铁血黄素由灰色逐渐变成黑色。在巨噬细胞或巨噬细胞破裂后溢出的物质中可观察到（图45 E）。用普鲁士蓝反应观察色素铁时，会对含铁血黄素出现的量进行常规评估。只要有色素铁颗粒存在，从家畜穿刺的正常骨髓中就很容易被发现（图45 F）。在铁不足的动物中它会减少或缺乏（图46 A），除了由出血导致的原因外，包括患有红细胞增多症的犬，以及与贫血症相关的病症都可能导致色素铁增加（图46 B）。在马属动物中骨髓铁随年龄的增加而增加；因此，正常的老年马可以计算出骨髓中色铁素的数量（图46 C）。同样，在犬科动物的骨髓中色素铁的量也随年龄的增加而增加。正常猫科动物的骨髓中不出现色素铁，因此不能够用于诊断铁缺乏症。色素铁存在于猫科动物中被认为是不正常，而当其他动物发生骨髓增生紊乱（图46 D～图46 F）或溶血性贫血时、或在输血后可能检测到色素铁。

解释

根据病史、临床发现、CBC和来自其他诊断测试可以获得细胞学检查结果，评估骨髓穿刺结果的最后一步是对该结果进行诠释。例如，M：E比率增加，可能表示粒细胞增加或红系细胞减少。与此同时CBC检查结果以及整体细胞结构的变化，通常可以作出正确的解释。骨髓检查一般提供有关在血液中不能识别的病理现象，有时能够进行特异性诊断。

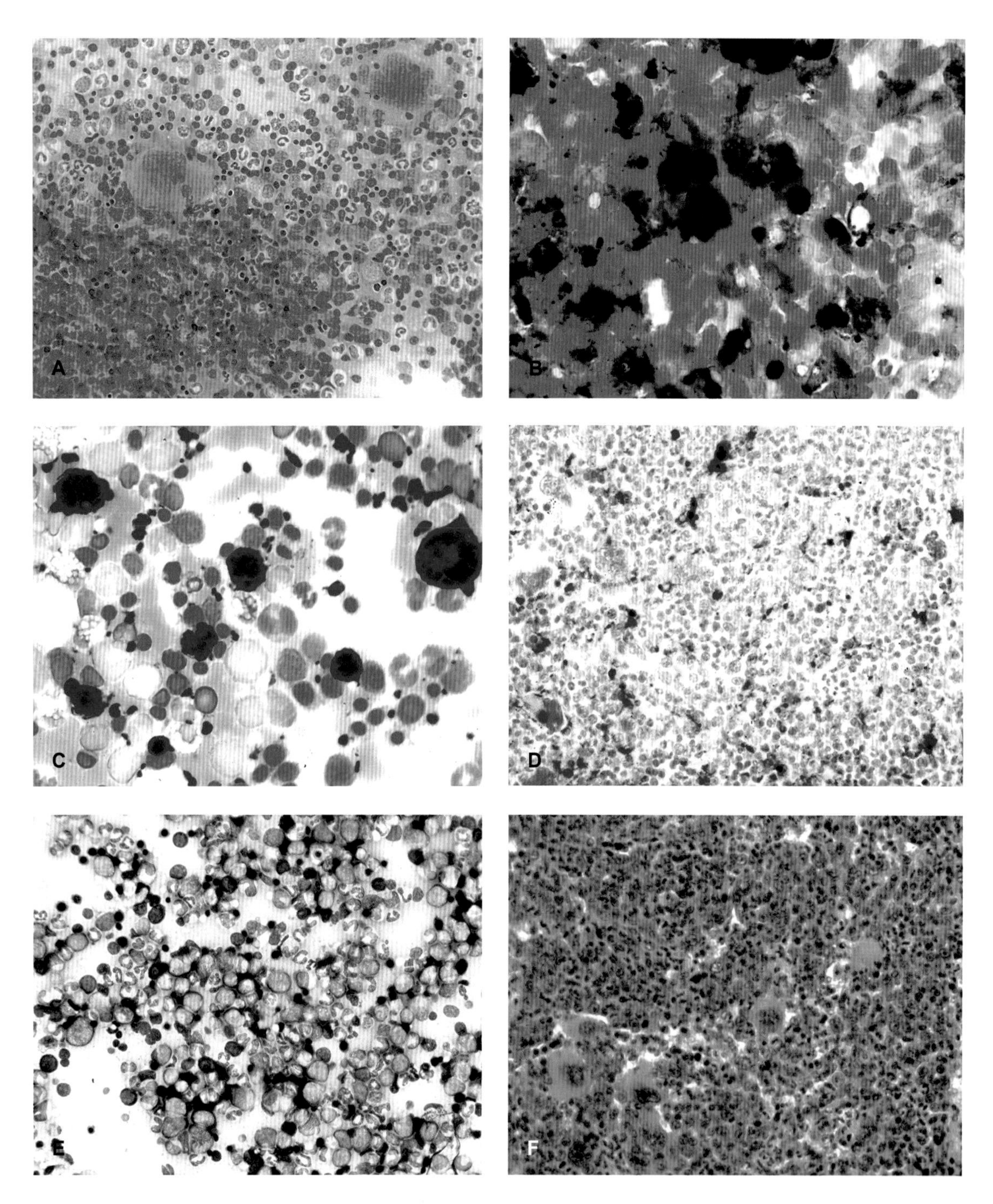

图46　来自缺铁性贫血的犬的骨髓液中色素铁的缺乏和溶血性贫血的犬，老龄马和骨髓异常增生综合征（MDS）猫骨髓液中色素铁增加

A. 患有慢性缺铁性贫血犬骨髓液中的色素铁（血铁质）缺乏。图的上部有两个巨噬细胞。普鲁士蓝染色。

B. 患有溶血性贫血的犬骨髓液中色素铁的增加（染色蓝色）。普鲁士蓝染色。

C. 健康老龄马骨髓液中的大量色素铁（染色蓝色）。普鲁士蓝染色。

D. 患有MDS死后的猫骨髓中的大量色素铁（染色蓝色）。图片的边缘是几个巨噬细胞。普鲁士蓝染色。

E. 与图46 D同一只猫的骨髓液涂片中的细胞增多。粒细胞系和红细胞系核左移。瑞氏–姬姆萨染色。

F. 与图46 D和图46 E同一只猫的骨髓细胞切片。在图片的左角和中间区域存在几个巨噬细胞。H.E染色。

第八章

骨髓异常

（Disorders of Bone Marrow）

机体造血细胞增多

快速生长的幼龄动物，其骨髓呈高度蜂窝状，所产生的细胞不仅补偿正常细胞的新陈代谢，而且要适应心血管系统的生长需要。随着年龄的增长，骨髓腔中血容量的比值增加，骨髓细胞减少。

当一个或更多细胞因外周的需要而大量增殖时，骨髓细胞开始增多。比如，犬机体免疫低下引起溶血性贫血时，伴随白细胞增多和核左移，这时红细胞系和粒细胞系细胞都会增多。如果出现免疫介导的血小板减少症时，也会发生巨核细胞增生。对于脾机能亢进引起的血细胞减少，也能导致全身性骨髓增生，尽管这种情况比较少见。全身性骨髓细胞增多也会出现于一些患有脊髓发育不良性疾病的动物，造成细胞形态畸形和/或分布不正常（图46 E，图46 F）。早期的红细胞增多症（真性红细胞增多症）有时也会造成全身性骨髓增生。

机体造血细胞减少

骨髓细胞减少/发育不全

成年动物的骨髓中脂肪细胞达到75%以上，即可诊断为造血细胞过少。当所有类型的造血细胞（红细胞、粒细胞、巨核细胞）明显减少或消失时，骨髓即为发育不全。机体骨髓发育不全的贫血动物可报告为再生障碍性贫血（图47 A，图47 B）。在发育不全的骨髓样本中仍然可以看到间质细胞（脂肪细胞、网织红细胞、内皮细胞和巨噬细胞）、浆细胞和一些淋巴细胞（图47 C）。由于红细胞生成没有足够的铁，巨噬细胞的含铁血黄素会明显增多（图47 C，图47 D）。发育不全的犬骨髓样本中可以见到少量的肥大细胞（图47 C）。外周血液中特征性病变为非再生性贫血、中性粒细胞减少和血小板减少。

当单一细胞系减少或消失时，可能造成粒细胞减少或红细胞发育不全。造血干细胞数量不足、造血微环境异常，造血作用的体液或细胞控制异常等都可能导致骨髓细胞减少或发育不全。这些因素都是相互关联的，但通常造成疾病的机制还不清楚。

很多药物可以使人产生再生障碍性贫血。可诱导动物出现再生障碍性贫血或机体骨髓发育不全的药物很多，包括雌激素对犬的毒性，保泰松对犬或马的毒性，甲氧苄氨嘧啶-磺胺嘧啶对犬的毒性，欧洲蕨类对牛和绵羊的毒性，三氯乙烯对牛的毒性，丙硫咪唑对犬和猫的毒性，灰黄霉素对猫的毒性，各种抗癌的化学治疗剂和辐射。硫胂胺钠、甲氯芬酸和奎宁也引起犬再生障碍性贫血。

注射外源性雌激素，以及支持细胞、间质细胞和颗粒细胞肿瘤产生高水平的内源性雌激素都会导致犬的再生障碍性贫血。功能性卵巢囊肿可潜在引起犬的脊髓中毒，雪貂在非繁殖期会诱发排卵，长期处于发情期，造成高浓度内源性雌激素长期存在，会导致再生障碍性贫血。

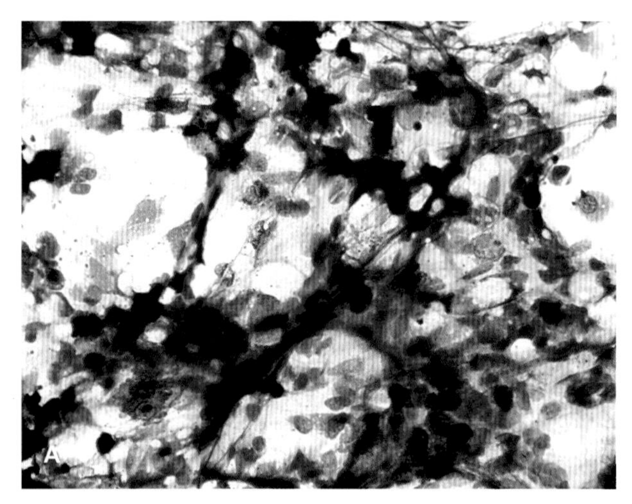

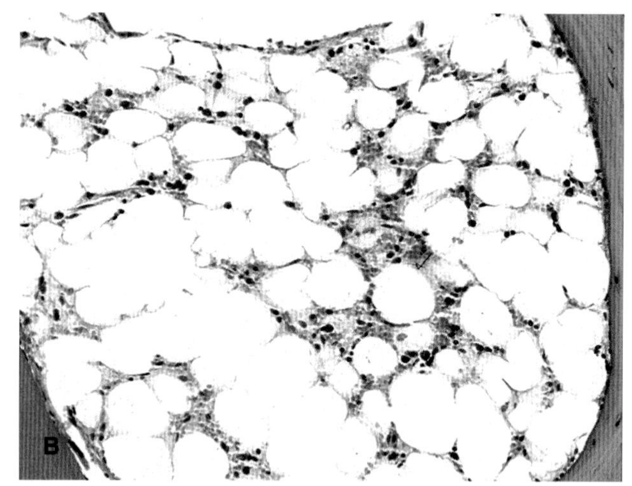

图47　犬细胞减少的骨髓涂片和骨髓活组织切片检查

A. 患有雌激素诱导的再生障碍性贫血犬的骨髓涂片。细胞普遍减少。间质细胞和脂肪颗粒居多。紫色圆形的是肥大细胞，黑色的球状物是含铁血黄素。瑞氏-姬姆萨染色。

B. 患有原发性再生障碍性贫血犬的骨髓活检切片。细胞普遍减少。H.E染色。

细小病毒感染能引起幼犬的再生障碍性贫血和骨髓发育不全，但由于红细胞的寿命长，动物可能不会贫血。骨髓中仍然存在巨核细胞，所以血小板只是轻度减少或不减少（图47 E、图47 F），感染的幼犬急性死亡或贫血发生前骨髓迅速恢复正常。与对幼犬的影响相比，有报道称细小病毒对成年犬的红系造血祖细胞（原始红细胞）的影响很小。对细小病毒感染的猫骨髓进行组织学检查，只能看到骨髓发育不良。

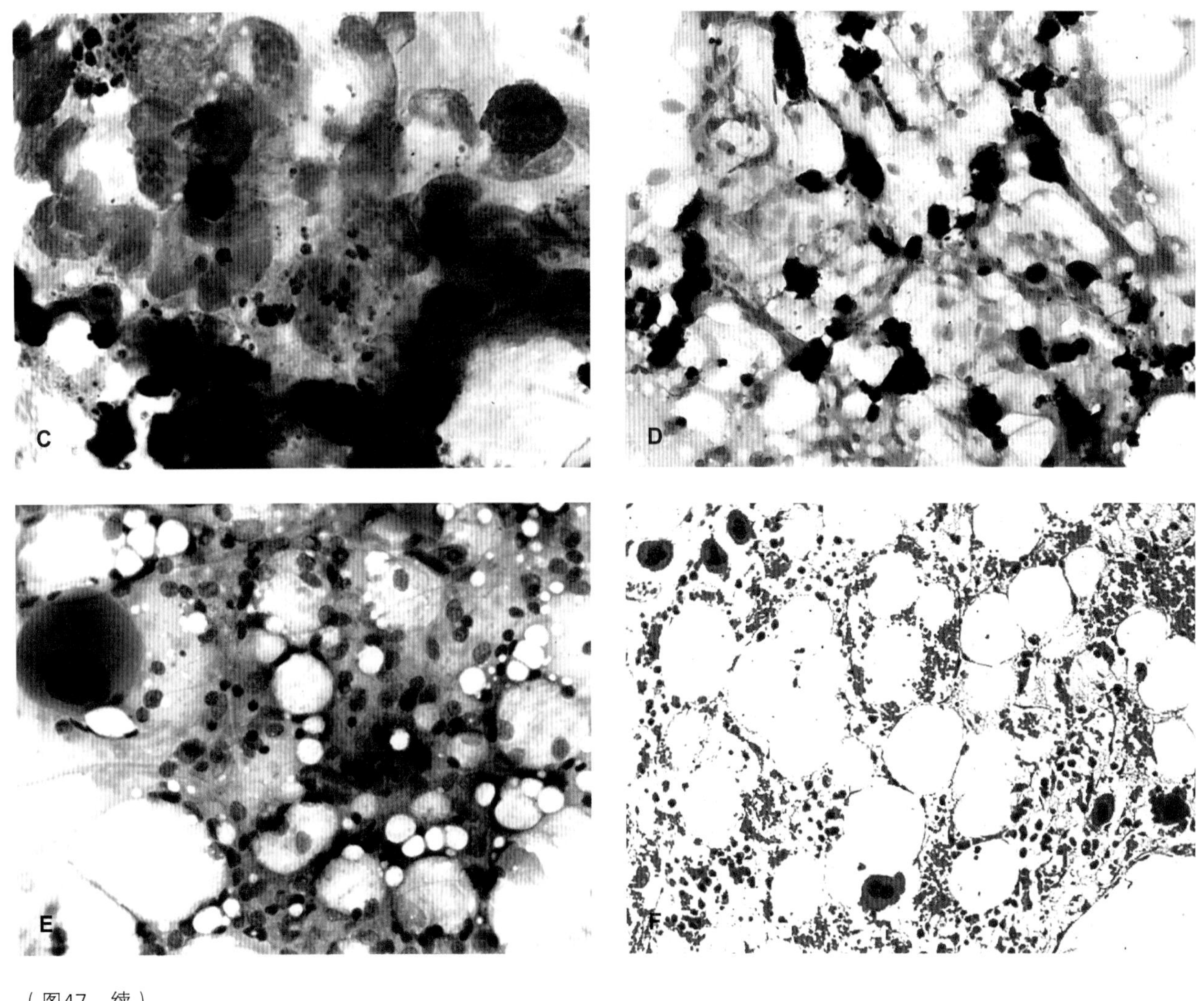

（图47，续）

C. 与图47 A中雌激素诱导的再生障碍性贫血犬的同一骨髓涂片。紫染的肥大细胞（上方）和棕黑染的含铁血黄素。瑞氏–姬姆萨染色。

D. 与图47 A和图47 C中雌激素诱导的再生障碍性贫血犬的同一骨髓涂片。蓝染的含铁血黄素。普鲁士蓝染色。

E. 来自急性细小病毒感染造成白细胞减少犬的骨髓细胞减少的涂片。间质细胞和脂肪居多，还可见巨核细胞（左上侧）。瑞氏–姬姆萨染色。

F. 与图47E中感染急性细小病毒的同一只犬的骨髓细胞减少的活检切片。尽管粒细胞和红细胞前体明显减少，巨核细胞数量仍然正常。H.E染色。

感染白血病病毒（FeLV）的猫经常发生骨髓发育不全和/或发育不良，但并没有文献记载出现再生障碍性贫血后遗症。有报道称，混合感染白血病病毒和细小病毒的试验猫，其骨髓细胞明显减少。

急性埃里希氏体（*Ehrlichia canis*）感染的犬能自愈，或发展成为慢性疾病，通常表现为一定程度的骨髓发育不全。少数情况下，犬严重的慢性埃里希氏体病会并发再生障碍性贫血。

曾报道一例骨髓细胞减少的犬伴发脾肿大，并且有明显的髓外造血，脾切除后即恢复正常。人们推测脾脏可能产生骨髓造血作用的细胞或体液抑制剂。

有报道称，妊娠期的母马使用磺胺类药物、乙胺嘧啶、叶酸和维生素E等制剂治疗马原虫性脑脊髓炎时，所生的马驹会产生先天性再生障碍性贫血、肾畸形和皮肤损伤。一头14日龄患有再生障碍性贫血的黑白花奶牛，其贫血在出生前就已经发生，虽然在检测前5天服用了磺胺嘧啶治疗腹泻。而一匹9周龄的Clydesdale马患有再生障碍性贫血被怀疑是由子宫内感染造成的损伤。报道称由同一种公畜配种所产下的8匹幼龄赛马都患有全身性骨髓发育不全，而且髓细胞和巨核细胞比红细胞减少得更严重。骨髓微环境，一个或多个生长因子，或多功能干细胞基因上的缺陷都可能是发病的原因。

据报道，犬和马都可患先天再生障碍性贫血。其中报道一匹马的病例，红细胞和髓细胞减少，但巨核细胞数量正常，其病因未知。

造血前体细胞形成初期，免疫介导反应被看作是犬再生障碍性贫血的病因。之所以这样推测，是由于一些人的再生障碍性贫血是由T淋巴细胞对造血干细胞的免疫反应介导产生的。干扰素（尤其是γ-干扰素）影响造血前体细胞的增生，同时推测它介导抑制再生障碍性贫血患者的造血功能。

坏死

公认的细胞死亡方式有两种：坏死和凋亡。坏死是细胞死亡的一种方式，是线粒体不能提供能量ATP而继发的变性。细胞无法保持渗透性平衡就会导致细胞肿胀和细胞破裂。细胞内容物释放可继发各种炎症反应。相比之下，细胞凋亡时线粒体功能正常（生理上的细胞死亡）。细胞核染色质浓缩成一个致密的球形（核固缩），或者破碎成多个致密的小球（核破裂），细胞缩小近30%。细胞开始凋亡后，就会被巨噬细胞识别并吞噬，甚至细胞死亡前就被吞噬。细胞质内容物不会流出，因此，没有促炎症介质溢出。

造血细胞的直接损伤所致的局部缺血或微循环破坏，都能导致组织坏死。坏死在动物死亡前可以识别出细胞的损伤（图48 A），但由于坏死是有一定病灶分布的短暂的过程，多数是在检查死后组织样本时观察到（图48 B，图49 C）。

由于发生的时间、原因不同，坏死的表现各异。检查组织切片时，初期病变改变了造血细胞染色的颜色，使细胞轮廓模糊不清。如果血管受损，还可能造成出血。之后，由于细胞溶解，坏死区域的细胞减少，被不规则的嗜酸性颗粒碎屑取代。这一阶段的坏死要和纤维蛋白、水肿和聚集的机体产物相区分。可以用弗雷泽-伦德拉姆（Fraser-Lendrum）染色来区别纤维蛋白。吞噬细胞碎屑的巨噬细胞数量增多。骨髓纤维变性紧随坏死发生，和其他受损组织的治愈过程相似。

坏死骨髓涂片可能和染色技术较差的正常骨髓涂片混淆。骨髓颗粒看起来伸长，并有“黏液感”。背景有颗粒感，深染成蓝色或紫色。变性引起细胞形态学改变，导致残存的细胞难以区分（图48 A）。细胞核模糊不清，细胞质边缘界限不清。观察到的细胞质嗜碱性，有时呈空泡变性。通常只能见到游离的细胞核或细胞核碎片。含有吞噬颗粒的巨噬细胞普遍可见。

报道的涉及动物骨髓坏死的疾病包括败血症和毒血症、肿瘤（图48 C）、弥散性血管内凝血、试验性用药、牛病毒性腹泻和雌激素毒性、急性病毒感染、红斑狼疮、犬的埃里希体病。骨髓坏死的原因还不明确。

骨髓纤维变性

当重复骨髓涂片不成功或低质量的样本涂片中含有梭形细胞（图48 D）时，可以怀疑是骨髓纤维变性。只有通过骨髓组织学切片检查才能确诊。

纤维组织包括各种活化增殖的成纤维细胞、网状纤维和致密胶原结缔组织。骨髓中活化的和增生的骨髓网织红细胞产生的胶原蛋白过量时就导致骨髓纤维变性。当骨髓纤维变性扩大时，H.E染色的切片中就可以识别到（图48 E，图48 F，图49 A）。这些骨髓切片中很少含有脂肪。轻微骨髓纤维变性只能在特殊染色时才能观察到，如对胶原蛋白进行Masson氏三色染色（图49 B）和对网状蛋白进行Gomori氏或Manuel氏染色。造血细胞可能呈线性排列，被细胞外的灰白色嗜酸性物质分开（图48 F）。骨髓纤维变性区域包括成纤维细胞和细胞外基质，不包括造血细胞（图49 C）。

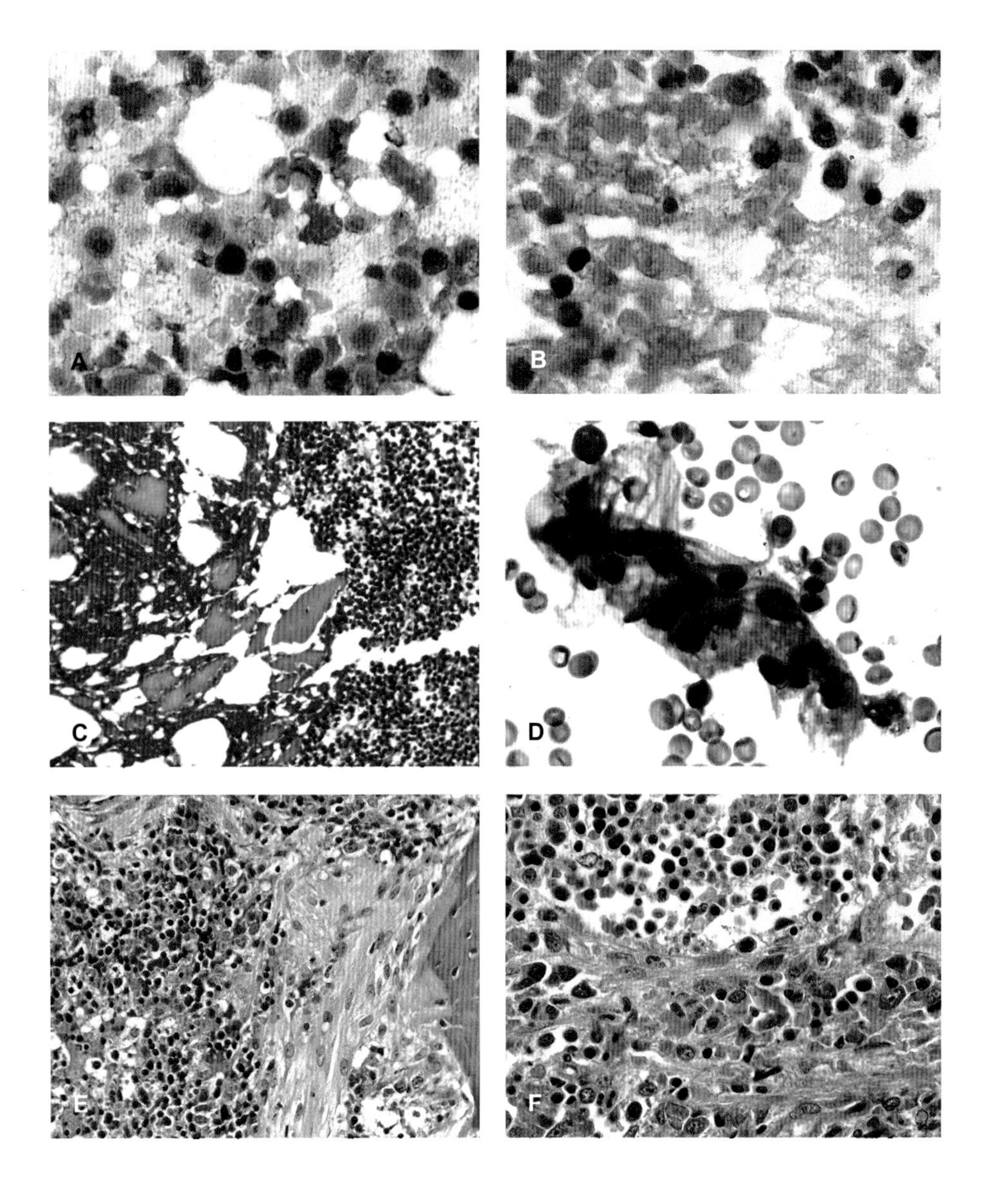

图48　骨髓坏死和纤维变性

A. 猫白血病阴性，血细胞减少的猫生前的坏死骨髓涂片。变性导致背景有颗粒感，深染成蓝色或紫色，残存细胞难以区分。瑞氏–姬姆萨染色。

B. 与图48 A中同一只猫死后的坏死骨髓涂片。粉红色圆形区域显示的是细胞核已不存在的坏死细胞。多数细胞核可见的残存细胞都是颗粒性细胞。H.E染色。

C. 患有ALL（急性淋巴细胞性白血病）的犬死后低倍镜下的坏死骨髓切片。左侧是坏死区域（暗粉红色），内含医源性骨小梁碎片（淡粉红色），右侧是白血病细胞渗出物。H.E染色。

D. 患有非再生性贫血的犬的骨髓液涂片中的间质细胞群。尝试通过骨髓穿刺收集骨髓颗粒不成功，其中的一些间质细胞表明有纤维变性的可能，并已通过骨髓活组织检查和组织病理学验证。瑞氏–姬姆萨染色。

E. 患有MDS（骨髓增生异常综合征）的犬骨髓活组织检查时的骨髓切片中的骨髓纤维变性。在图片上方可以很容易地看到网织红细胞和胶原蛋白，右侧暗粉红色骨小梁旁边的也是。造血细胞（初期红细胞前体）集中在左侧。H.E染色。

F. 患有严重非再生性贫血的犬骨髓活组织检查时的骨髓切片中的骨髓纤维变性。位于图片下部的是呈线性排列的造血细胞，被细胞外的灰白色嗜酸性物质分开。H.E染色。

骨髓纤维变性可能是骨髓受损，包括坏死、血管损伤、炎症和肿瘤的后遗症。可以认定这些疾病产生了能刺激成纤维细胞的生长因子。

明显的骨髓纤维变性有动物骨髓坏死、骨髓增生性疾病、淋巴组织增生性疾病和非骨髓源性疾病，犬的遗传性丙酮酸激酶缺乏症。也有未知原因造成动物骨髓坏死的。实验室和临床发现，贵宾犬家族也有类似丙酮酸激酶缺乏症引起的骨髓纤维变性，最终的研究并不能排除这种犬确实有这种缺乏症的可能性。使用大剂量的重组促人红细胞生成素可以导致实验犬明显的红细胞生成和骨髓纤维变性，这为犬的骨髓纤维变性伴随丙酮酸激酶缺乏症提供了一种可能的解释。

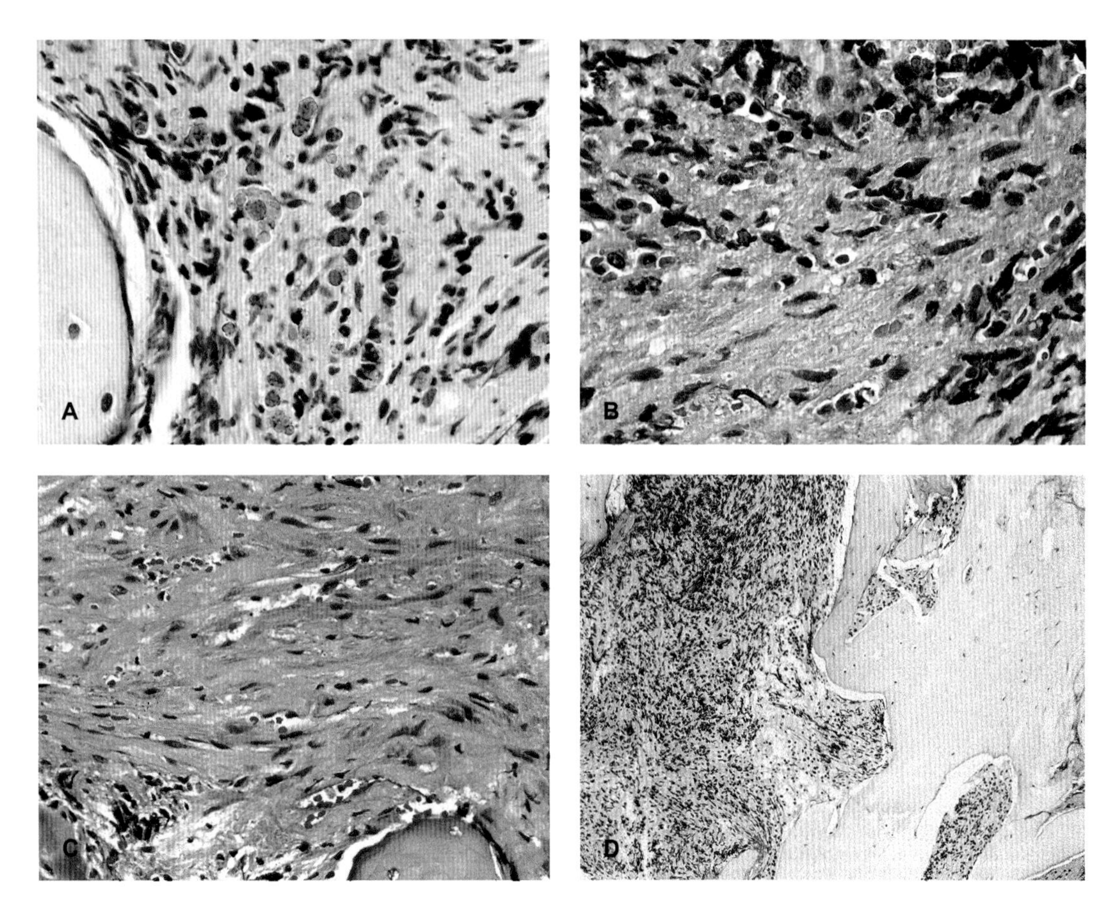

图49 骨髓的纤维变性和骨硬化

A. 患有慢性淋巴细胞性白血病（CLL）的猫死后的骨髓切片中的骨髓纤维变性。骨小梁位于左侧边缘。网织红细胞和胶原纤维在图片中占大部分，其中散布一些造血前体细胞。橘黄色的圆形物质是含铁血黄素。H.E染色。

B. 与图48 A中同一只猫的死后骨髓切片中的骨髓纤维变性。网织红细胞和胶原蛋白（蓝绿色的纤维）占图片中大部分，其中散布一些造血前体细胞。橘黄色的圆形物质是含铁血黄素。Masson氏三色染色。

C. 患有转移性癌症的犬骨髓活组织检查时的骨髓切片，其中有明显的骨髓纤维变性，内含成纤维细胞和细胞外基质，没有造血细胞残留。骨小梁位于右下侧。肿瘤细胞没有在图中出现。H.E染色。

D. 患有CLL的猫骨髓活组织检查时的骨髓切片，在低倍镜下观察到的纤维变性和骨硬化。该猫是FeLV（白血病病毒）和FIV（猫免疫缺陷病毒）阴性。增厚的骨小梁位于图片右侧边缘。H.E染色。

除了患有遗传性溶血性贫血的犬外，骨髓纤维变性的动物都有典型的非再生性贫血。在骨髓纤维变性的原发性病例中，血液白细胞计数和血小板计数一般正常或增多，但也可能降低。动物更可能发生多发性细胞减少症，伴随骨髓增生性疾病。

机体骨硬化 / 骨质增生症

骨硬化是指骨小梁增厚（海绵状）（图49 D），骨质增生是指骨组织排列中骨密质（致密的）在骨内膜和/或骨膜表面增宽。石骨症是骨硬化的一种形式，是由骨吸收降低继发破骨细胞数量减少和/或功能紊乱。骨硬化，有时加上骨质增生，会造成造血的空间减少。残留的骨髓空隙看上去细胞少或表现出纤维变性。贫血比血小板或白细胞减少更容易发生。有报道称遗传因素、新陈代谢、炎症以及肿瘤性疾病等都会引发人的全身性骨硬化。

当人工对骨进行活检穿刺比较困难，而且无法进行骨髓抽吸时，即怀疑患有全身性骨硬化/骨质增生。骨硬化可通过活组织检查识别，但骨髓空隙的增多会直接反映出穿刺针已进入骨的这个区域。动物死前全身性骨硬化和/或骨质增生经常通过影像学诊断来确诊。

骨硬化在非再生性贫血的犬、猫和马有报道。很少出现血小板减少症和中性粒细胞减少。有小牛发生先天性骨硬化，但血液学研究没有给出结果。

患红细胞发育不全的犬也会发生骨硬化和骨髓纤维变性。尽管这些疾病都是独立发生，但有报道称，感染FeLV的猫也出现骨硬化和非再生性贫血。骨硬化和骨髓纤维变性还发生在患有红细胞丙酮酸激酶缺乏症的犬，以及和这些病例相似的临床和试验用卷毛犬。虽然骨髓病变越严重，网织红细胞计数的数量就可能越低，但丙酮酸激酶造成犬的贫血具有再生性。

红细胞系统异常

红细胞增生

当骨髓细胞正常或增多，中性粒细胞数正常或增多，同时M：E比例降低时，即可称为红细胞增生（图50 A～图50 C）。如果骨髓细胞减少和中性粒细胞降低，M：E比例低，表明出现了粒细胞发育不全。

用放血术使实验动物产生贫血，血液中网织红细胞应答达到高峰需要大约4d的时间，因为红细胞生成素刺激红系造血祖细胞需要一段时间才能产生网织红细胞。骨髓中的早期红细胞前体在红细胞生成素刺激12h后会增多，但发生出血或溶血后，可能需要几天的时间使红细胞显著增殖，使M：E比例降低。网织红细胞增多症的贫血动物一般不需要进行骨髓检查，除非也出现其他血细胞减少。

马即使红细胞产生的网织红细胞增多，也很少从骨髓中释放出来。因此，评价骨髓时要确定马体内是否有与贫血相应的症状。如果骨髓细胞正常或增多，中性粒细胞计数正常或增多，M：E比例低于0.5，则预示着对贫血出现了再生性反应（图50 A～图50 C）。

红细胞增殖可能有效（血细胞比容升高和/或网织红细胞增多），也可能无效。有效的红细胞增殖在溶血性或失血性贫血时发生。尽管M：E比例经常保持在正常范围内，也发生于原发性或继发性红细胞增多症（真性红细胞增多症）中。有效的红细胞增殖使动物的原始红细胞和早幼红细胞通常会轻微增多；但是主要的有核红细胞仍然是原始红细胞和晚幼红细胞。如果红细胞增殖有效，骨髓液中应该出现很多多染性红细胞（网织红细胞）（图50 B）。而且应该对骨髓抽吸物进行网织红细胞计数来共同评价。马的骨髓网织红细胞计数大于5%就证明产生了有效的再生性反应。

无效的红细胞增殖会发生在严重的铁缺乏、叶酸缺乏、某种骨髓增生和骨髓发育不全疾病，先天性红系造血异常，以及患有免疫介导的非再生性溶血性贫血的犬。这种贫血的免疫应答是针对晚幼红细胞和/或网织红细胞的。当免疫应答针对更早期的红细胞形成时，就会发生红细胞发育不全。

选择性红细胞发育不全或不发育

骨髓细胞正常或增多，中性粒细胞绝对计数正常或增多，M：E比例升高时，即称为红细胞发育不全（图50 D～图50 F）。如果骨髓细胞密集和/或中性粒细胞绝对计数高，M：E比例高，则意味着出现了粒细胞增生。

选择性的红细胞不发育，（纯红细胞不发育）作为先天性或获得性疾病通常发生于人类。获得性红细胞不发育经常与免疫系统异常有关，也会继发于其他疾病，如B-19细小病毒感染、恶性淋巴细胞肿瘤和化学药物。

犬也发生获得性红细胞发育不全或不发育（图50 D）。一些病由免疫介导引起，原因是对免疫抑制治疗的阳性反应和骨髓培养物里出现了抑制CFU-E形成的抗体。也有报道称，FeLV阴性的猫会发生获得性免疫介导的红细胞不发育。很多骨髓样本中，除了缺乏红细胞前体，还出现成熟淋巴细胞增多现象（增多到所有有核细胞的45%）。

有报道称，犬细小病毒疫苗接种时会引起红细胞发育不全或发育异常。大剂量的使用氯霉素会造成犬的可逆性红细胞发育不全和猫的红细胞不发育（图50 E）。犬早期雌激素中毒会出现红细胞和巨核细胞减少以及中性粒细胞增生。有报道称，剖检一只犬时对骨髓进行组织病理学检查，发现患有先天性红细胞发育不全，但安乐死前几天检测的

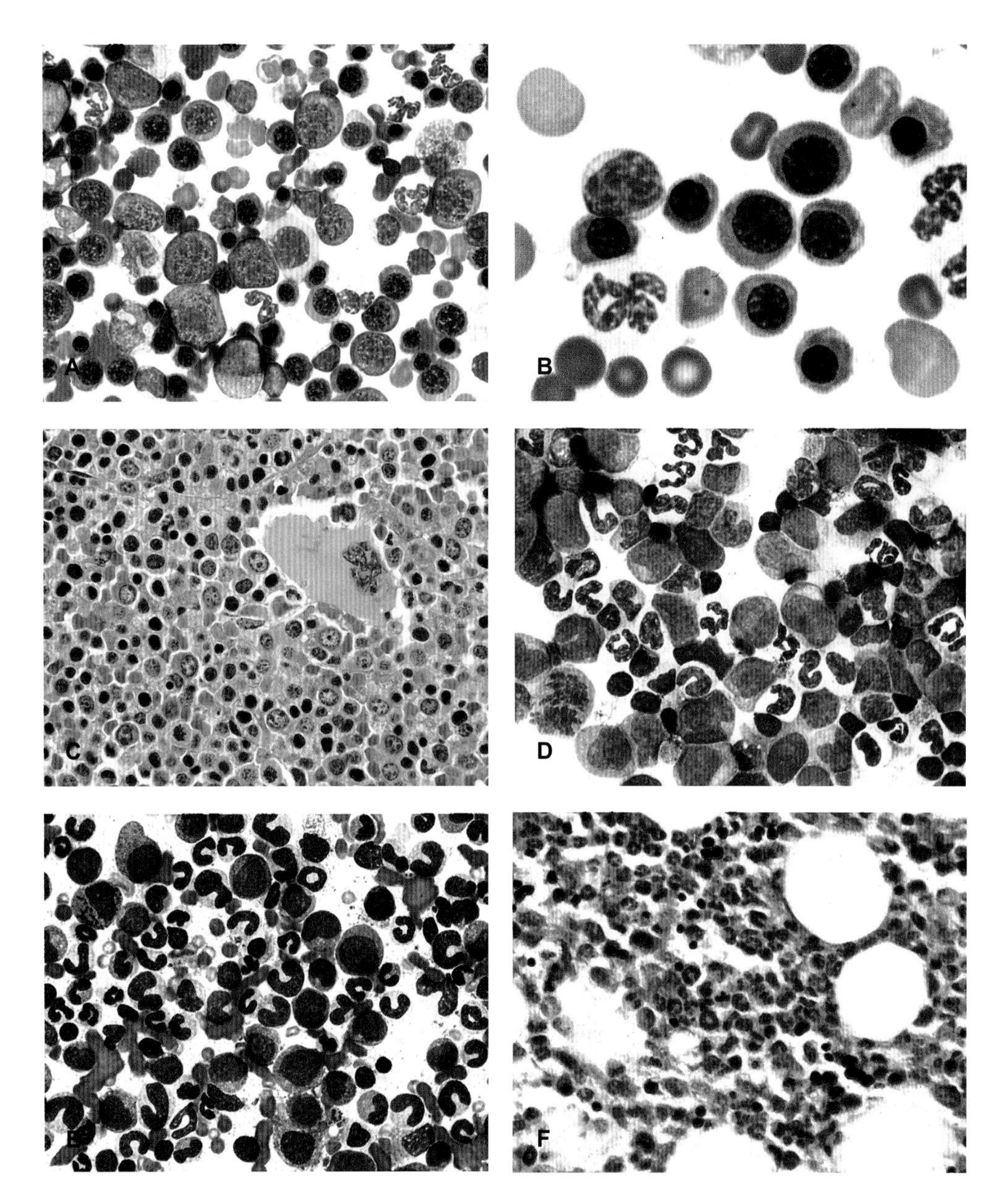

图50　骨髓液涂片和活组织切片中的红细胞增生和红细胞发育不全

A. 免疫介导溶血性贫血马的骨髓涂片中的红细胞增生。深蓝色细胞质的大细胞是早期的红细胞前体。瑞氏-姬姆萨染色。

B. 与图50 A中同一匹马的骨髓涂片高倍镜下的红细胞增生。多染性红细胞（网织红细胞）数量增加意味着红细胞应答是有效的。瑞氏-姬姆萨染色。

C. 和图50 A、图50 B中同一匹马活组织检查采集的骨髓切片中的红细胞增生。大的成熟的巨核细胞出现在图片比较中间的位置。H.E染色。

D. Coombs’阳性，8月龄的马耳他犬的骨髓液涂片中选择性的红细胞发育不全。小淋巴细胞占所有有核细胞的15%。瑞氏-姬姆萨染色。

E. 服用高剂量的氯霉素治疗9d的猫的骨髓涂片中选择性红细胞发育不全。瑞氏-姬姆萨染色。

F. 患有慢性多发性关节炎的马活组织检查时的骨髓切片中观察到红细胞减少。有核红细胞前体细胞核呈圆形，而且比粒细胞前体染色深。H.E染色。

骨髓涂片显示M：E比例正常。短暂的红细胞发育不全通常间歇性地发生于具有遗传周期性造血作用的灰色柯利牧羊犬中，但由于周期很短，随后一段时间红细胞又会增殖，所以不会造成贫血。

选择性红细胞发育不全或不发育会发生在感染C亚群FeLV的猫，但不会发生在仅感染A或B亚群的猫（图51 A，图51 B）。当存在红细胞残留时，就会出现明显的成熟障碍，同时原始红细胞和早幼红细胞相对中幼红细胞和晚幼红细胞的比例升高。尽管猫的骨髓中骨髓细胞和红细胞前体细胞都感染病毒，但只有红细胞前体细胞数量减少。研究表明由于病毒会对BFU-E分化成CFU-E造成损害，所以CFU-E数量明显减少。

有报道称，给犬、猫和马注射重组人红细胞生成素，会造成明显的红细胞减少。对应这种人重组糖蛋白的抗体似乎和动物本身的红细胞生成素有交叉反应。

慢性肾病和激素缺乏（垂体功能减退、肾上腺皮质功能减退、甲状腺功能减退以及雄性激素缺乏）都会使红细胞产生减少，但通常不足以造成骨髓中的M：E比例超出正常范围。患有自发性骨髓纤维变性的犬通常发生相关红细胞的发育不全。

慢性炎症和肿瘤性疾病通常伴发非再生性贫血。这种炎症的贫血（慢性疾病的贫血）是由多种因素造成的，而且人们对此一知半解。能导致贫血的疾病包括直接或间接抑制造血作用的炎性介质产物，血清中铁的减少，红细胞寿命缩短，红细胞对贫血的反应迟缓。由于造血作用不足，同时伴随粒细胞增生，临床上犬的炎症疾病的贫血病例中M：E比例典型升高（图51 C，图51 D）。

红细胞造血异常

红细胞造血异常通常涉及各种红细胞成熟和/或形态异常的疾病。可能出现的红细胞异常包括巨成红细胞、细胞核形状异常、早熟细胞核固缩、细胞核破裂、多核细胞、细胞核之间的染色质桥接、细胞核和细胞质不同步、成熟障碍、内容物铁质沉着。

巨成红细胞比正常红细胞大，染色质呈多股，含大量副染色质，细胞核明显的明暗相间（图51 E，图52 A～图52 D），细胞质增多，发育过程中血红蛋白合成通常比较早（如细胞核和细胞质不同步）。中幼红细胞和晚幼红细胞形状较大，但细胞核没有明显的异常（图52 E～图52 G）。这些形态学异常通常可以在患有骨髓增生的动物中看到。巨成红细胞造血通常会发生在感染FeLV病的猫，也有报道感染免疫缺陷病毒（FIV）的猫。叶酸缺乏的猫、长时间使用抗惊厥药物治疗的病犬，其骨髓中都会产生巨成红细胞。另外，一些小型犬和卷毛犬血清中叶酸和维生素B_{12}值正常，不发生贫血，骨髓中没有出现巨成红细胞异常，但表现巨红细胞症。

多核红细胞（图52 H）通常发生在患有骨髓增生性疾病的动物和获得性以及先天性红细胞造血异常的动物。核分叶、核固缩和/或核破碎也会发生在骨髓增生紊乱、获得性以及先天性红细胞造血异常和使用如长春新碱等特定化学药物治疗的患病动物（图52 I～图52 K）。有报道称，患有先天性红细胞造血异常的牛发生细胞核间染色质桥连异常。

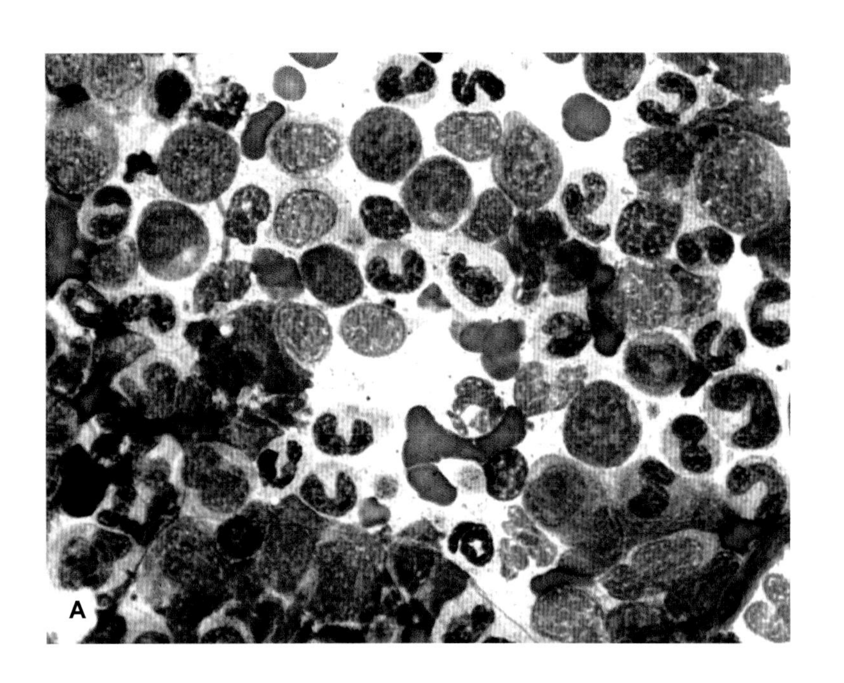

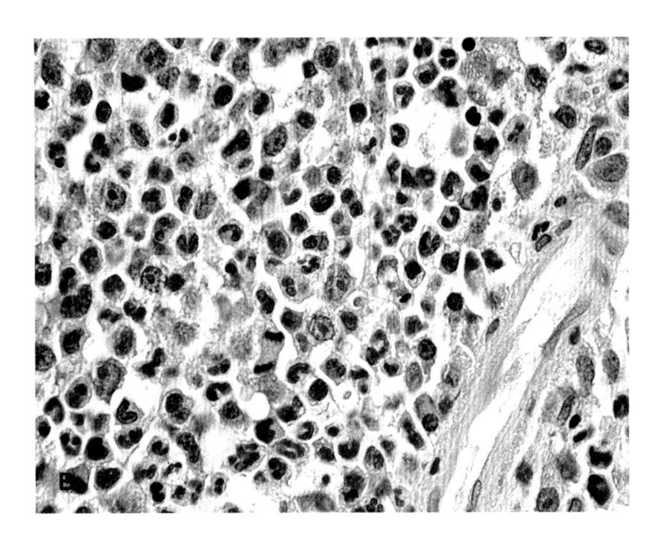

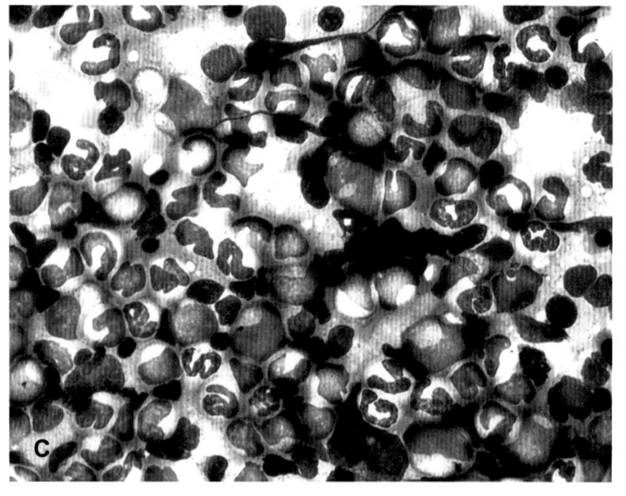

图51　骨髓中的红细胞发育不全、红细胞发育异常和成熟障碍

A. FeLV阳性猫骨髓涂片中明显的红细胞发育不全。粒细胞核左移，有些细胞明显增大。瑞氏-姬姆萨染色。

B. 与图51 A中同一只猫活组织采集骨髓切片中的红细胞和巨核细胞发育不全。H. E染色。

C. 患有贫血犬的骨髓液涂片中轻度红细胞发育不全和粒细胞增生。靠近图片中央的黑染物质是含铁血黄素。瑞氏-姬姆萨染色。

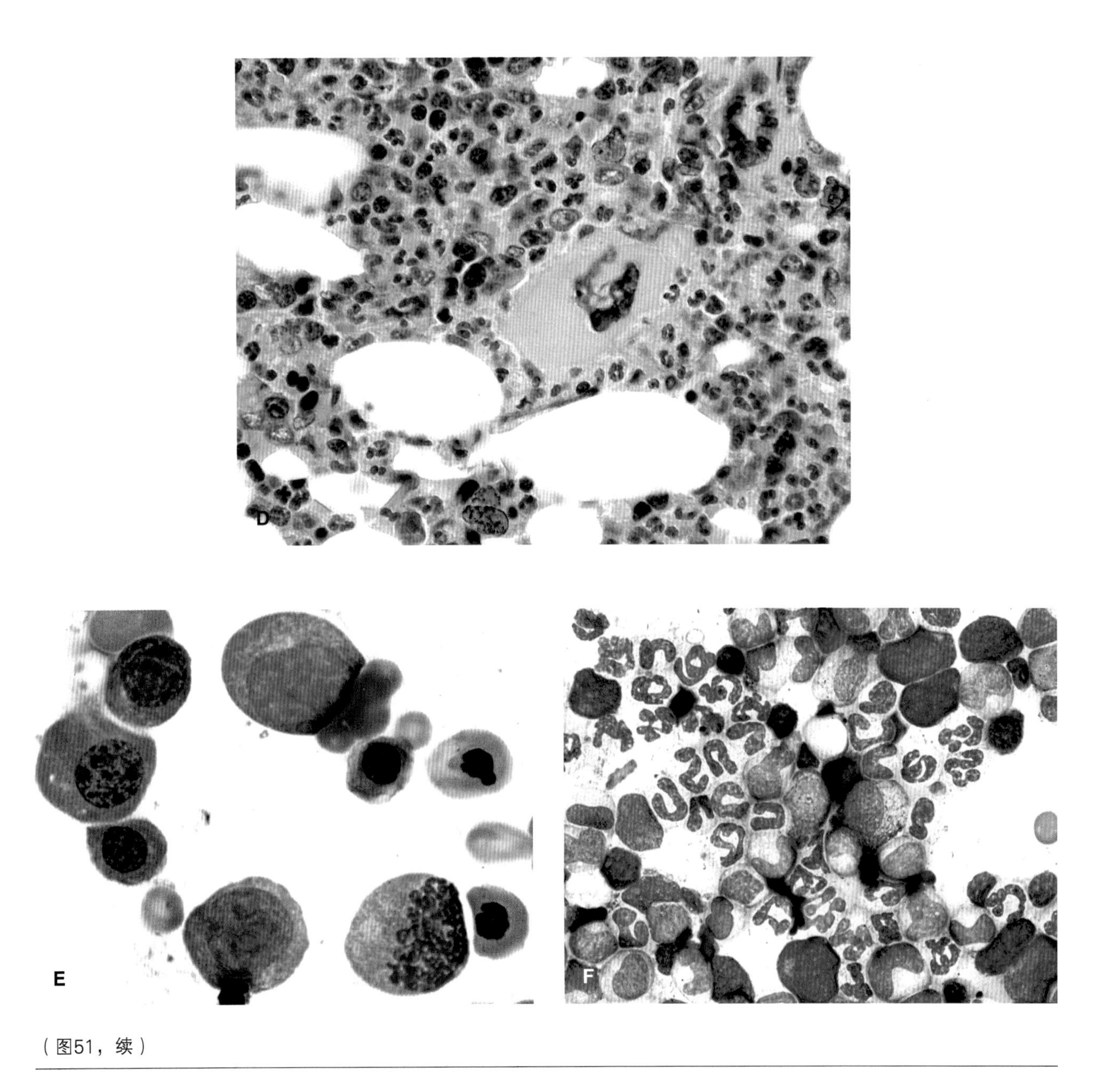

（图51，续）

D. 患有炎性贫血犬活组织检查时的骨髓切片中红细胞发育不全和含铁血黄素（染成橘红色的物质）增多。其中出现了两个成熟巨核细胞。H. E染色。

E. 患有MDS（骨髓增生异常综合征）马的骨髓涂片中红细胞造血异常。偏左侧有一个巨幼多染性中幼红细胞，右侧中央有一个巨幼晚幼红细胞，细胞核呈花生形。右下侧还有有丝分裂的迹象。瑞氏–姬姆萨染色。

F. 患有全身性红斑狼疮和Coombs’阳性的非再生性贫血犬的骨髓液涂片中红细胞成熟障碍。可见的多数红细胞都是原始红细胞或早幼红细胞。瑞氏–姬姆萨染色。

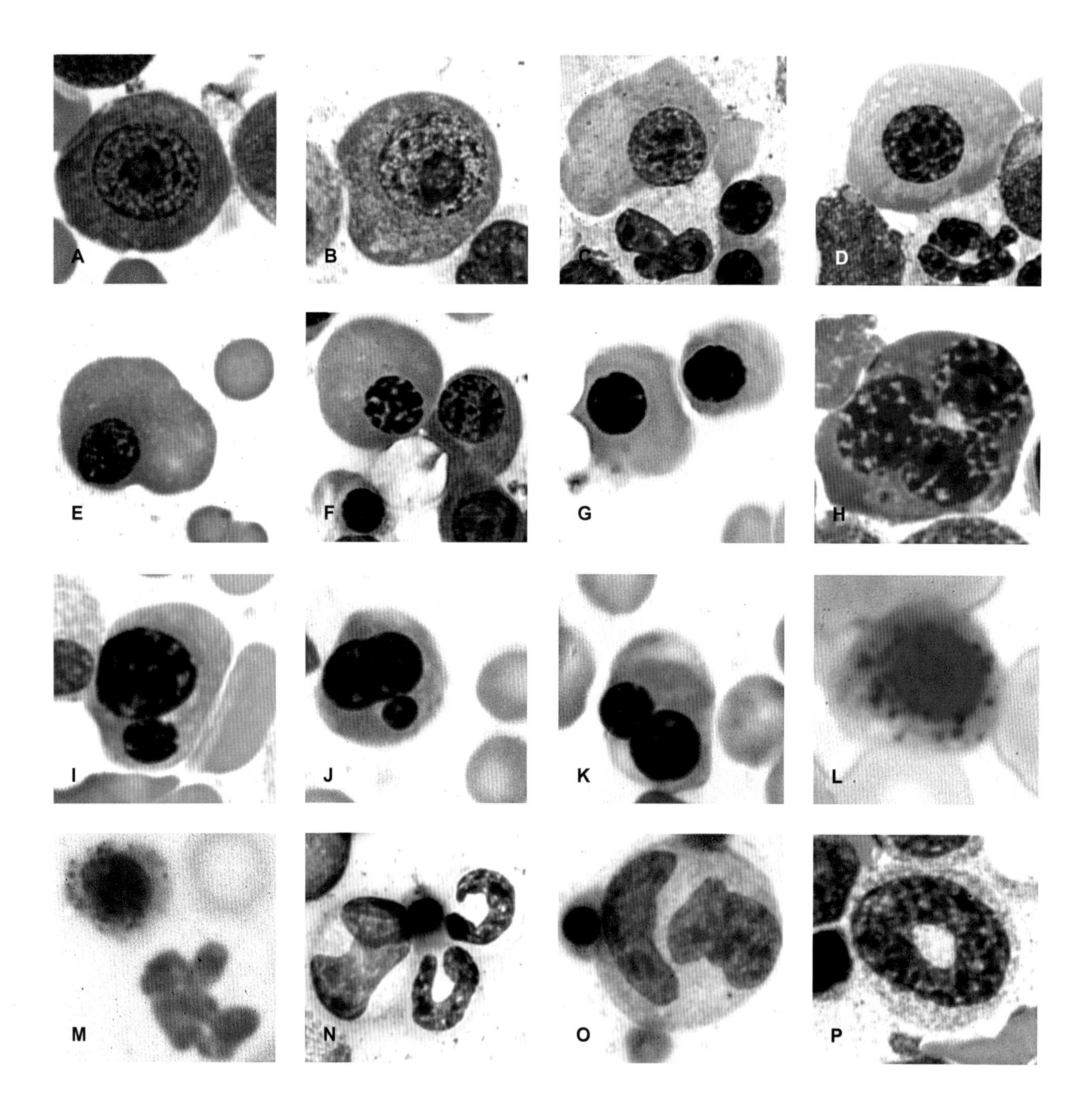
A
B
C
D
E
F
G
H
I
J
K
L
M
N
O
P

图52　瑞氏-姬姆萨染色的骨髓液涂片中，观察到的发育异常的红细胞和中性粒细胞，使用其他染色方法的另作说明

A. 患有AML-M6的猫的骨髓液涂片中巨成红细胞前体细胞。

B. 患有AML-M2猫的骨髓液涂片中巨成红细胞前体细胞。

C. 患有MDS并且FeLV阳性猫的骨髓液涂片中巨成红细胞前体细胞。

D. 与图52 B中同一只患AML-M2猫的骨髓液涂片中巨成红细胞前体细胞。

E. 患有MDS的猫的骨髓液涂片中的巨幼多染性中幼红细胞。

F. 患有MDS的马的骨髓液涂片中的巨幼多染性中幼红细胞（左上方）。

G. 与图52 F中同一匹患MDS马的骨髓涂片中巨红细胞的正常的晚幼红细胞（左侧）。

H. 患有淋巴瘤和轻度红细胞造血异常犬的骨髓液涂片中三核的多染性中幼红细胞。用药记录中显示没有进行早期的化学治疗。

I. 与图52 H中同一只患有轻度红细胞造血异常的犬的骨髓液涂片中的分叶的多染性中幼红细胞。

J. 使用长春新碱治疗一天的犬的骨髓液涂片中分叶的多染性晚幼红细胞。

K. 与图52 J中同一只使用长春新碱治疗犬的骨髓涂片中分叶的多染性晚幼红细胞。

L. 氯霉素治疗犬的骨髓液涂片中富含铁的晚幼红细胞（成高铁红细胞），细胞质中的蓝色颗粒意味着出现了铁。普鲁士蓝染色。

M. 接受氯霉素治疗的犬骨髓液涂片中富含铁的晚幼红细胞（左上方），由于细胞核周围围绕着铁呈阳性的颗粒，有时称为环铁粒红细胞。普鲁士蓝染色。

N. 与图52 C中同一只患MDS猫的骨髓液涂片中大的杆状核中性粒细胞（左侧）。也有大小正常的杆状核中性粒细胞（右侧）。

O. 患有MDS猫的骨髓液中大的双核粒细胞前体。

P. 感染FIV白细胞减少的猫骨髓液涂片中圆环形的中性粒细胞前体。

红细胞生成各个阶段的异常如成熟障碍、多染性红细胞合成缺乏都会发生骨髓增生紊乱和先天性红细胞造血异常，也发生一些免疫介导性疾病（图51 F）。细胞核和细胞质成熟不同步，就是说血红蛋白先于细胞核成熟，也会发生在获得性骨髓增殖紊乱和先天性红细胞造血异常的疾病中。有报道，患有骨髓增生紊乱的动物、患有先天性红细胞造血异常的犬和给予氯霉素治疗的犬等动物的中幼红细胞和晚幼红细胞（成高铁红细胞）会发生铁呈阳性的嗜碱性斑点（图52 L，图52 M）。

粒细胞系异常

粒细胞增生

当骨髓细胞正常或增多，血细胞比容正常或升高，并且M：E比例升高时即称为粒细胞增生。如果骨髓细胞减少和/或红细胞比容降低，M：E比例升高，则表明出现了红细胞发育不全。由于骨髓中的中性粒细胞通常比嗜酸性或嗜碱性细胞多，所以“粒细胞增生”通常意味着出现了中性粒细胞增生。嗜酸性和/或嗜碱性细胞增生可能会伴随中性粒细胞增生，但它们很少独自引起M：E比例升高。

中性粒细胞增生

中性粒细胞增生可能是有功能或无功能的。有功能的中性粒细胞增生会导致中性粒细胞增多症，有时发生核左移。它对各种造血因子，尤其是粒细胞集落刺激因子（G-CSF）产生反应。生长因子从激活到增生，足够使M：E比例升高，其值超出正常范围需要几天的时间。原始粒细胞和早幼粒细胞没有超出正常比例，会使患有中性粒细胞增生的动物的成熟中性粒细胞增多，但有时会由于生长因子的强烈刺激而增多。患骨髓增生猫的原始粒细胞没有超过全部有核细胞的6%。由于细胞因子，如G-CSF，细胞介素-Ⅰ和肿瘤坏死因子造成骨髓中中性粒细胞增多，骨髓中成熟粒细胞的比例会降低。

中性粒细胞通常发生在细菌感染过程中，但也会发生在免疫介导的炎性疾病、坏死、化学物质和药物毒性以及恶性肿瘤等（图53 A，图53 B）。重组G-CSF或粒细胞/巨噬细胞-集落刺激因子（GM-CSF）的自然释放或注射导致血液中中性粒细胞增多症和骨髓中中性粒细胞增生。在一些患有能产生造血生长因子的肿瘤的犬和猫中，骨髓中中性粒细胞明显增生，血液中中性粒细胞增多可作为一种肿瘤外综合征。

患有遗传性血液病的动物会发生中性粒细胞增生。患有β_2整合素黏附分子缺乏的犬和牛通常会出现明显的中性粒细胞增多，有时会有一定程度的核左移。患有周期性造血症的灰色柯利牧羊犬发生粒细胞增生时，会伴随周期性中性粒细胞减少。

给犬注射中毒剂量的雌激素后，前3周会发生明显的中性粒细胞增生，伴随红细胞和巨核细胞发育不全（图53 C）。随后发生机体发育不全或组织器官萎缩、死亡或缓慢恢复。

患有白血病的动物发生中性粒细胞增生。幼稚中性粒细胞比例升高，但原始粒细胞的比例不超过全部有核细胞的30%。在某些骨髓细胞系中也会出现典型的发育异常的改变。

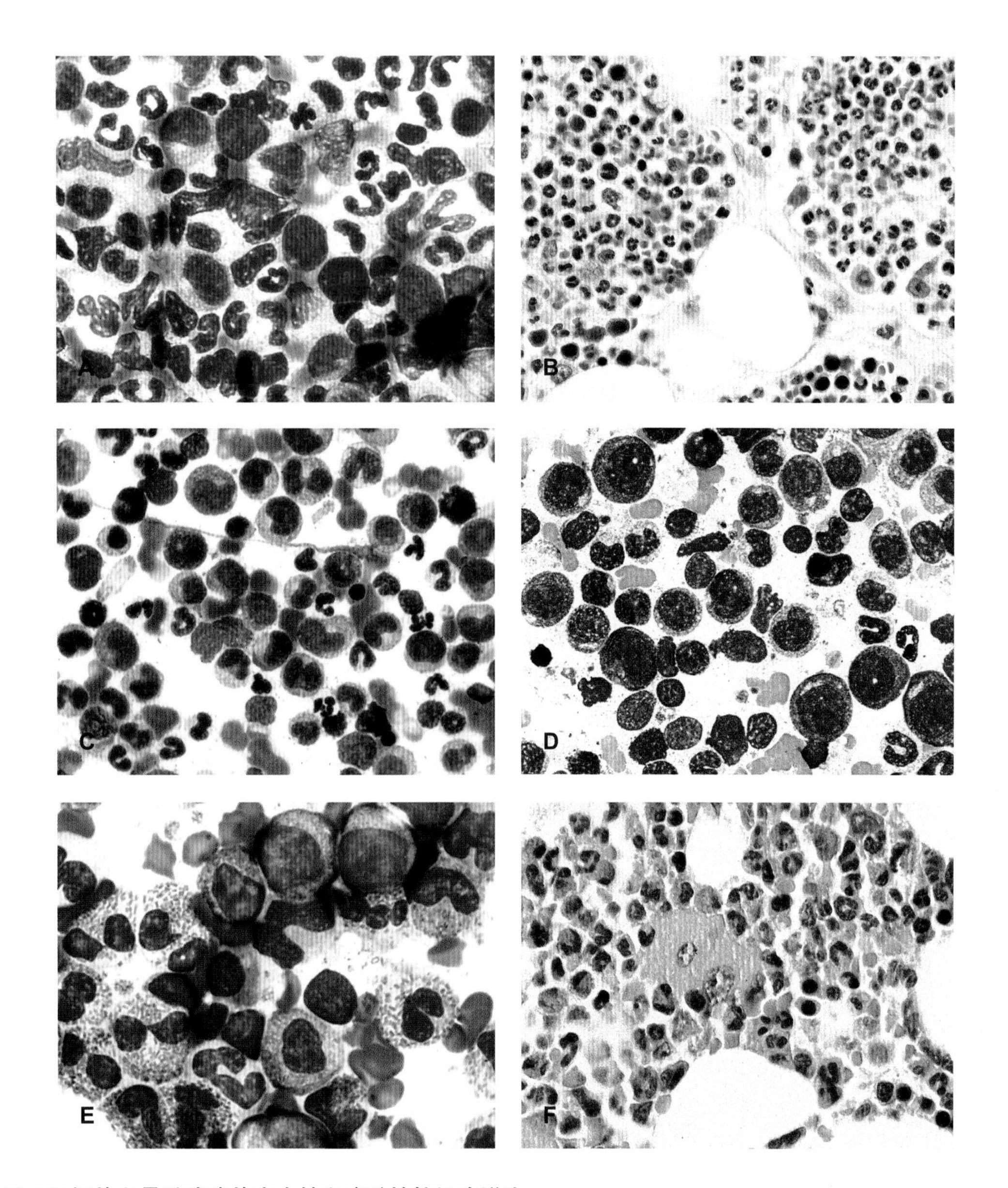

图53 骨髓组织切片和骨髓液涂片中中性和嗜酸性粒细胞增生

A. 患有中性粒细胞增多和非再生性贫血继发细菌性心内膜炎犬的骨髓液涂片中的中性粒细胞增生。右下方黑色球状物是含铁血黄素。瑞氏–姬姆萨染色。

B. 患有明显的成熟中性粒细胞增生和非再生性贫血猫的骨髓组织检查，采集的骨髓切片中中性粒细胞增生和红细胞发育不全。猫的发病原因不明。H.E染色。

C. 注射环戊丙酸雌二醇（ECP）治疗13d后犬的骨髓液涂片中的中性粒细胞增生和红细胞发育不全。瑞氏–姬姆萨染色。

D. 长期白细胞减少，感染FIV的猫的骨髓涂片中无功能中性粒细胞增生和红细胞发育不全。相比正常骨髓，出现的杆状核和成熟中性粒细胞减少。瑞氏–姬姆萨染色。

E. 患有明显的嗜酸性粒细胞增生，可能有嗜酸性粒细胞增多症的猫骨髓液涂片中嗜酸性粒细胞增生。瑞氏–姬姆萨染色。

F. 患有淋巴细胞–浆细胞性胃炎和外周血液中嗜酸性粒细胞增生的猫，其骨髓组织检查采集的骨髓切片中嗜酸性粒细胞增生。H.E染色。

无功能的中性粒细胞增生是指骨髓中中性粒细胞增生中伴随中性粒细胞持续减少（图53 D）。骨髓中出现典型的幼稚粒细胞前体增多，成熟中性粒细胞减少。无功能的中性粒细胞增生经常发生在骨髓发育不全疾病和急性骨髓细胞性白血病中，尤其是感染FeLV和FIV的中性粒细胞减少的猫经常发生。

患有中性粒细胞增生和骨髓逐步成熟的犬，使用抗惊厥药物会发生中性粒细胞减少，表明中性粒细胞受损。

由于血液中中性粒细胞提前消失，免疫介导的中性粒细胞减少会继发中性粒细胞增生。骨髓中中性粒细胞减少、血小板减少、中性粒细胞和巨核细胞增生的犬，使用糖皮质激素治疗反应迅速，可能有免疫介导性疾病。

嗜酸性粒细胞增生

当血液中嗜酸性粒细胞增多时骨髓中会出现嗜酸性粒细胞增生（图52 E，图53 F，图54 A）。嗜酸性粒细胞增生伴发寄生虫性疾病，尤其是由线虫类和吸虫类引起的，相

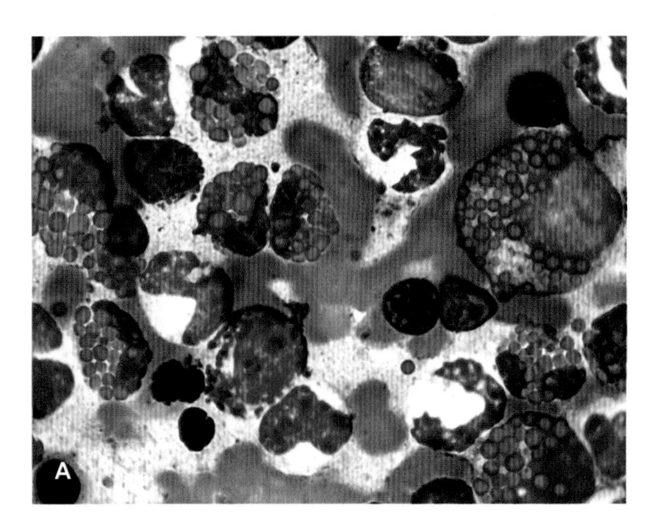

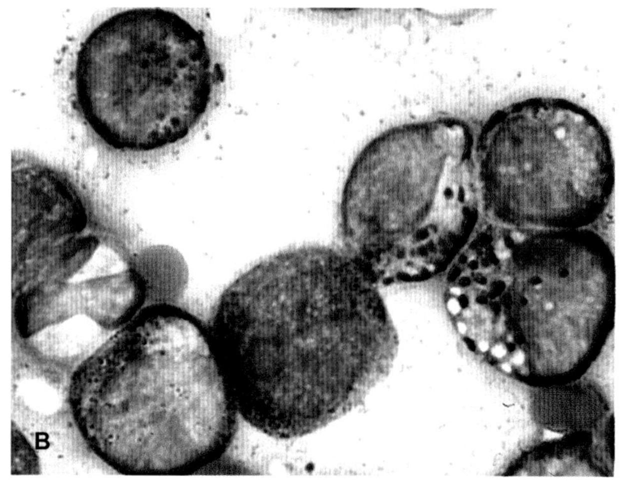

图54　骨髓中的嗜酸性粒细胞和嗜碱性粒细胞增生、粒细胞发育不全和粒细胞成熟障碍

A. 患有腹部肥大细胞肿瘤和外周血液中明显的嗜酸性粒细胞增多症的马的骨髓液涂片中的嗜酸性粒细胞增生。嗜酸性粒细胞中的一些颗粒染成带蓝色的红色。瑞氏-姬姆萨染色。

B. 患有AML-M2猫的骨髓液涂片中嗜碱性粒细胞增生。图中出现了四个嗜碱性粒细胞（左上方一个，右中侧三个）。底部中央出现一个Ⅱ型原始细胞，底部左侧出现一个早幼细胞。瑞氏-姬姆萨染色。

比肠道线虫，虫体在体内移动时更容易发生。正常含有大量肥大细胞的器官，如皮肤、肺脏、肠道和子宫，发生炎症反应时会伴发嗜酸性粒细胞增生，患IgE-介导的过敏型变态反应（如蚤咬型变态反应和猫气喘）的动物也会发生。患肥大细胞肿瘤的动物和少数患其他类型肿瘤的动物偶尔也会发生嗜酸性粒细胞增生。

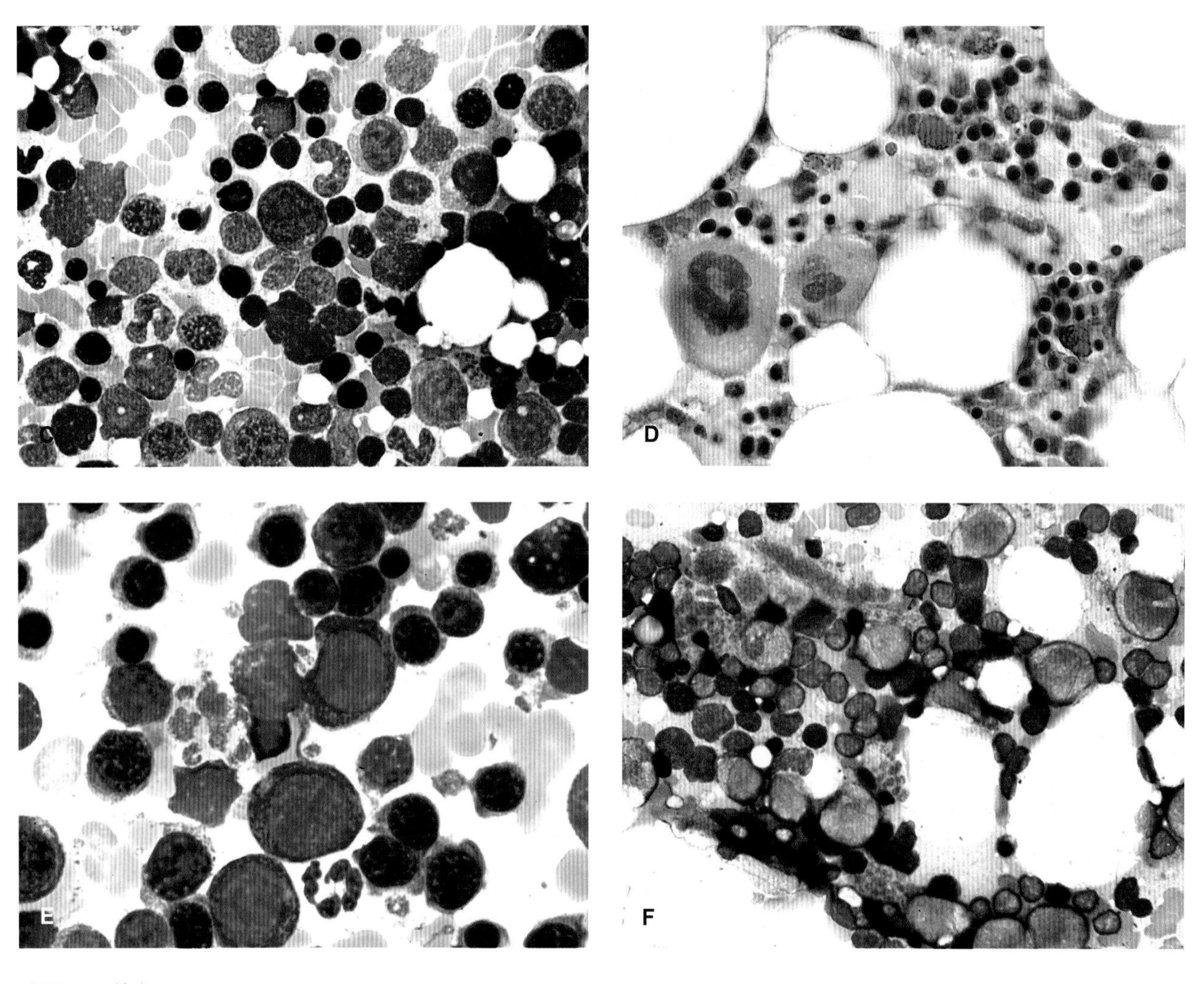

（图54，续）

C. FeLV阴性，FIV阴性，中性粒细胞减少的猫骨髓液涂片中的不明病因的粒细胞发育不全，该猫的血细胞比容和血小板计数正常。瑞氏–姬姆萨染色。

D. 使用长春新碱、L–天冬酰胺酶治疗6d后，用强的松治疗纵隔肿瘤犬的骨髓组织，检查采集的骨髓切片中粒细胞发育不全。图中出现两个巨核细胞和很多红细胞前体，橘红色染色的球状物是含铁血黄素。H.E染色。

E. FeLV阴性，患有严重的中性粒细胞减少的猫的骨髓液涂片中的不明病因的粒细胞发育不全。血细胞比容和血小板计数正常。图中出现的多数细胞是有核红细胞前体。瑞氏–姬姆萨染色。

F. 使用灰黄霉素和强的松治疗的猫的皮肤损伤，其中性粒细胞严重减少，骨髓液涂片中粒细胞成熟障碍，并出现小淋巴细胞数量增加。中止药物治疗3d后出现轻微中性粒细胞减少和骨髓细胞的细胞学检查正常。瑞氏–姬姆萨染色。

嗜酸性粒细胞增生发生在一些患嗜酸性粒细胞肉芽肿的动物上，也经常出现在患有嗜酸性粒细胞增多综合征，以及与嗜酸性粒细胞白血病难以区分的异源性疾病的动物中。嗜酸性粒细胞增多综合征中逐步成熟。骨髓、血液和器官渗出物中明显的嗜酸性粒细胞核左移，更可能发生在患有嗜酸性粒细胞白血病的动物上。有报道称，患CML的动物，发生嗜酸性粒细胞增多症。

患有骨髓增生异常综合征和急性骨髓细胞性白血病（AML）的动物，甚至没有外周性嗜酸性粒细胞增多症，其骨髓样本中可能出现嗜酸性粒细胞数量增多。

嗜碱性粒细胞增生

当血液中出现嗜碱性粒细胞增多时，骨髓中一般就会出现嗜碱性粒细胞增生。通常引起嗜酸性粒细胞增生的因素也会引起嗜碱性粒细胞增生。在患有心丝虫病的犬和猫中一般容易见到。一些患有系统性肥大细胞增多症的犬和猫也容易发生嗜碱性粒细胞增多症。患有淋巴瘤样肉芽肿和血小板机能不全的犬都有报道发生嗜碱性粒细胞增多症。患有嗜碱性粒细胞白血病犬的骨髓和血液中出现明显的嗜碱性粒细胞核左移，患有髓细胞增殖性疾病猫的骨髓中很少出现前体嗜碱性粒细胞数量增加（图54 B）。

粒细胞发育不全

骨髓细胞正常或减少，血细胞比容正常或升高，M：E比例降低时即为粒细胞发育不全。如果骨髓细胞密集和/或血细胞比容低，M：E比例低，则意味着出现红细胞增生。由于骨髓中中性粒细胞在正常情况下就比嗜酸性粒细胞或嗜碱性粒细胞多，“粒细胞发育不全”表明出现中性粒细胞发育不全（图54 C～图54 E）。嗜酸性粒细胞和嗜碱性粒细胞发育不全可能会伴随中性粒细胞发育不全的发生，但骨髓中出现少量的嗜碱性粒细胞前体很正常，这也解释了鉴别嗜碱性粒细胞发育不全比较困难的原因。

选择性中性粒细胞发育不全或不发育

免疫介导、药物诱导（可能继发于免疫介导性疾病）、遗传因素或先天性因素都可以引起人的选择性中性粒细胞发育不全。使用细胞毒性药物治疗免疫介导性疾病和癌症通常会导致全身性骨髓损伤，但在一些病例中，对中性粒细胞体系的损伤比对红细胞或巨核细胞体系的损伤要严重得多。一些猫使用硫唑嘌呤时会由于选择性中性粒细胞发育不全而导致中性粒细胞减少症。对猫进行试验研究也证明没有贫血或血小板减少症的情况下，阿霉素有时会导致中性粒细胞减少症，但调查人员没有检查骨髓以确定是否出现了选择性中性粒细胞减少症。

很多药物都会引起人的中性粒细胞减少症，骨髓中普遍存在中性粒细胞发育不全。

灰黄霉素是一种抑制真菌的抗生素，曾报道导致患有皮肤真菌感染的猫发生中性粒细胞减少症，但没有皮肤真菌感染的试验猫使用不发病（图54 F）。FIV感染的猫可能发生灰黄霉素诱导中毒的可能性升高。这些病例的骨髓检查证明发生了中性粒细胞减少症。据报道，甲硫咪唑治疗会引起甲状腺机能亢进猫的中性粒细胞减少症，但没有给出骨髓的检查结果。有报道人会发生暂时性的甲硫咪唑诱导的全身性骨髓发育不全。

给动物注射其他种属的重组G-CSF会引起中性粒细胞减少症。这一现象之所以会发生是由于接种的动物产生的抗体不仅和外源性重组蛋白反应，也和被接种动物的内源性G-CSF反应。当犬的重组G-CSF给兔子注射时，会出现明显的中性粒细胞发育不全，而给犬注射人的重组G-CSF时，则不会发生。在随后的病例中，作者推测抗体和中性粒细胞表面的G-CSF结合，造成这些细胞免疫介导的早期损伤。

细小病毒感染引起中性粒细胞减少的犬和猫骨髓中发生中性粒细胞发育不全。幼犬的细小病毒感染也能引发严重的红细胞发育不全，但由于红细胞寿命较长，所以动物通常不会发生贫血。

患有遗传周期性造血作用的灰色柯利牧羊犬每隔12～14d就会在骨髓中发生暂时性中性粒细胞发育不全和由此引发的血液中暂时性的中性粒细胞减少。当早期检查到中性粒细胞减少时，出现原始粒细胞和早幼粒细胞，但没有中性粒细胞发育的晚期阶段，而且M：E比例降低。随后几天，后期成熟阶段增多直到中性粒细胞体系发育完全，M：E比例升高，血液中中性粒细胞数量正常或增多。全部的骨髓细胞形态相当一致，因为粒细胞生成和红细胞生成以互补的形式发生。患有FeLV诱导的周期性造血作用的猫反复发生中性粒细胞发育不全和增生。持续使用低剂量环磷酰胺治疗试验犬产生周期性中性粒细胞减少，但没有检测骨髓的情况。

据报道，在患有严重中性粒细胞发育不全、先天萎缩和巨核细胞发育不全的8匹马中曾出现家族性中性粒细胞减少症和血小板减少症。红细胞逐步成熟，但一半数量的马可能发生一定程度的红细胞发育不全。

粒细胞生成异常

粒细胞生成异常是指出现粒细胞成熟和形态学异常的各种疾病（图52 N～图52 P，图54 F，图55 A～图55 F）。粒细胞生成异常通常伴发无功能粒细胞增生，造成外周血液中中性粒细胞减少症。骨髓中可能发生的中性粒细胞异常包括原始粒细胞数量增多（5%～29%），中性粒细胞体系在中幼细胞-晚幼粒细胞阶段发生成熟障碍，大的巨核细胞，杆状核和成熟的中性粒细胞出现多核细胞，颗粒异常如早期的大颗粒或颗粒被空泡包围，少叶核中性粒细胞，多叶核中性粒细胞，以及核形状异常的中性粒细胞。粒细胞生成异常通常发生在骨髓发育不良性疾病和急性骨髓细胞性白血病中，尤其在感染

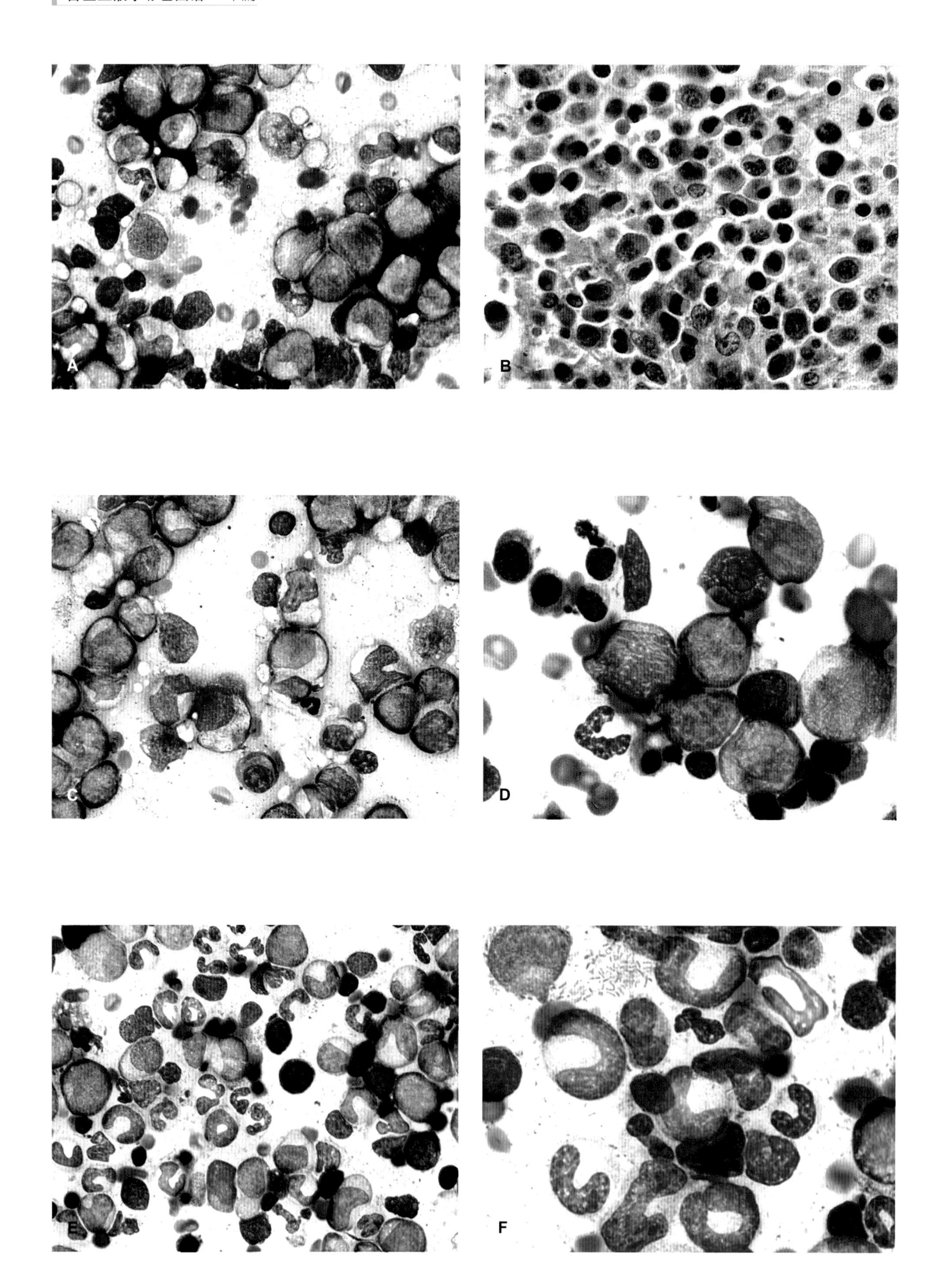
A
B
C
D
E
F

图55 粒细胞生成异常伴发成熟障碍和大的前体细胞

A. 患有MDS的中性粒细胞减少的犬，骨髓液涂片中中幼粒细胞–晚幼粒细胞阶段中性粒细胞发生的成熟障碍。没有出现成熟的中性粒细胞，只出现一个杆状核中性粒细胞。红细胞前体没有在图中出现。M：E比例是19。瑞氏–姬姆萨染色。

B. 与图55 A中同一只中性粒细胞减少的犬，骨髓组织检查采集的骨髓切片中中幼粒细胞–晚幼粒细胞阶段中性粒细胞发生的成熟障碍。H.E染色。

C. 患MDS的FeLV阴性，中性粒细胞减少的猫骨髓液涂片中的中幼粒细胞–晚幼粒细胞阶段中性粒细胞发生的成熟障碍。瑞氏–姬姆萨染色。

D. 患MDS的猫的骨髓液涂片中原始粒细胞（最大的六个细胞）数量增加。原始粒细胞占骨髓中所有有核细胞的9%，所有粒细胞的28%。瑞氏–姬姆萨染色。

E. 患MDS的猫的骨髓液涂片中的大的杆状核中性粒细胞。瑞氏–姬姆萨染色。

F. 与图55 E中同一只患MDS的猫骨髓液涂片中的大的杆状核中性粒细胞。瑞氏–姬姆萨染色。

FeLV和/或FIV的猫易发。患有和骨髓增生性疾病无关的骨髓细胞增生的猫可以看到粒细胞生成异常，以偶发的大巨核细胞和杆状核中性粒细胞的形式发生。

试验研究显示锂治疗会由于骨髓中中性粒细胞成熟障碍而引起猫的中性粒细胞减少症。遗憾的是研究人员没有提供M：E比例或骨髓细胞形态的相关评价。使用头孢菌素治疗贫血犬骨髓中的中性粒细胞减少症时，发生中性粒细胞和红细胞体系的成熟障碍。使用抗病毒药物阿昔洛韦治疗疱疹病毒感染的猫，其骨髓中出现粒细胞生成异常和轻度的红细胞发育不全。

患有遗传性钴胺素吸收障碍的大型雪纳瑞犬血液中可能出现含多叶核中性粒细胞减少症，骨髓中中性粒细胞系中巨成红细胞发生改变。

粒细胞生成异常的动物中性粒细胞发育不全，恢复的早期阶段会表现出一些形态异常。一段时间的中性粒细胞发育不良后，中性粒细胞开始增殖，早期原始粒细胞和早幼粒细胞较多，随后逐渐发生的后期阶段开始出现。检查早期成熟中性粒细胞时有影响其成熟的原因出现。严重的败血病伴随成熟中性粒细胞释放都会给人造成成熟障碍的假象。

巨核细胞异常

巨核细胞增生

骨髓中巨核细胞数量、倍数性和大小在几天内升高，伴随血液中血小板过早利用或破坏引起血小板减少症（图56 A，图56 B）。尽管其他生长因子协同起作用，但主要是血小板生成素增多引起。血小板生成素也能增加巨核细胞成熟的比例。患巨核细胞增生的动物多数巨核细胞是成熟的，但通常仍可看到前巨核细胞和嗜碱性巨核细胞的数目增多。发生巨核细胞增生的血小板减少性疾病包括初级和次级免疫介导的血小板减少症，正在发生的血管内凝集，脾机能亢进，血管损伤。各种病毒性、立克次氏体性、原虫和真菌性原因和治疗药物都可引起血小板破坏（通常是免疫介导的）及随之而来的巨核细胞增生（图56 E）。犬埃里希氏体感染会引起犬血小板减少症。尽管严重的慢性犬埃里希体病会引起机体骨髓发育不全，但主要由免疫介导的血小板破坏引起的血小板减少症中早期会出现巨核细胞增生。

巨核细胞增生也会伴发血小板增多症，骨髓细胞增生性疾病是以铁缺乏时持续的明显的血小板计数升高（$>1\times10^6/\mu L$）、潜在的炎症，或另一种可能引起血小板计数升高的骨髓细胞增生性疾病为特征。光学显微镜下巨核细胞形态通常正常（图56 C，图56 D），但可能出现发育不良巨核细胞（降低倍数性的小的成熟巨核细胞）。

选择性巨核细胞发育不全或不发育

选择性血小板减少症很少发生在人身上，在成人作为一种先天性或后天性缺陷。先天血小板减少症也很少发生在成年犬和猫上，推测与免疫介导有关（图56 F）。有报道称，1/4的马驹伴发免疫介导性溶血性贫血。家族性的中性粒细胞减少症和血小板减少症曾发生于8匹患严重中性粒细胞发育不全或不发育和巨核细胞发育不全的马。

各种药物通过抑制骨髓诱导血小板减少症。骨髓抑制是全身性的，但巨核细胞可能会尤其减少。例如，氨苯砜治疗的犬血小板减少症，使用抗病毒药物利巴韦林治疗猫曾发生巨核细胞和红细胞发育不全。

巨核细胞生成异常

巨核细胞生成异常是指巨核细胞中出现成熟和/或形态学的异常。早期阶段大量明显的成熟异常（如幼巨核细胞）不能反映发育过程的异常，只能说是对巨核细胞抗原的免疫介导反应（图56 A）。骨髓中出现的发育异常包括成熟不同步导致形成发育不良的颗粒巨核细胞和大的核异常的巨核细胞，核异常包括分叶少、分叶多或多个圆形核（图57 A ~ 图57 C）。巨核细胞发育异常可能由于服用药物导致，但通常发生在骨髓发育不良性疾病和急性中幼粒细胞性白血病中。

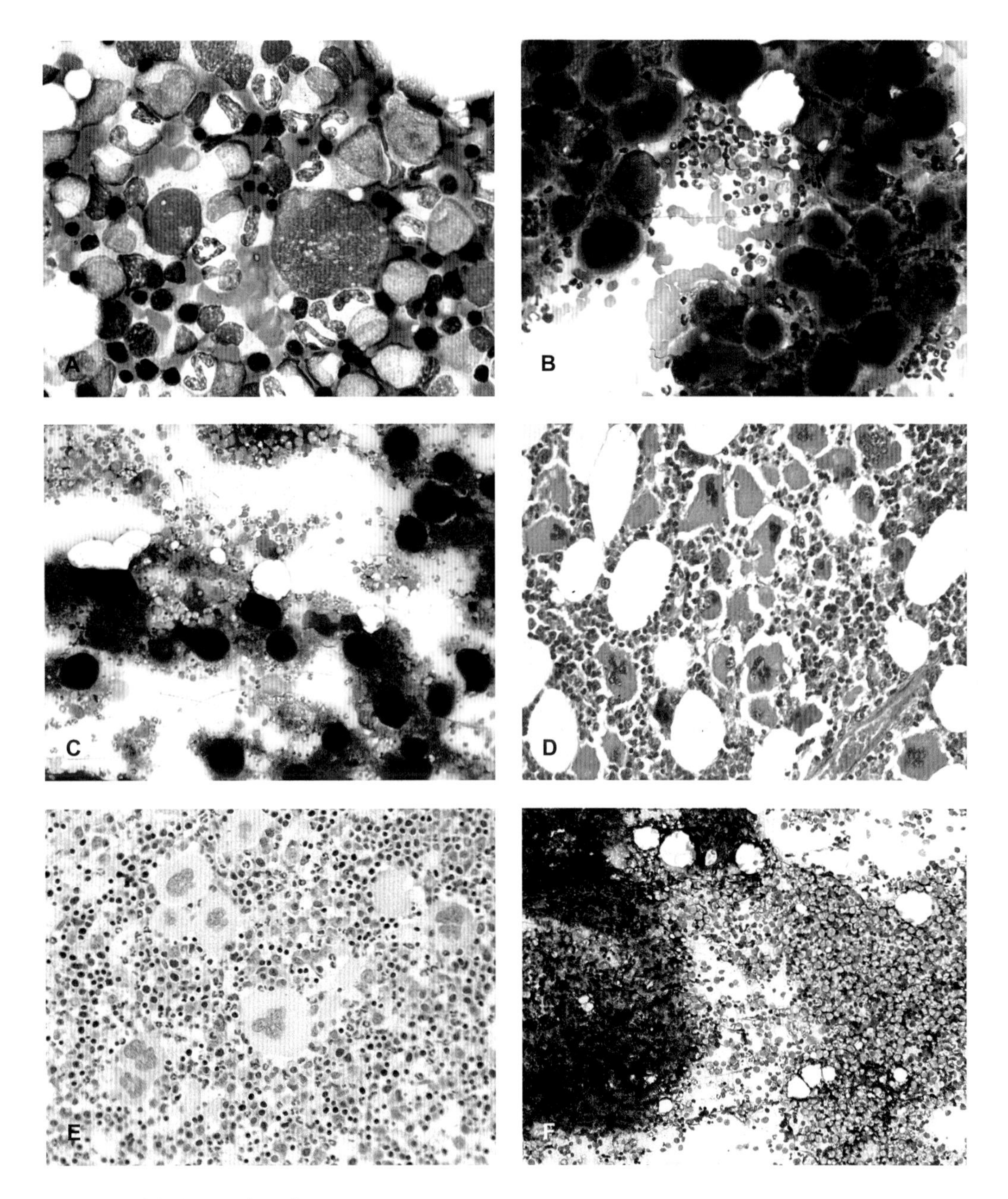

图56　骨髓中巨核细胞数量和形态异常

A. 患免疫介导性血小板减少症的犬，其骨髓液涂片中成熟巨核细胞缺乏。出现的多数巨核细胞前体是幼巨核细胞（左侧的双核细胞），但也可看到一些嗜碱性巨核细胞（右侧的大细胞）。瑞氏-姬姆萨染色。

B. 与图56 A中同一只患免疫介导性血小板减少症的犬，其骨髓液涂片中明显的巨核细胞增生。取骨髓时已经使用强的松治疗1周，图片在低倍镜下拍摄。瑞氏-姬姆萨染色。

C. 患血小板增多症的猫骨髓液涂片中巨核细胞增生。血小板计数为1.4×10^6/μL。瑞氏-姬姆萨染色。

D. 与图56 C中同一只患血小板增多症的猫，其骨髓切片中巨核细胞增生。H.E染色。

E. 治疗隐性犬心丝虫病1周半后发生弥漫性血管内凝集的血小板减少的犬，其骨髓组织检查的骨髓切片中有巨核细胞增生。H.E染色。

F. 血小板减少伴随免疫介导性溶血性贫血的猫，其细胞丰富的骨髓液涂片中巨核细胞发育不全。浏览多张涂片只看到一个巨核细胞。尸检采集的骨髓切片中看不到巨核细胞。瑞氏-姬姆萨染色。

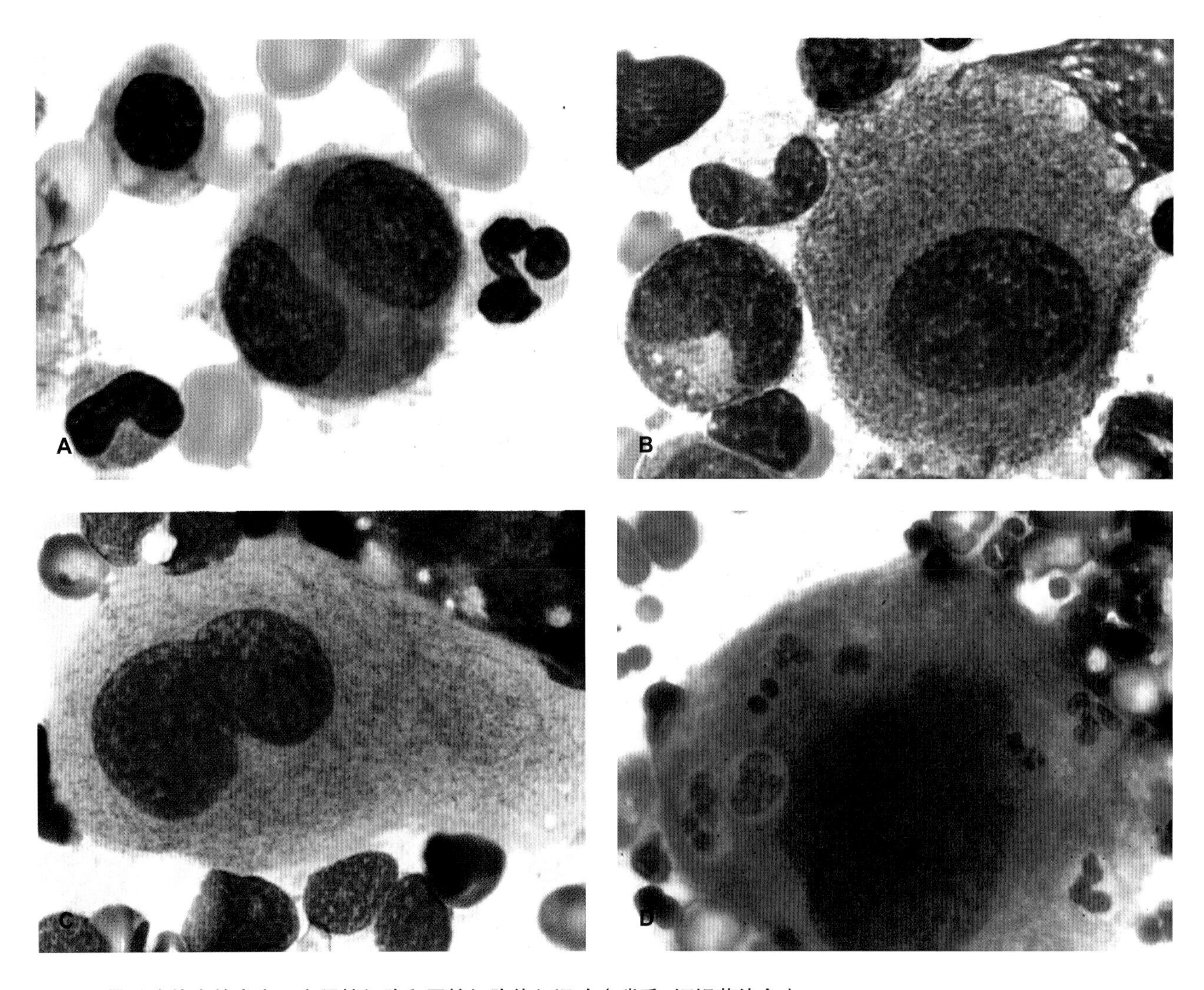

图57 骨髓涂片中的发育不良巨核细胞和巨核细胞伸入运动（瑞氏–姬姆萨染色）

A. 患CML犬骨髓液涂片中双核发育不良巨核细胞。细胞质中品红染色的颗粒和缺乏致密的嗜碱性颗粒表明不是幼巨核细胞。

B. 患MDS，FeLV阳性的血小板减少的猫，其骨髓液涂片中发育不良的巨核细胞。细胞质中出现大量的品红染色的颗粒，疑似成熟巨核细胞，但该细胞只有一个细胞核，而且比正常的细胞核小得多。

C. 患AML–M7犬的骨髓液涂片中双核发育不良巨核细胞。

D. 与图56 C和图56 D中同一只血小板增生的猫骨髓液涂片中的巨核细胞伸入运动。

伸入运动

巨核细胞伸入运动是指血细胞（中性粒细胞、红细胞和淋巴细胞）运动至巨核细胞内的运动（图57 D）。伸入运动不同于吞噬作用，伸入作用是细胞暂时进入并存在于细胞中。伸入运动的机制和意义还有待于确定。有报道称，在人的某些疾病可以导致伸入运动增多，包括频繁的血液损失、癌、骨髓增生性疾病和反应性的血小板增多症。伸入运动很少在幼鼠发生，但成年鼠常发，而且导致骨髓增生继发慢性化脓性或肿瘤性损伤。静脉切开术试验、注射白细胞介素-6、使用长春新碱、注射细菌脂多糖（LPS）造成动物血小板增多，伸入运动会增多。对LPS的研究表明融入运动部分依赖于白细胞和巨核细胞上的黏附分子的相互作用来完成。也有报道称，巨核细胞内含有荚膜组织胞浆菌。

单核巨噬细胞异常

单核细胞增生

单核细胞前体在正常骨髓中较少，根据中性粒细胞前体形态结构难以区分。因此，轻度的单核细胞增生不易发现，单核细胞减少也无法识别。单核细胞增生发生在单核细胞产物增多的炎性环境下和一些骨髓发育不良性和骨髓增生性疾病中。在两种形式的AML中单核细胞前体明显增多。当原始粒细胞和原始单核细胞都增多时，就可以说是“急性骨髓单核细胞性白血病”（AML-M4）。当只有单核细胞增多时，疾病才被归为急性单核细胞性白血病（AML-M5）。

反应性巨噬细胞增生

骨髓中的巨噬细胞增生针对多种病因，如病毒性、细菌性、真菌性、原虫感染等（图58 A）。骨髓巨噬细胞中可以直接看到的生物包括分支杆菌属（*Mycobacterium* spp.），荚膜组织胞浆菌（*Histoplasma capsulatum*）（图58 B），杜氏利什曼虫（*Leishmania donovani*，）（图58 C，图58 D），猫胞殖原虫（图59 A ~ 图59 D）和单胞瓶霉（*Phialemonium obovatum*）。

在骨髓坏死和细胞凋亡增多的应答过程中，和红细胞异常、骨髓增生性疾病（图60 A，图60 B）过程一样可能会造成骨髓中巨噬细胞增多，并含有大量的吞噬细胞碎片。在一些遗传性脂类贮存性疾病中可能会看到含空泡的巨噬细胞数量增多（图60 C）。

血细胞和血细胞前体的吞噬作用

正常动物的骨髓中很少出现血细胞的吞噬作用，通常只包括成熟红细胞。如果红细胞前体细胞发生吞噬异常，预示骨髓中细胞被破坏或死亡增多（图60 D～图60 F）。在初级或次级免疫介导性疾病中可以观察到血细胞和/或血细胞前体-初期红细胞的吞噬作用增强。但是各种继发的传染病和肿瘤性疾病也可以观察到血细胞和/或它们的前体的

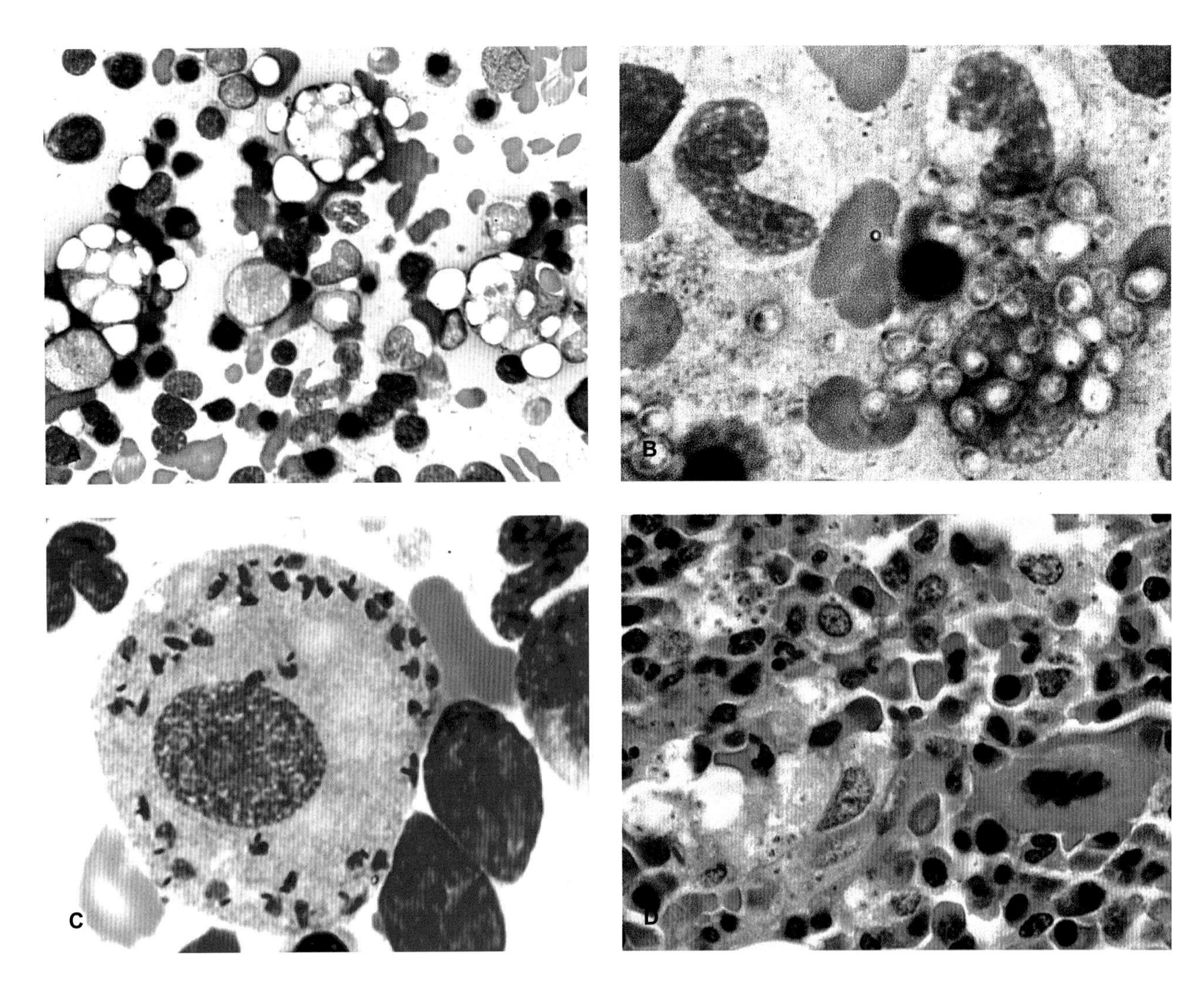

图58　骨髓中的巨噬细胞增生、组织胞浆菌病和利什曼虫病

A. 患红细胞增生（血液中网织红细胞数量最低限度增生）性贫血的猫的骨髓中含空泡的巨噬细胞数量增多。瑞氏-姬姆萨染色。

B. 患组织胞浆菌病的猫骨髓液涂片中含大量的荚膜组织胞浆菌的巨噬细胞。游离的菌体（左下方）可能来自破裂的细胞或其他巨噬细胞。瑞氏-姬姆萨染色。

C. 患利什曼虫病的犬骨髓液涂片中含大量的杜氏利什曼虫体的巨噬细胞。细胞浆中和细胞核染色相似的独特的条形物是原生动物虫体。瑞氏-姬姆萨染色。

D. 患利什曼虫病犬骨髓活组织检查采集的骨髓切片中含大量的杜氏利什曼虫体（黑色圆点）的巨噬细胞。右侧有一巨核细胞出现。H.E染色。

吞噬作用增强。这些都是由于炎性细胞因子，如γ-干扰素、肿瘤坏死因子和白细胞介素-1引起的。这些炎性细胞因子直接或间接通过生长因子（如巨噬细胞-CSF（M-CSF）和GM-CSF）刺激巨噬细胞产生吞噬活性。

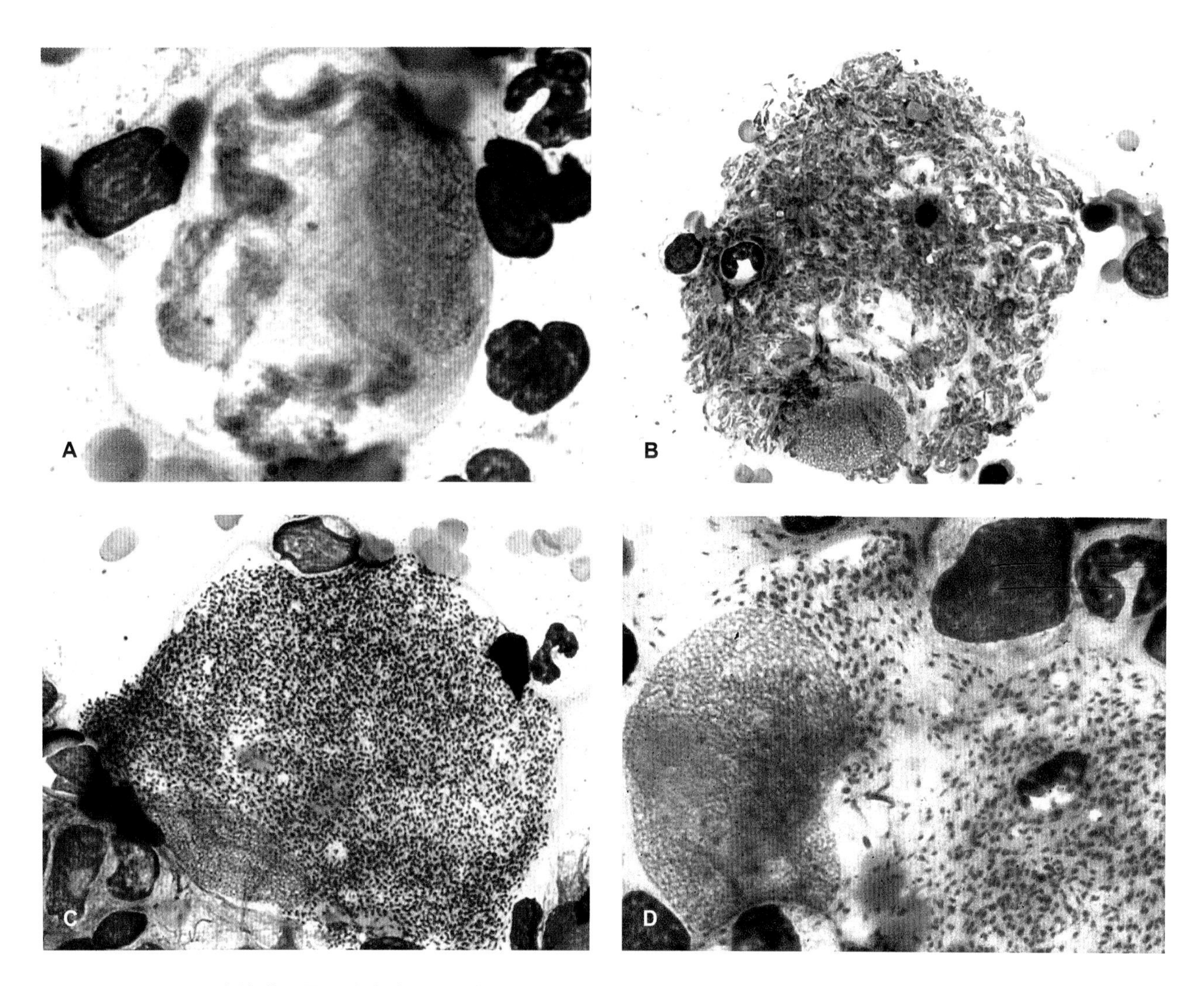

图59　胞殖原虫感染的猫，骨髓液涂片中裂殖体发展的各阶段（瑞氏-姬姆萨染色）

A. 感染胞殖原虫的猫，骨髓液涂片中巨噬细胞内早期猫胞殖原虫裂殖体阶段。含红色内含物的深染蓝色“带状物”是感染的病原原生质。巨噬细胞的细胞核已经偏到了右侧。

B. 感染胞殖原虫的猫，骨髓液涂片中巨噬细胞内中期猫胞殖原虫裂殖体。比图59 A中放大倍数低很多。已经出现了细胞核和细胞质的分离。巨噬细胞的细胞核偏到了细胞的底部。

C. 感染胞殖原虫的猫骨髓液涂片中巨噬细胞内成熟猫胞殖原虫裂殖体。和图59 B中同样放大倍数。数以百计的裂殖子的细胞核就像小黑点。巨噬细胞的细胞核偏到了细胞的左下边缘。

D. 感染胞殖原虫的猫骨髓液涂片中游离的猫胞殖原虫裂殖子。比图59 C中放大倍数高。图片左侧似乎是破裂后释放裂殖子的巨噬细胞的细胞核。

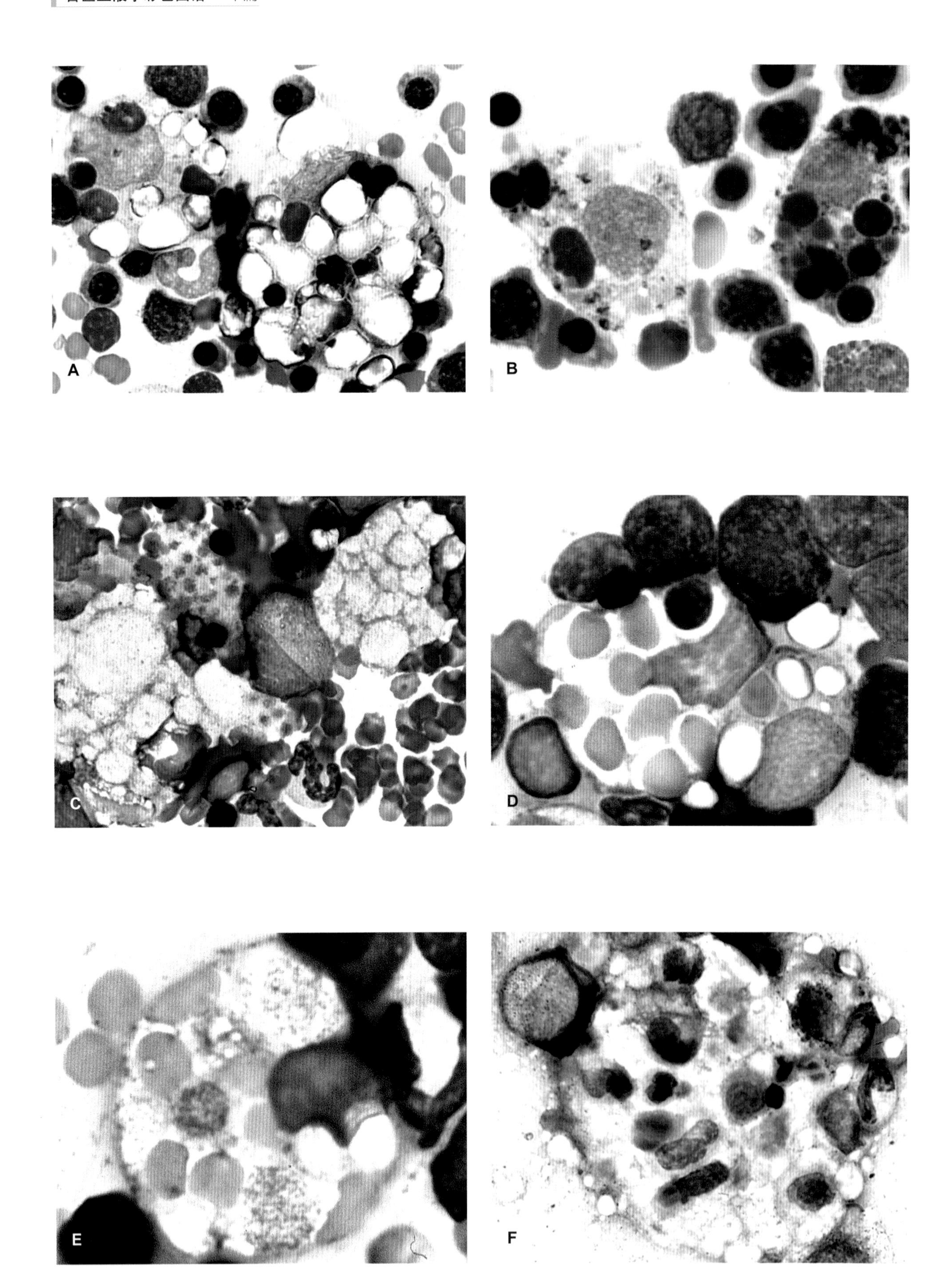
A
B
C
D
E
F

〈 **图60　骨髓液涂片中空泡化的巨噬细胞和吞噬了红细胞、白细胞和血小板的巨噬细胞（瑞氏–姬姆萨染色）**

A. 与图58 A中同一只猫的骨髓液涂片中两个大的巨噬细胞，其内充满了被吞噬的细胞和空泡。

B. 患有轻度非再生性贫血和红细胞增生的犬骨髓液涂片中两个充满吞噬细胞颗粒（主要是细胞核）的巨噬细胞。

C. 患有遗传性C型尼曼–匹克氏病的猫骨髓液涂片中两个含空泡的巨噬细胞。染色的骨髓涂片照片是在1993年ASVCP，D.E.Brown和M.A.Thrall博士提交的幻灯片中选取。

D. 与图58 A和图60 A中出现的同一只猫的骨髓液涂片中含有被吞噬的红细胞（左边）和细胞核的巨噬细胞。

E. 患有胞殖原虫的猫骨髓液涂片中含有被吞噬的红细胞和血小板的巨噬细胞。

F. 患MDS的白细胞减少的猫骨髓液涂片中含有被吞噬的白细胞的巨噬细胞。

人和动物的噬血细胞综合征（噬血组织细胞增多症）的特征是血液中细胞减少伴随含噬血细胞和/或它们的前体的器官，如骨髓、脾脏、淋巴结和肝脏中的巨噬细胞数量增多（最少为全部有核细胞的2%）。血液中可见裂红细胞和激活的单核细胞。

恶性组织细胞增生

“组织细胞”用来描述单核细胞/巨噬细胞系统和朗格罕氏细胞/树突状细胞系统。“恶性组织细胞增生”是指巨噬细胞的恶性肿瘤（图61 A～图61 F）。准确的描述可以是“恶性巨噬细胞性组织细胞增生”。这种疾病中的巨噬细胞出现典型的恶性肿瘤，是反应性组织细胞疾病中看不到的。恶性组织出现轻微到明显的红细胞大小不均和细胞核大小不均，以及中等到大量的微嗜碱性含空泡的细胞质。细胞核呈圆形、椭圆形或肾形，核仁明显。可能有异常的有丝分裂现象和多核巨细胞。血细胞，尤其是红细胞的吞噬作用，通常是由于含铁血黄素的出现造成的（图61 B）。

伯恩山犬易发恶性组织细胞增生。渗出物主要出现在肺脏和肺门淋巴结，但其他淋巴结、脾脏、肝脏、骨髓和中枢神经系统也有。其他品种的犬和动物的脾脏、肝脏、骨髓和淋巴结中也常见肿瘤渗出物。

伯恩山犬的恶性组织细胞增生要和名为“系统性组织细胞增生”的疾病相区分，这种非肿瘤性疾病主要侵害皮肤和外周淋巴结。损伤由大组织细胞的血管周围渗出和淋巴细胞、中性粒细胞和嗜酸性粒细胞数量减少组成。渗出也会发生在其他器官，包括骨髓，通常渗出物稀少，组织切片中可以看到渗出物混入造血组织。

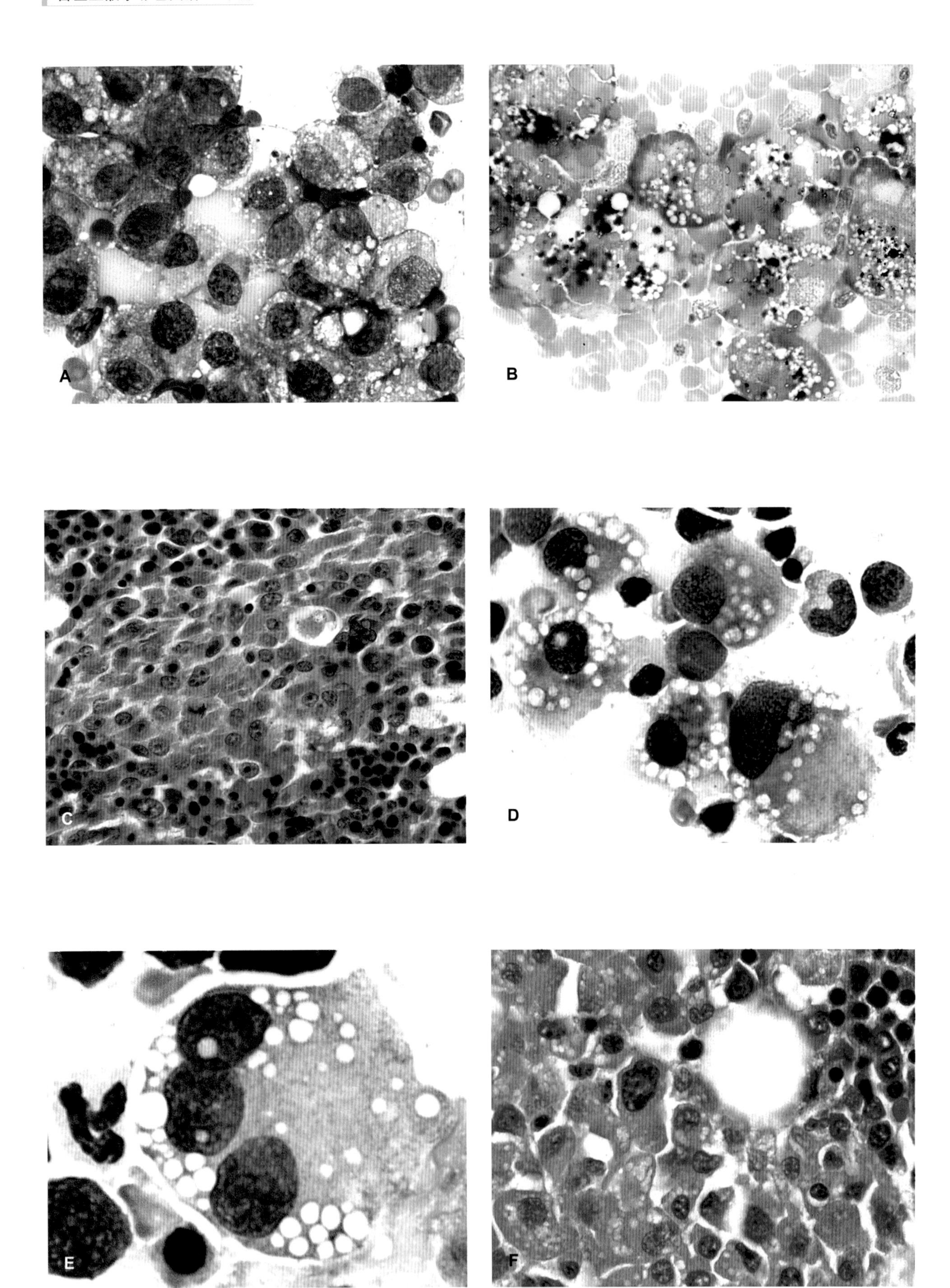
A
B
C
D
E
F

〈 **图61　犬的骨髓液涂片和骨髓活组织检查切片中的恶性组织细胞增生**

A. 患有恶性组织细胞增生的犬，其骨髓液涂片中有巨噬细胞增生，伴随轻微红细胞大小不均和细胞核大小不均。左上方的两个细胞中有被吞噬的红细胞。细胞浆中有一些灰黑色的含铁血黄素。瑞氏–姬姆萨染色。

B. 与图61 A中同一只患有恶性组织细胞增生的犬骨髓液涂片中巨噬细胞增生，细胞内有大量的含铁血黄素（弥散的颗粒蓝染的细胞质）。普鲁士蓝染色。

C. 与图61 A和图61 B中同一只患有恶性组织细胞增生的犬骨髓活组织检查采集的骨髓切片中的巨噬细胞增生，伴随轻微红细胞大小不均和细胞核大小不均（图片中央）。左上角和图片下方主要是红细胞前体。H.E染色。

D. 患恶性组织细胞增生的犬骨髓液涂片中巨噬细胞增生，伴随明显的红细胞大小不均和细胞核大小不均。每个细胞的细胞质中都有大量的空泡。右侧中间的细胞含有一个被吞噬的红细胞。瑞氏–姬姆萨染色。

E. 与图61 D中同一只患恶性组织细胞增生的犬的骨髓液涂片中一个大的三核巨噬细胞，细胞质形成大量的空泡。瑞氏–姬姆萨染色。

F. 与图61 D和图61 E中同一只患恶性组织细胞增生的犬骨髓活组织检查采集的骨髓切片中巨噬细胞增生，伴随明显的红细胞大小不均和细胞核大小不均。每个细胞的细胞质都形成大量的空泡。右上角聚集了一些红细胞前体。H.E染色。

骨髓炎性疾病

骨髓的炎性疾病很少被注意到，因为炎性细胞，包括中性粒细胞、嗜酸性粒细胞、单核细胞、巨噬细胞、淋巴细胞和浆细胞在正常骨髓中也存在，这对识别涂片中的炎性细胞造成了困难。骨髓中中性粒细胞、嗜酸性粒细胞和单核细胞的数量增多，通常是外周损伤造成的，而不是骨髓内的炎症导致的。一般需要用骨髓活组织检查对骨髓中炎症进行确诊，但由于使用小活检针很容易错过损伤的多点分布，所以很少用于诊断。如果使用影像技术诊断确定损伤，再用活检术检查损伤，就容易识别出骨髓中的炎症。骨髓中的炎症可以分为以下几种。

急性炎症

以成熟中性粒细胞的限制性渗出及损伤为特征（图62 A）。有微小脓肿，其中间有坏死物质。损伤组织出现血管扩张、纤维素渗出和出血。急性炎症通常伴发细菌性感染。

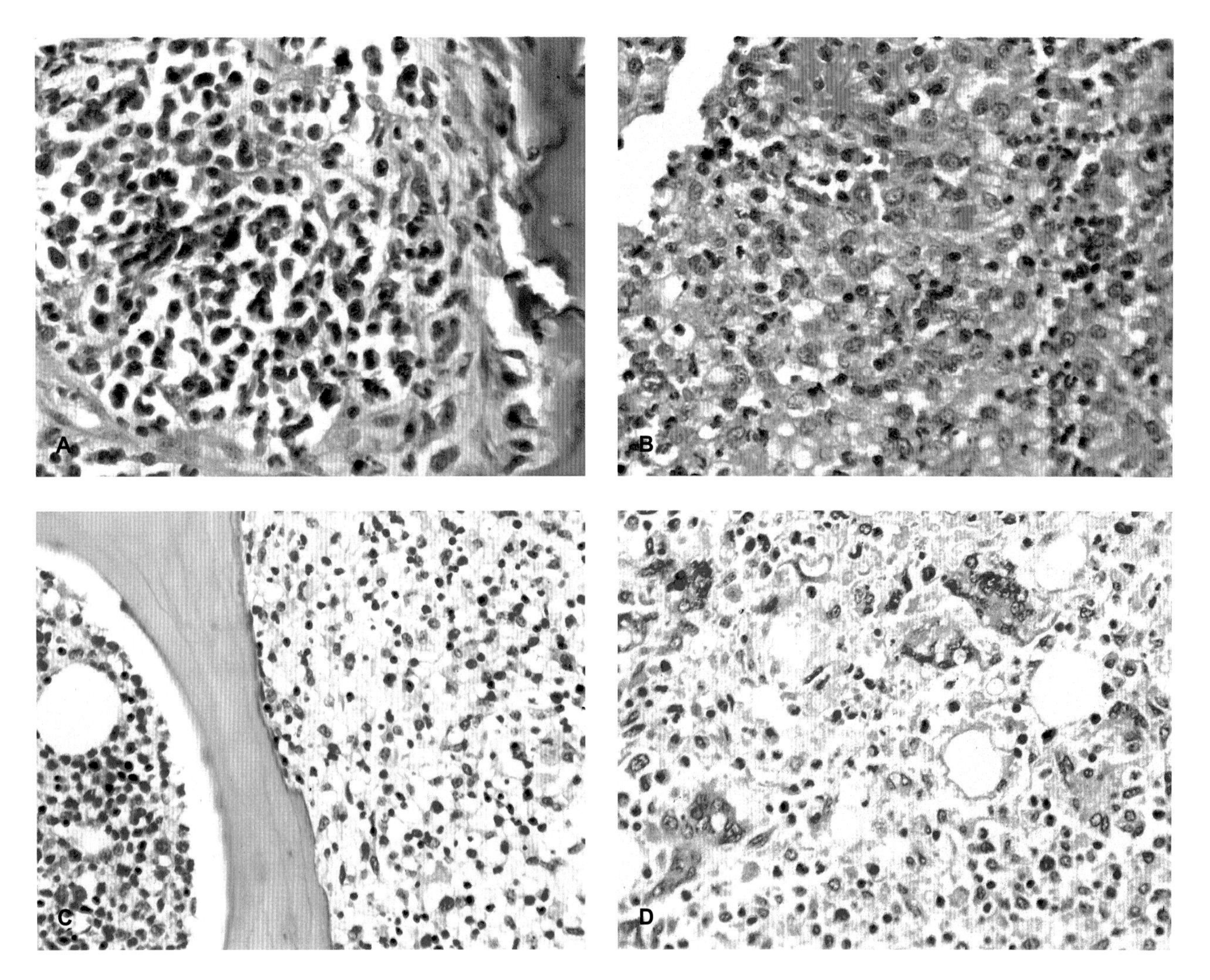

图62　骨髓活组织检查骨髓切片中肉芽肿性和脓性肉芽肿性炎症

A. 患有未知病因的脓性肉芽肿的犬检查骨髓切片中中性粒细胞性炎症病灶区域（微脓肿）。图片右侧边缘是骨小梁。H.E染色。

B. 与图62 A中出现的同一只犬的尸检骨髓切片中脓性肉芽肿性炎症。图片中充满了巨噬细胞和中性粒细胞。H.E染色。

C. 弥散性的肉芽肿炎症的马的尸检骨髓切片中的肉芽肿性炎症。电子显微镜下可观察到不明种属的疱疹病毒。骨小梁右侧区域主要是巨噬细胞，左侧主要是正常骨成分。H.E染色。

D. 与图62 C中出现的同一病例的尸检骨髓切片中的肉芽肿性炎症。图片中充满了巨噬细胞、中性粒细胞和若干个多核巨细胞。H.E染色。

纤维素性炎症

不伴随炎性细胞变化的纤维蛋白渗出为特征的炎症。纤维蛋白在H.E染色的骨髓切片中呈小的缠绕状的粉红色纤维，要与水肿和坏死碎片相区分，后两者呈粉红色均质物质。特殊染色可以鉴别纤维蛋白。纤维素性炎症会发生在弥散性血管内凝血和系统性血管炎的动物上。

慢性炎症 / 增生

慢性炎症包括浆细胞、淋巴细胞和肥大细胞的增生或浸润。浆细胞和淋巴细胞的增生会发生在患有慢性肾脏疾病和骨髓纤维化的犬的骨髓中。

慢性肉芽肿性炎症

巨噬细胞浸润是慢性肉芽肿性炎症的特征（图62 B，图62 C）。弥漫性巨噬细胞浸润和局灶性肉芽肿都有报道。在本文中巨噬细胞增生的切片中有弥漫性浸润。肉芽肿是以出现各种单核细胞系细胞（单核细胞、巨噬细胞、上皮样细胞和多核巨细胞）聚集成团为特征的慢性炎症（图62 D）。也可能出现纤维变性及中性粒细胞和嗜酸性粒细胞数量改变。中性粒细胞性炎症显著时可称为脓性肉芽肿性炎症（图62 A，图62 B）。动物骨髓发生多点病灶的肉芽肿性或脓性肉芽肿性炎症，尤其是患有分支杆菌病和真菌感染时，如球霉菌病、曲霉菌病、芽生菌病、隐球菌病、组织胞浆菌病和单胞瓶霉感染。德国牧羊犬对系统性曲霉菌和单胞瓶霉属感染比其他品种的犬易感。具体病因仍不能确定。

第九章

造血系统肿瘤

（Hematopoietic Neoplasms）

造血系统肿瘤主要见于骨髓、淋巴结、脾脏或胸腺组织。此类肿瘤属于淋巴增生性障碍或骨髓组织增生障碍。当血液和/或骨髓中出现肿瘤细胞时，通常命名为“白血病”。但骨髓中浆细胞瘤性增生（多发性骨髓瘤）不属于白血病的范畴。患白血病动物的白细胞数量正常、降低或升高。当骨髓肿瘤中母细胞占主导地位时，一般命名为急性白血病；当血液和骨髓肿瘤中分化良好细胞数占主导地位时，一般命名为慢性白血病。通常而言，急性白血病的病程较快（几周到数月），慢性白血病的病程较慢（数月到几年）。

肥大细胞瘤的前体细胞和恶性组织细胞增多症多见于骨髓组织，但这些瘤细胞通常在周边组织发育为更成熟的细胞。即使部分非表皮系统肥大细胞增生病和部分恶性组织细胞增多症可能更符合造血肿瘤的范畴，但它们不属于典型的骨髓增生障碍。

淋巴增生性障碍

淋巴瘤是指位于骨髓外的新生淋巴细胞形成的瘤体组织。淋巴性白血病指淋巴细胞的肿瘤形成部位位于骨髓和/或血液，而与固体肿瘤组织不相关。淋巴性白血病根据相关细胞的分化成熟度，进一步分类为急性或慢性。当动物体血液中存在瘤细胞且同时患有淋巴瘤，此时称为“淋巴瘤并发白血病”或“淋巴肉瘤细胞性白血病”；相比而言，前者更恰当。但瘤细胞从骨髓转移到淋巴组织和从淋巴组织转移到骨髓是很常见的。因此，在患病动物疾病晚期，很难将单纯白血病与淋巴瘤并发白血病进行区分。

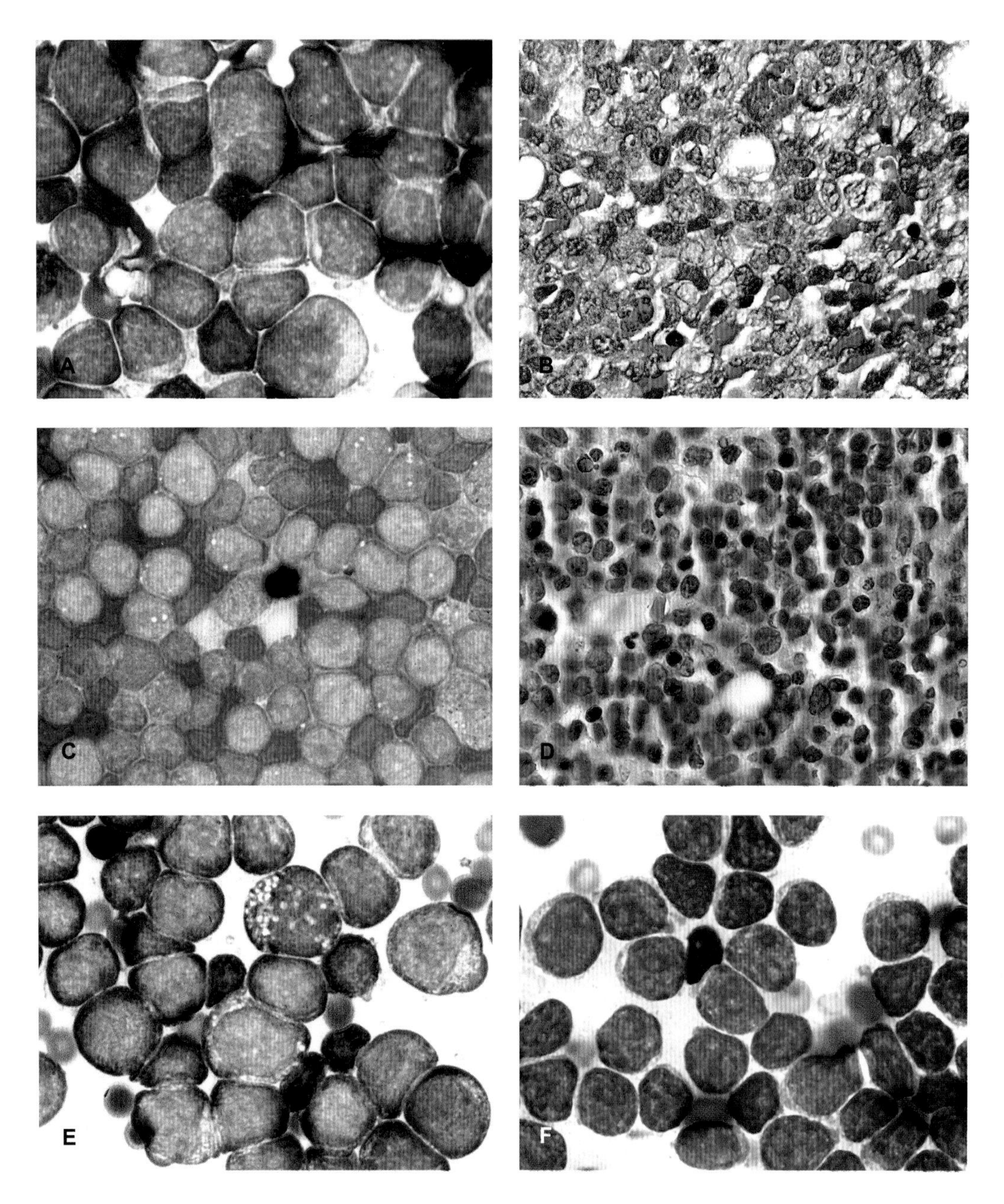

图63　急性淋巴细胞性白血病（ALL）骨髓液涂片和骨髓组织活检切片

A. 急性淋巴细胞性白血病犬骨髓液涂片中淋巴母细胞，细胞质呈深蓝色、核仁不清晰。瑞氏–姬姆萨染色。

B. 与图63 A同一只急性淋巴细胞性白血病犬骨髓组织中淋巴母细胞的活检切片，其中黄色颗粒为含铁血黄素。H.E染色。

C. 不同于图63 A和图63 B犬的急性淋巴细胞性白血病，犬骨髓液涂片中的淋巴母细胞，细胞质呈深蓝色、核仁不清晰；且该犬血液中没有检查到淋巴母细胞。瑞氏–姬姆萨染色。

D. 与图63 C为同一只急性淋巴细胞性白血病犬骨髓组织中淋巴母细胞的活检切片，其中黄色颗粒为含铁血黄素。H.E染色。

E. 急性淋巴细胞性白血病猫骨髓液涂片中的淋巴母细胞，细胞浆呈深蓝色、核仁不清晰；且少数瘤细胞含有胞浆空泡。瑞氏–姬姆萨染色。

F. 患急性淋巴细胞性白血病马骨髓组织活检切片中的淋巴母细胞，核仁清晰。瑞氏–姬姆萨染色。

急性淋巴细胞性白血病

急性淋巴细胞性白血病（ALL）的动物骨髓中出现肿瘤淋巴母细胞和/或前淋巴细胞（图63 A ~ 图63 F）。瘤细胞通常也存在于血液中（图24 F，图24 G，图25 A），有时伴随淋巴细胞数量增多。已有报道，在马属动物用骨髓活体检查法来诊断各类血细胞减少性的急性淋巴细胞性白血病。与正常血液中淋巴细胞相比，急性淋巴细胞性白血病的淋巴瘤细胞表现为核染色质凝聚性降低，而胞浆中嗜碱性颗粒增多。在这些瘤细胞中，核仁或有或无；即使存在，也很难看到。此外，瘤细胞可能会出现核大小不均、核多型比例升高等异常现象。一般来讲，不采用特殊染色或表面标记物，很难将淋巴母细胞和其他造血谱系的母细胞进行区分。与原始粒细胞相比，淋巴母细胞表现为核染色质密度升高且核仁不明显。

猫急性淋巴细胞性白血病的大多数病例为T淋巴细胞型，且多数病例为猫白血病病毒感染阳性；但也有报道指出，猫急性淋巴细胞性白血病的部分病例为N（血型）因子阳性，白血病病毒感染阴性。犬急性淋巴细胞性白血病表现为T淋巴细胞、B淋巴细胞、自然杀伤细胞及无表面标志细胞型。

慢性淋巴细胞性白血病

慢性淋巴细胞性白血病（CLL）多见于老龄动物。慢性淋巴细胞性白血病的细胞核染色质密度比急性淋巴细胞性白血病更高。血液中经常可见到包括正常形态淋巴细胞在内的淋巴细胞数增多（图23 C，图23 D）。与急性淋巴细胞性白血病相比，多数慢性淋巴细胞性白血病病猫为白血病病毒感染阴性。

目前，已对慢性淋巴细胞性白血病血液中T淋巴细胞、B淋巴细胞及大颗粒淋巴细胞的形态进行了鉴别。慢性淋巴细胞性白血病的T淋巴细胞与B淋巴细胞形态正常、为小型到中等大小且带有少量浅蓝色细胞质的淋巴细胞。慢性B淋巴细胞性白血病患犬通常伴有单克隆丙球蛋白病，且多数为IgM型。研究表明，马患慢性淋巴细胞性白血病也会出现IgG型单克隆丙球蛋白病。

慢性淋巴细胞性白血病（CLL）中包括一种大颗粒淋巴细胞型（LGL），其淋巴细胞在浅蓝色细胞质中有红色或紫色的颗粒（一般为局灶性）（图23 E）。与那些非LGL型CLL相比，这些细胞也表现为核染色质浓缩，但它们一般具有更大、更多细胞质，且核质比更小。尽管大多数LGL型白血病患犬症状似CLL，且病程缓慢、持续数年，但部分LGL型白血病患犬临床症状也与ALL相似（图23 F）。几乎所有LGL型CLL患犬都有T淋巴细胞瘤性增生，但部分LGL型ALL患犬可能为T淋巴细胞或自然杀伤细胞瘤性增生。

对患有CLL的动物进行骨髓检查发现正常淋巴细胞数增加（图64 A ~ 图64 E）；然

而，与ALL患病动物相比，通常其浸润程度要小。骨髓中含有部分淋巴滤泡，主要由正常淋巴细胞组成（图64 F），由新生的淋巴组织浸润分化而成。B淋巴细胞型CLL源发于骨髓。相反，T淋巴细胞的增殖需要经过胸腺组织的处理，CLL的T淋巴细胞在继发骨髓浸润的骨髓外增殖（如脾脏）。单克隆丙球蛋白病与CLL均患有B淋巴细胞瘤，但要鉴定其相关细胞类型仍需特异表面标志物检测。

淋巴瘤

淋巴瘤是一种由淋巴瘤细胞形成的在骨髓外增殖的实体瘤。根据其解剖部位（如消化道、胸腺、皮肤等），淋巴结中细胞类型（如中心母细胞、淋巴母细胞、免疫母细胞）和淋巴细胞类型（如：B淋巴细胞、T淋巴细胞、LGL）不同可分为多种类型。

根据异常形态学，在患淋巴瘤的动物中，约1/4 ~ 1/2 的动物血液中可见瘤细胞。在其他情况下，血液中可能看不到淋巴瘤细胞或看不到其异常形态。有时，即使在动物血液中未见瘤细胞，其也会出现骨髓浸润（图65 A ~ 图65 E）。淋巴细胞小聚集物在骨髓穿刺涂片制作过程中将会分散，但骨髓活组织检查却不会发生该情况，可以观察到这种聚集的淋巴细胞（图65 D，图65 E）。患有淋巴瘤病犬的骨髓淋巴样浸润通常是梁柱状。局部浸润由良性淋巴滤泡分化，且有清晰的边界，主要由成熟的小淋巴细胞组成（图64 F）。肿瘤聚集物通常比较大，边界不清；形态学观察表明，这些聚集物中多为较大的未成熟细胞。

淋巴瘤中LGL病例报道主要见于猫，通常为猫的肠淋巴瘤，后转移到不同的器官，包括脾脏、肝脏、淋巴结、血液和骨髓（图65 F）。有的作者将这些肿瘤归类为球淋巴细胞瘤或颗粒淋巴细胞瘤。这类淋巴瘤中的淋巴细胞颗粒通常比血液中正常LGL大得多。这些淋巴细胞颗粒经瑞氏-姬姆萨染色后呈蓝、红或紫色，但用血细胞分类计数法染色着色不良。在某些情况下，这些颗粒H.E染色后呈现嗜酸性，但有时很难用H.E染色去鉴定。这些瘤细胞可能源于上皮内淋巴细胞，且这些肿瘤组织大多数由细胞毒性T淋巴细胞组成。

目前，已有两例关于马患LGL型淋巴瘤的病例报道。其中一匹病马在其血液中检测到瘤细胞，另一匹在其骨髓中检测到瘤细胞。

多发性骨髓瘤和其他免疫增生性肿瘤

正常B淋巴细胞中任何细胞类型的成熟分化途径都可能转化为瘤细胞且产生免疫球蛋白。淋巴增生性障碍从根本上取决于B淋巴细胞成熟阶段的停滞。

多发性骨髓瘤

多发性骨髓瘤（浆细胞性骨髓瘤）即为骨髓中B淋巴细胞瘤，现已证明为浆细胞的增殖。这些骨髓瘤细胞通常分泌单克隆免疫球蛋白IgG或IgA而引起单克隆丙球蛋白血

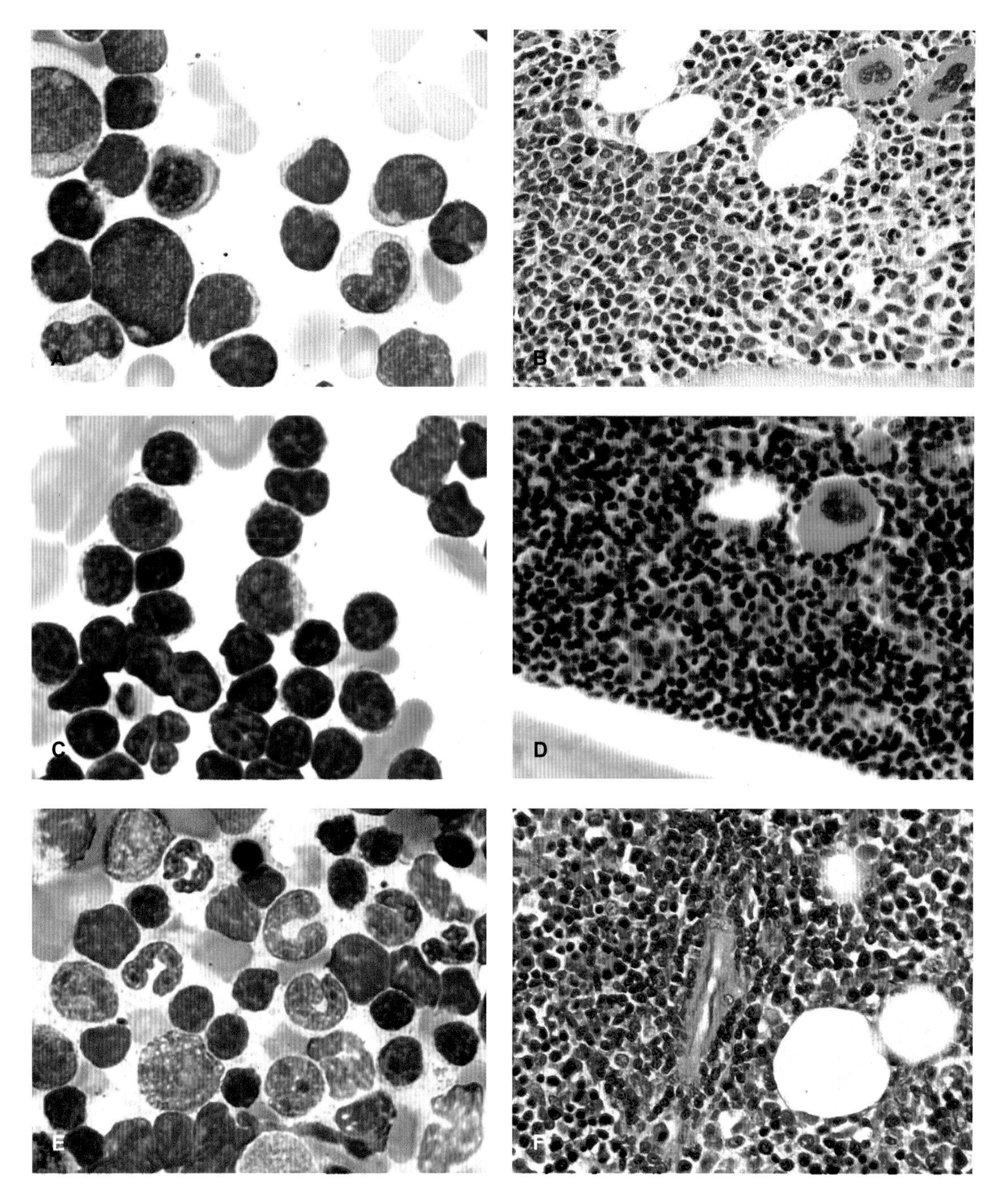

图64　慢性淋巴细胞性白血病（CLL）骨髓液涂片和骨髓组织活检切片中淋巴滤泡比较

A. CLL犬骨髓液涂片中的小淋巴细胞浸润，核染色质浓缩且胞浆较少。瑞氏–姬姆萨染色。

B. 与图64 A同一犬的骨髓组织切片中的小淋巴细胞浸润（尤其是图片左边），右上角为两个巨核细胞。H.E染色。

C. CLL犬骨髓液涂片中的小淋巴细胞浸润，核染色质浓缩且胞浆较少。此犬同时患有单克隆丙球蛋白病，且这些细胞为B淋巴细胞。瑞氏–姬姆萨染色。

D. 与图64 C同一犬的骨髓组织切片中明显的小淋巴细胞浸润，骨密质位于图片左下角，巨核细胞位于右上角。H.E染色。

E. CLL猫骨髓液涂片中正常小淋巴细胞浸润。瑞氏–姬姆萨染色。

F. 犬骨髓组织切片中的血管纵切面周围有小的淋巴滤泡（中心的左边）。H.E染色。

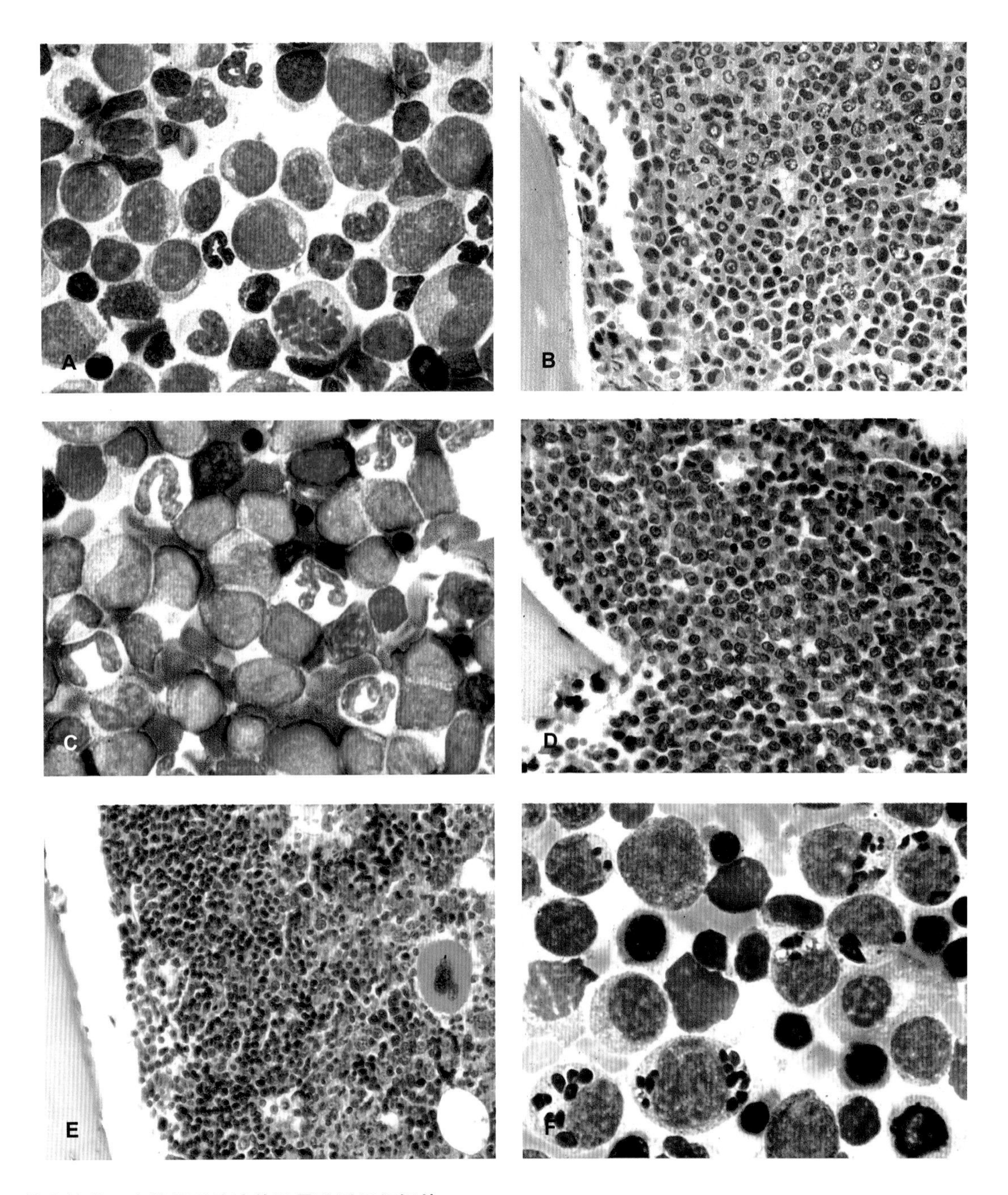

图65　转移性淋巴瘤的骨髓液涂片及骨髓活组织切片

A. 转移性淋巴瘤犬骨髓液涂片中的大小不等的淋巴母细胞浸润；中间底部为有丝分裂细胞。瑞氏-姬姆萨染色。

B. 与图65 A为同一只犬的骨髓活组织切片中的大小不等的淋巴母细胞弥漫性浸润；骨密质位于左侧边缘。H.E染色。

C. 转移性淋巴瘤犬骨髓液涂片中的大小不等的淋巴母细胞浸润；淋巴母细胞具有圆性细胞核而细胞质很少。瑞氏-姬姆萨染色。

D. 与图65 C同一只犬的骨髓活组织切片中骨密质（左下）周围的淋巴母细胞局部浸润。H.E染色。

E. 转移性淋巴瘤犬骨髓活组织检查切片中的骨密质（左）周围的淋巴细胞局部浸润。H.E染色。

F. 转移性淋巴瘤伴有大颗粒淋巴细胞病症的猫骨髓液涂片中的大颗粒淋巴细胞浸润；这些淋巴细胞的颗粒比正常血液循环中的大颗粒淋巴细胞大很多。瑞氏-姬姆萨染色。

症，可采用血清蛋白电泳法进行区分。产生的单克隆免疫球蛋白种类可以通过免疫电泳的方法进行定性分析，也可用单辐射免疫扩散进行定量检测。多发性骨髓瘤分泌检测不到的单克隆抗体，产生双克隆蛋白或只产生单一成分的免疫球蛋白（重链或轻链）是非常少见的。一般来说，采用探查性X线可对局部溶解性或弥散性骨质疏松进行鉴别，有可能会出现本斯-洛恩斯蛋白尿（Bence-Jones proteinuria）（即尿液中出现免疫球蛋白轻链）；其他组织如脾脏、肝脏、淋巴结和肾脏中也可能出现浆细胞浸润。

采用骨髓活体检查发现，很多多发性骨髓瘤患病动物体内通常会出现浆细胞增多症（图66 A ~ 图66 F，图67 A ~ 图67 C）。有些病例中，有必要通过活组织检测溶解性骨损伤以确定浆细胞浸润。瘤细胞的形态从正常大小的成熟浆细胞到不成熟的多形性浆细胞的形态各异，而不成熟的多形性浆细胞染色质呈弥散性、细胞质丰富，且有丝分裂指数较高；有时也会出现多核细胞。当采用罗曼诺夫斯基氏染色时，通常瘤细胞胞质着色呈淡蓝色至深蓝色；但少数病例瘤细胞胞质内充满拉塞尔小体（Mott's细胞）或细胞质着色呈红色（焰细胞），其细胞边缘尤为明显。焰细胞的形态取决于所用的血液染色方法（图67 A，图67 B）。

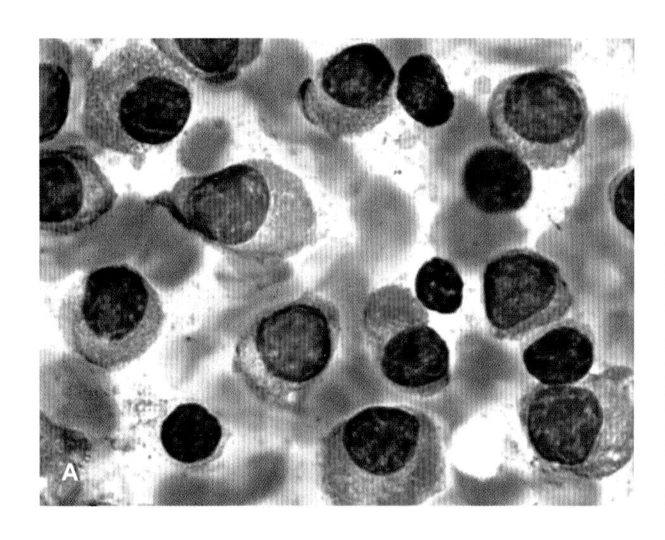

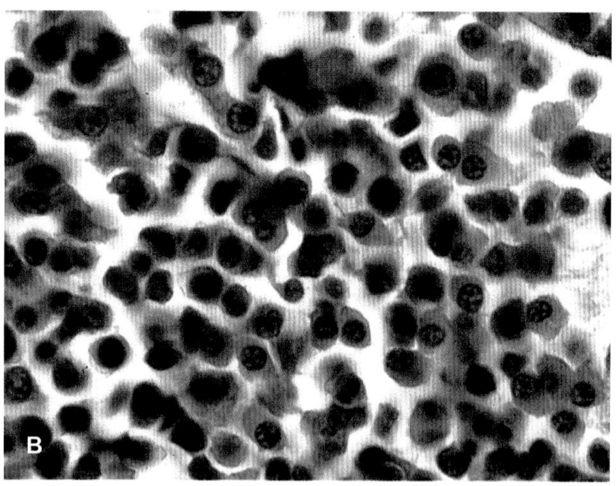

图66　多发性骨髓瘤的骨髓液涂片及骨髓活组织检查切片

A. 犬多发性骨髓瘤的骨髓液涂片中的浆细胞浸润，其胞浆呈嗜碱性、胞核异常。瑞氏-姬姆萨染色。

B. 与图41 J同一只多发性骨髓瘤犬骨髓活组织切片中细胞核异常的浆细胞浸润，其粗糙的染色体呈镶嵌样图案。H.E染色。

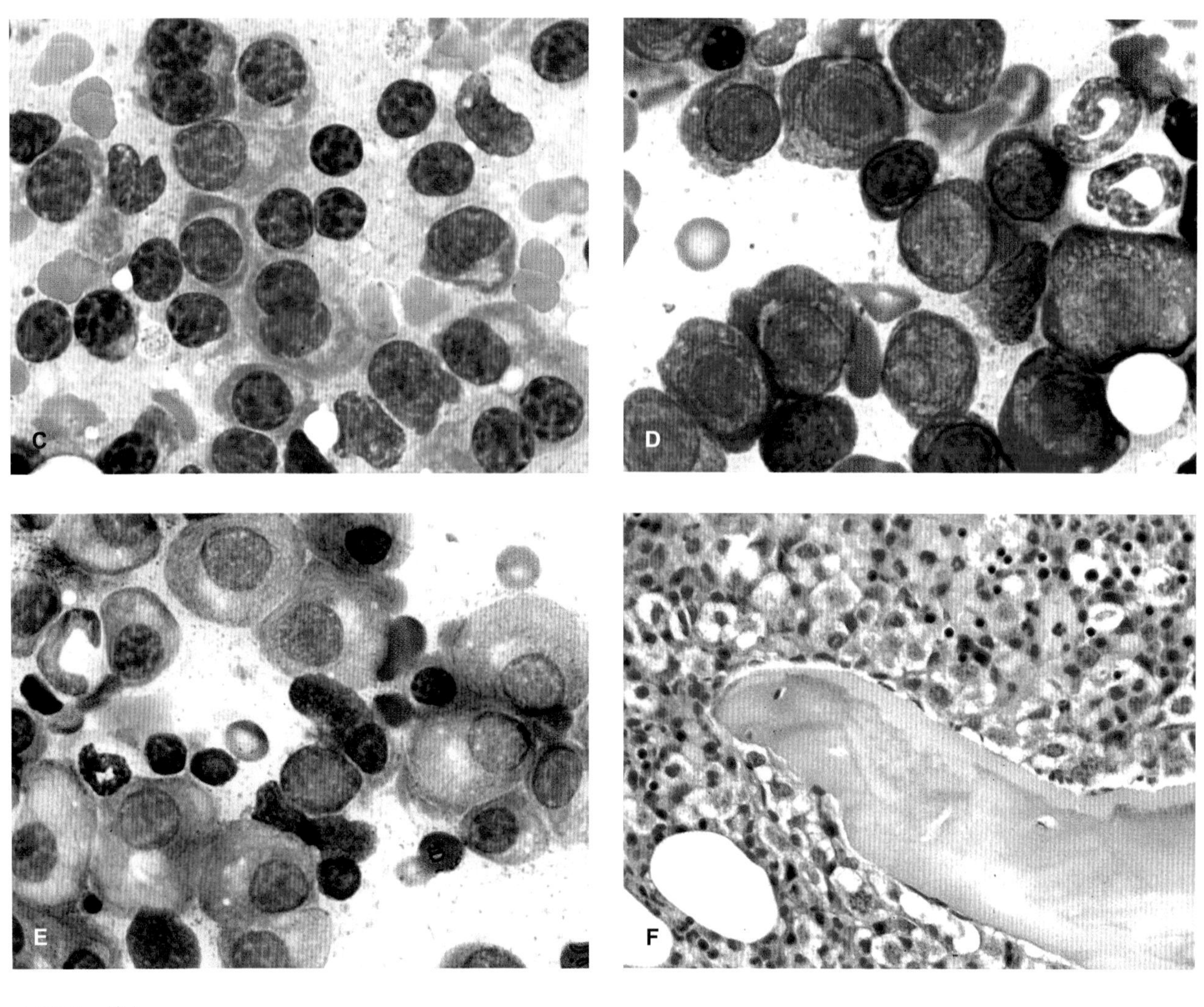

（图66，续）

C. 猫多发性骨髓瘤的骨髓液涂片中的细胞核异常的浆细胞浸润、细胞浆呈嗜碱性且分布有苍白的高尔基区。细胞核染色质呈特殊的镶嵌样图案，存在两个双核的浆细胞。瑞氏–姬姆萨染色。

D. 多发性骨髓瘤犬的骨髓液涂片中的原浆细胞浸润，其细胞质呈强嗜碱性，且细胞核异常。瑞氏–姬姆萨染色。

E. 多发性骨髓瘤犬骨髓液涂片中的浆细胞浸润，其细胞核异常，细胞质呈大量嗜碱性的细胞质且含有苍白的高尔基区。瑞氏–姬姆萨染色。

F. 与图66 E同一只多发性骨髓瘤犬的骨髓活组织切片中的骨小梁附近的浆细胞浸润，其胞浆丰富。H.E染色。

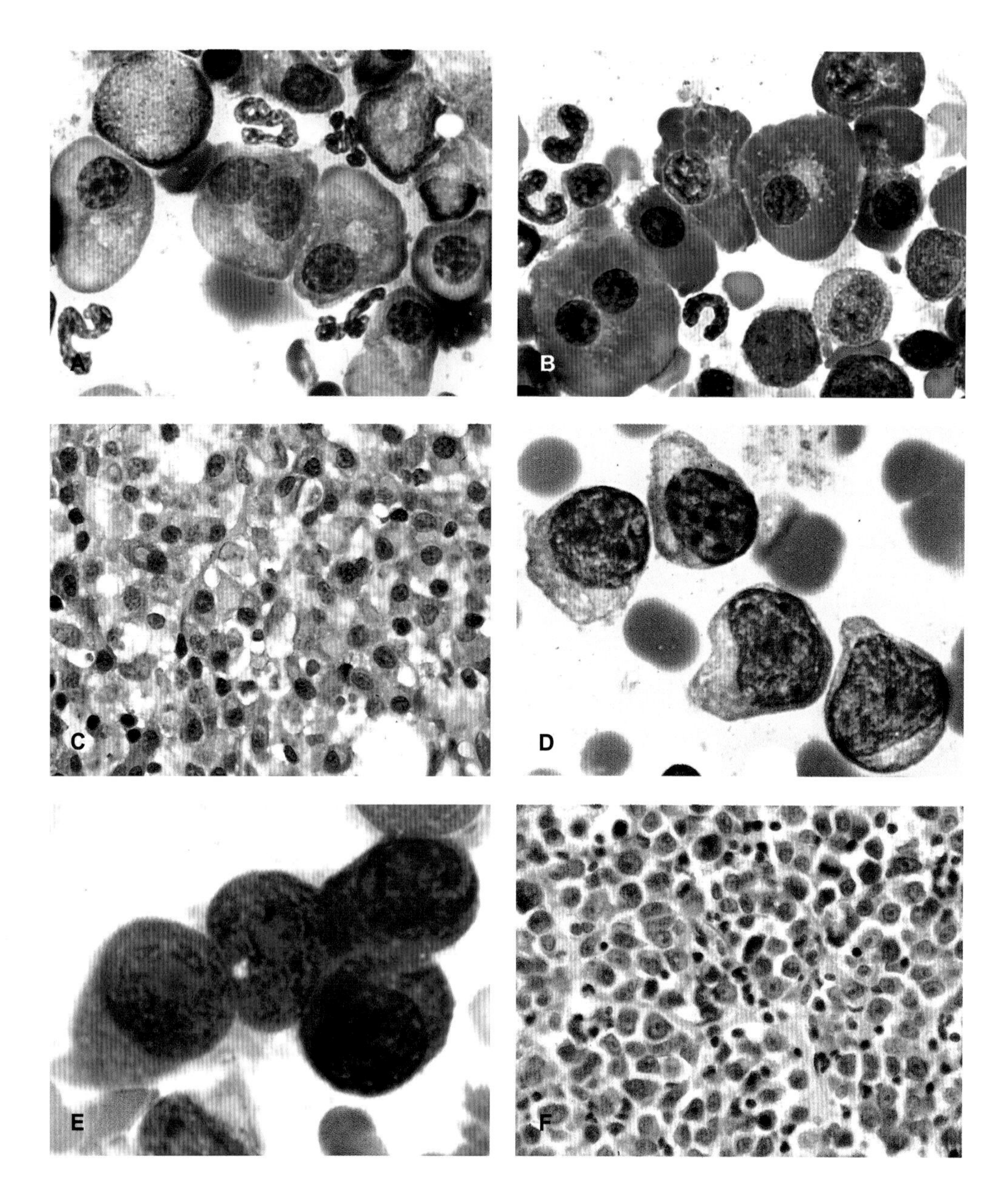

图67　分泌型免疫球蛋白肿瘤的骨髓液涂片和骨髓活组织切片

A. 犬多发性骨髓瘤的骨髓液涂片中的浆细胞浸润，核偏离细胞中心，多量的嗜碱性胞浆颗粒中含有苍白的高尔基区；血清蛋白电泳发现，双克隆高球蛋白在γ区出现条带；中央附近出现双核浆细胞。瑞氏-姬姆萨染色。

B. 与图67 A为同一只犬，多发性骨髓瘤的骨髓液涂片中的浆细胞浸润，核偏离细胞中心，胞浆丰富。因其细胞质红染，此类细胞也被称为焰细胞；左下角附近是一个双核浆细胞（快速鉴别染色法染色）。

C. 与图67 A、图67 B均为同一只犬，多发性骨髓瘤的骨髓活组织切片中的浆细胞浸润，其细胞核偏离细胞中心，胞浆丰富。H.E染色。

D. 巨球蛋白血症（IgM型）犬的骨髓液涂片中的嗜碱性淋巴细胞样浸润。脾脏中也可见肿瘤细胞，但淋巴结中无肿瘤细胞。瑞氏-姬姆萨染色。

E. 猫的骨髓液涂片中的嗜碱性浆母细胞浸润。同时，在其血液、皮肤、肺脏和肝脏中也可见类似的母细胞，伴有单克隆IgA高球蛋白血症。瑞氏-姬姆萨染色。

F. 图67 E中的病猫死后尸检，骨髓组织切片中有明显的类浆母细胞浸润。H.E染色。

浆细胞瘤

除了来自于骨髓转移性、多发性骨髓瘤外，髓外浆细胞瘤（浆细胞瘤）也可在软组织中引发原发性肿瘤。这类肿瘤组织以单个肿瘤最为常见，多发于犬、猫的嘴和皮肤部位；但有报道指出，该类肿瘤也发生于胃肠道各部位。这类肿瘤病很少引起单克隆或双克隆高球蛋白血症，也很少转移到远端组织。

其他类型的B淋巴细胞瘤

其他类型的B淋巴细胞瘤包括多核淋巴瘤（图67 E，图67 F）、慢性B淋巴细胞白血病（见前面所述）和原发性巨球蛋白血症可产生单克隆高球蛋白血症。在这些疾病中很少发生溶解性骨损伤，甚至在骨髓浸润时也很少发生。在人类，原发性巨球蛋白血症（瓦尔登斯特伦症）是以分泌IgM单克隆蛋白为特征的淋巴浆细胞瘤；通常而言，骨髓液中细胞成分较少，而骨髓活组织检查中细胞成分较多，且淋巴细胞、浆细胞样淋巴细胞和少量浆细胞广泛性浸润。此类症状在动物中报道很少（图67 D）。脾脏、肝脏和淋巴组织中有时会出现淋巴细胞浸润，但骨髓中很少见到淋巴细胞浸润。

骨髓增生性疾病

骨髓增生性疾病是以一个或多个非淋巴髓细胞系的无限增殖为特征，如粒细胞系、单核细胞系、红细胞系及巨核细胞系。通常认为骨髓增生性疾病是一种良性或恶性的肿瘤病，但也有很多血液病专家认为多细胞性骨髓增生异常综合征（MDS）是一种骨髓增生性疾病，因为人类与动物的MDS具有同源性，且其发病过程要早于急性髓性白血病。骨髓增殖性疾病的单一性概念已经发生了变化，这是由于非淋巴白细胞起源于一种普通的髓样干细胞，骨髓增殖性疾病的致瘤性转化通常发生在多能性的前体细胞中。虽然这种增殖是以单个细胞类型为主，但是髓细胞系很少是由一种细胞引起的。通常我们能够检测到其他细胞系的形态异常和功能紊乱，另外，一些骨髓增殖性疾病能够发展成其他的疾病，如猫的由于有核红细胞过度增殖引起的骨髓增殖性疾病（MDS-Er）可能引起红白血病甚至原始粒细胞白血病。

猫的骨髓增殖性疾病通常是由FeLV和FIV单独或同时感染引起。试验表明，辐射可以引起犬的骨髓增殖性疾病，与犬、猫相比，骨髓增殖性疾病在家畜类中很少发生，原因还不清楚。

骨髓增生异常综合征

患MDS时，在骨髓中的细胞通常为正常细胞或是细胞过多（图46 D ~ 图46 F），但在血液中表现为细胞减少，尤其是贫血和血小板减少症时。造血功能的异常是由过度的细胞凋亡引起的，细胞凋亡或生理性的细胞死亡是一种直接由基因导致的细胞自我毁灭机制，最初是细胞内的内切核苷酸酶类把DNA切割成DNA片段。在被吞噬细胞吞噬以前，含有核碎片的可辨认的凋亡细胞只存在10～15min。MDS可能是由FeLV和FIV引起的，但研究表明，许多患有MDS的猫，这两种病毒的检测结果为阴性。

在骨髓中能够找到红细胞生成异常，粒细胞生成障碍或巨核细胞生成障碍的证据。红细胞异常包括巨幼红细胞增多，核形态异常，核固缩，核裂解，细胞核增多，核质比异常，成熟停滞，包含体中含铁色素沉着（图51 E，图52 A～图52 M）。中性粒细胞异常包括原始粒细胞数量增加（5%～29%），中性粒细胞系发育停滞于晚中幼粒细胞阶段；巨晚幼粒细胞，杆状核中性粒细胞，成熟中性粒细胞；异常颗粒如大的原始颗粒或被空泡围绕的颗粒，低分叶核中性粒细胞（pseudo-Pelger-Huet）；大量分叶的中性白细胞以及核异常的中性白细胞（图52 N～图52 P，图55 A～图55 F）。在患有MDS的犬、猫体内嗜酸性粒细胞的增加也很普遍。巨核细胞异常包括发育障碍的颗粒性巨核细胞（有一个或多个核）和大巨核细胞的核异常（分叶增多和减少或多个圆形的核）（图57 A～图57 C）。一些患有MDS的猫骨髓中含有可着色的铁（图46 D）。

另外，在血液中可能存在其他的异常细胞包括非再生性贫血时表现出的大红细胞症，大小不均或畸形；有核红细胞比例失常等；有核红细胞的核分叶或裂解；大的形状奇异的血小板；未成熟的粒细胞；形态异常的粒细胞（形状大，分化低或高）。白细胞总数和绝对中性粒细胞数变化范围很大。

根据血液和骨髓检查，可以将动物的MDS分为三个亚型。骨髓中红细胞系统占优势（M：E＜1）的MDS称为MDS-Er。只要骨髓中的原始细胞小于所有有核细胞总数的30%，在诊断为巨红细胞性骨髓增殖病例即归为此类。当病例中出现顽固性贫血，且M：E大于1或者其他的顽固性细胞减少时，称为顽固性脊髓发育不良细胞减少综合征（MDS-RC）。在这种亚型中原始粒细胞数量不到有核细胞总数的5%。当原始粒细胞比例增加时（占骨髓有核细胞的5%～29%）时，称为原始细胞性骨髓过度增生异常综合征（MDS-EB）。动物骨髓中的原始粒细胞数量略低于30%表示动物正处于MDS与AML转化中，或者动物可能患有AML，但在这种情况下不能诊断为AML，这是由于原始细胞的数量并没有超过先前规定的特定数量。

患有MDS的犬、猫随后发展成AML，猫FeLV呈阳性的MDS也可能发展成白细胞淋巴癌。现在还不清楚有多少MDS的病例是白血病的前兆。长时间的高代价支持治疗对于患有MDS动物的生存是必需的，许多动物在发展成急性白血病之前就死亡，或被实施了安乐死。尽管非常罕见，患有MDS的动物还是有自然康复的可能，因为曾发生过猫白血病病毒阳性变为阴性的病例。

急性髓性白血病

急性髓性白血病（AML）的分类系统是由美国兽医临床病理学协会动物白血病研究组在研究犬、猫时提出的，也在英法美（FAB）体系下制定的人类国家癌症研究所研讨会上使用。当骨髓腔中的非淋巴性定向造血干细胞大于等于所有有核细胞的30%时，可被诊断为AML，这些有核细胞不包括淋巴细胞、巨噬细胞、浆细胞和肥大细胞。红细胞生成异常、粒细胞生成障碍和巨核细胞生成障碍时，巨幼红细胞系的有核红系细胞非常常见。如果原始细胞数量小于所有有核细胞的30%，或发育不良细胞出现时可诊断为MDS。

有些患有红白血病（AML-M6）的病例不能用这种方法诊断，因此我们会在后面谈到。细胞化学、免疫细胞化学和电子显微镜对出现的原始细胞类型鉴别是有帮助的，动物中一些AML的亚型能够被鉴别出来。另外，量化细胞对中性粒细胞百分比，也可以通过非红系细胞总数来计算，非红系细胞总数是从绝对中性粒细胞中减去有核红细胞求得的。

AML-M1　AML-M1指的是未成熟的原始粒细胞性白血病。原粒细胞（主要是Ⅰ型原粒细胞）占非红系细胞总数90%或更多。Ⅰ型原粒细胞为大而圆的细胞，核呈圆形或卵圆形，通常位于细胞的中央，核质比高（>1.5），核表面规则整齐，核染色质略带斑点，有一个或多个核仁或核仁区；胞质中度嗜碱性。非红细胞系剩余部分为分化的粒细胞（早幼粒细胞分化为成熟中性粒细胞和嗜酸性粒细胞）和单核细胞。

AML-M2　AML-M2是指已分化的原始粒细胞性白血病。原始粒细胞占非红细胞系总数的30%～89%（图68 A～图68 F，图69 A，图69 B）。除Ⅰ型原始粒细胞外，数量不定的Ⅱ型原始粒细胞的细胞质中有少量小的（<15nm）红紫色颗粒。分化的颗粒细胞占非红系细胞总数的10%或更多，单核细胞不到非红系细胞总数的20%。在一些猫的骨髓增生性疾病，骨髓中嗜碱性粒细胞和嗜酸性粒细胞前体细胞增多（图54 B）。据报道，猫分化为嗜碱性粒细胞的AML-M2亚型称为M2-B，分化为嗜酸性粒细胞的AML-M2亚型称为M2-Eos。

AML-M3　AML-M3 早幼粒细胞性白血病在动物中未曾报道，在人身上涉及本病的占主导地位的细胞为外形异常的早幼粒细胞，早幼粒细胞皱缩，呈肾形，核分裂。Ⅲ型原粒细胞也可能出现在这种疾病中，这种细胞核仁清楚，细胞质含量丰富，内含红色颗粒。这些细胞含有清晰的细胞核和大量的细胞质，细胞质中包含有许多红紫色的细胞质颗粒。Ⅲ型原始细胞似乎代表了细胞质和核不同步成熟的原始细胞。少量的这些细胞也许会在感染了AML的猫体内发现。

AML-M4　当体内原始粒细胞和原单核细胞的总体数量达到或超过ANC的30%，并

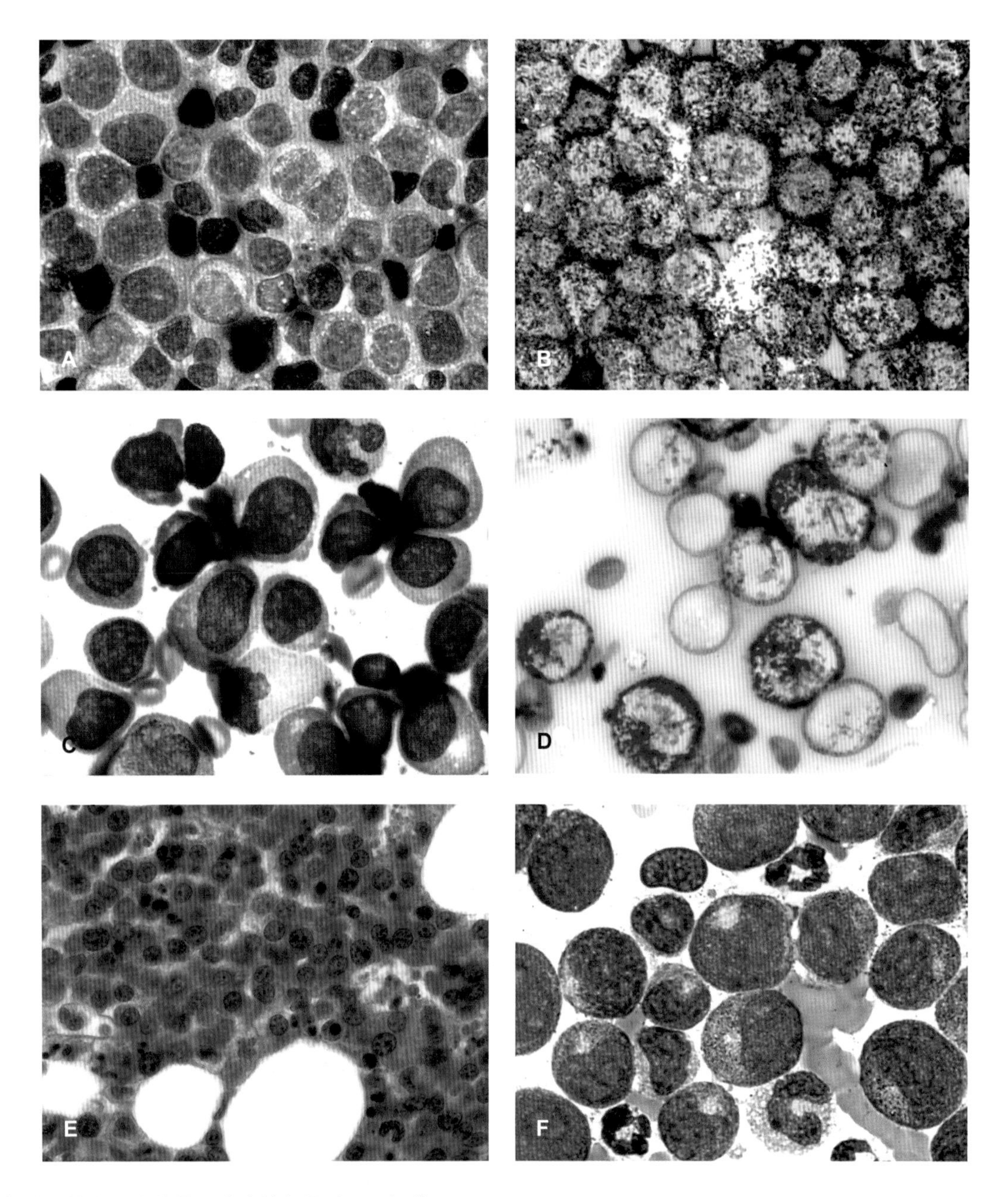

图68　急性髓性白血病的骨髓液涂片与骨髓组织切片

A. 患有AML–M2的猫骨髓液涂片中的原始粒细胞、早幼粒细胞和中幼粒细胞增生。大约35%的有核细胞为原始粒细胞。杆状核中性粒细胞和成熟中性粒细胞很少出现；红细胞系前体细胞很难辨认。瑞氏–姬姆萨染色。

B. 与图68 A同一只猫，骨髓液涂片中的原始粒细胞、早幼粒细胞和中幼粒细胞增生。过氧化物酶染色细胞呈现强阳性，可以排除淋巴增生性障碍综合征的可能，说明这些细胞为粒细胞前体细胞。过氧化物酶染色。

C. 患有AML–M2犬的骨髓液涂片中的原始粒细胞增生。在很多细胞中细胞核容易辨认。瑞氏–姬姆萨染色。

D. 与图68 C同一只犬骨髓液涂片中的原粒细胞增生。大多数的细胞过氧化物酶染色阳性，可以排除淋巴增生障碍综合征的可能。过氧化酶染色。

E. 与图68 C、图68 D同一只犬，骨髓组织切片中的原始粒细胞增生。H.E染色。

F. 患有AML–M2犬的骨髓液涂片中的原始粒细胞和早幼粒细胞增生。很多细胞中含有红紫色的颗粒。瑞氏–姬姆萨染色。

且分化的粒细胞与单核细胞的数量分别达到或超过了NEC的20%时，则可确诊为感染了急性髓单核细胞性白血病。原单核细胞与原始粒细胞很相似，除了细胞核的外形是不规则的圆形而呈卷曲状外（图69 C，图69 D）。在细胞质中有一个明显的区域称为高尔基区，它很容易被发现，特别是在细胞核切迹附近。它们的核质比很高，但比原始粒细胞稍低。

AML-M5　当机体的原单核细胞数量增加而原始粒细胞没有增加，则可确诊为急性单核细胞白血病（图69 E，图69 F）。根据出现的成熟的单核细胞将它分成多个亚型。当原单核细胞和幼单核细胞的数量达到或超过NEC的80%，且单核细胞会有轻微的成熟则为M5a型。当30%～79%的NEC是原单核细胞与幼单核细胞，并且单核细胞的成熟作用很明显，这种白血病则被划分为M5b白血病。粒细胞的数量在NEC的20%以下。

AML-M6　“红白血病”是指骨髓增殖性疾病，表现为红细胞系统的明显异常。与以前对AML亚型的讨论不同的是，在AML-M6中M：E的比率小于1，并且原始细胞（包括原粒细胞、原单核细胞和原始巨噬细胞）也许低于ANC的30%，但是不会低于NEC的30%（图70 A）。当M：E小于1，并且原始细胞中原始粒细胞、原单核细胞和原始巨噬细胞的数量达到或超过ANC的30%则成为“AML-M6Er”。在某些情况下，大多数的原始细胞表现为原始红细胞（图70 B，图70 C）。原始红细胞的细胞质是强嗜碱性的，并且无颗粒。原始红细胞的细胞核一般近乎圆形，细胞质呈细微的斑点状，并含一个或多个清晰的核仁。

AML-M7　当骨髓中的原始巨核细胞的数量达到或超过ANC或NEC的30%，则可确诊为巨核母细胞性白血病（图70 E，图70 F）。原始巨核细胞的细胞核几乎和原始红细胞的细胞核一样圆，但是他们细胞质的嗜碱性物质更少。其独特的特性是在有些细胞中会出现多量的不连续的空泡和细胞质的突出物。多核的巨噬细胞也会发生一些形态学上的分化。凝血Ⅷ因子或血小板特异性糖蛋白GPⅢa的免疫细胞化学染色有助于鉴定母细胞是否为原始巨噬细胞。

急性未分化性白血病（AUL）　当母细胞不能通过常规的血液染色或细胞化学标记鉴定时，则诊断为AUL（图70 D）。这个术语在一些等待使用特殊的细胞标志物的情况下也许只暂时使用。随着更多的细胞标志的发现，那些被划分为AUL的情况将有所减少。AUL的标志是母细胞出现显著的细胞质伪突起及/或一些碱性的细胞质颗粒。猫感染骨髓组织增殖障碍（先前指的是网状内皮组织增生症）也被划分到这一范畴中。然而一些先前被诊断为网状内皮组织增生症的情况，现在将划分为AML-M6Er，因为母细胞的细胞质无颗粒，且强嗜碱性，并且细胞核与原始红细胞的相似。

外周出血　AML的外周出血与先前描述的MDS相似，但AML在血液中可出现母细胞及白细胞的增多。然而在1/3感染了AML-M2的猫出现白细胞的减少。在M4及M5型的

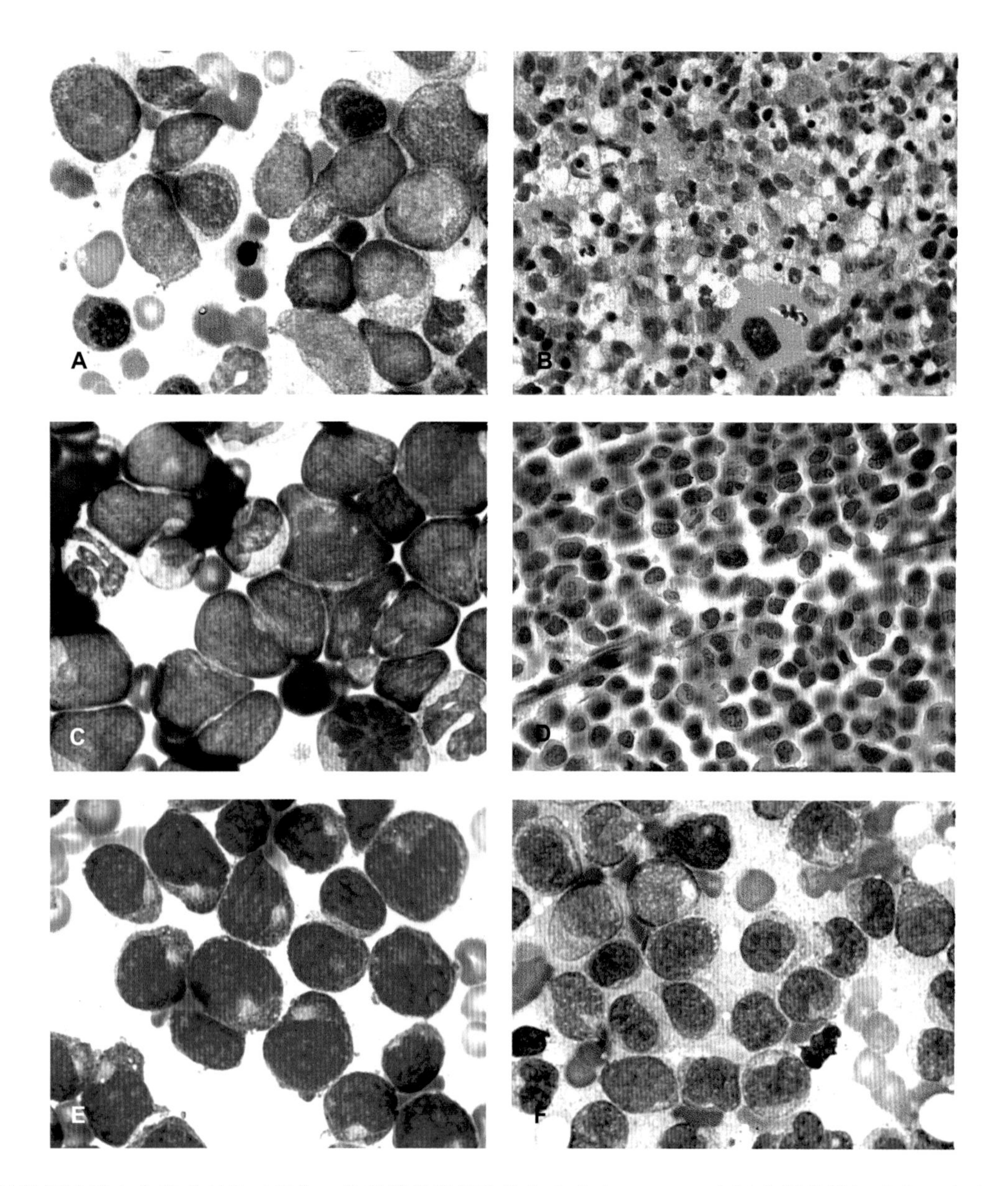

图69　原始粒细胞性白血病（AML-M2）、急性髓单核细胞性白血病（AML-M4）及急性单核细胞白血病（AML-M5）的骨髓涂片与骨髓组织活检切片

A. 患有AML-M2马的骨髓穿刺涂片中的原始粒细胞（大的圆形细胞，包含蓝色细胞质）的数量增多。较小的并染成黑色的是红细胞系统的前体细胞。瑞氏-姬姆萨染色。

B. 与图69 A同一匹马骨髓横切面的骨髓活检切片中的增殖的原始粒细胞。黑色的细胞是红细胞系统的前体细胞。还出现了许多染成红色的嗜酸性细胞，在下部中间还有一个巨核细胞。H.E染色。

C. 患有AML-M4犬的骨髓穿刺涂片中的原始粒细胞（一般为圆形细胞核）与原单核细胞（一般细胞核表面呈锯齿状）。瑞氏-姬姆萨染色。

D. 与图69 C同一只犬的骨髓横切面的骨髓活检切片中的增殖的原始粒细胞和原单核细胞。H.E染色。

E. 患有AML-M5犬的骨髓穿刺涂片中的增殖的原单核细胞（一般为锯齿状细胞核）。瑞氏-姬姆萨染色。

F. 与图69 E不同的患有AML-M5的犬的骨髓穿刺涂片中的增殖的原单核细胞（一般为锯齿状细胞核）。瑞氏-姬姆萨染色。

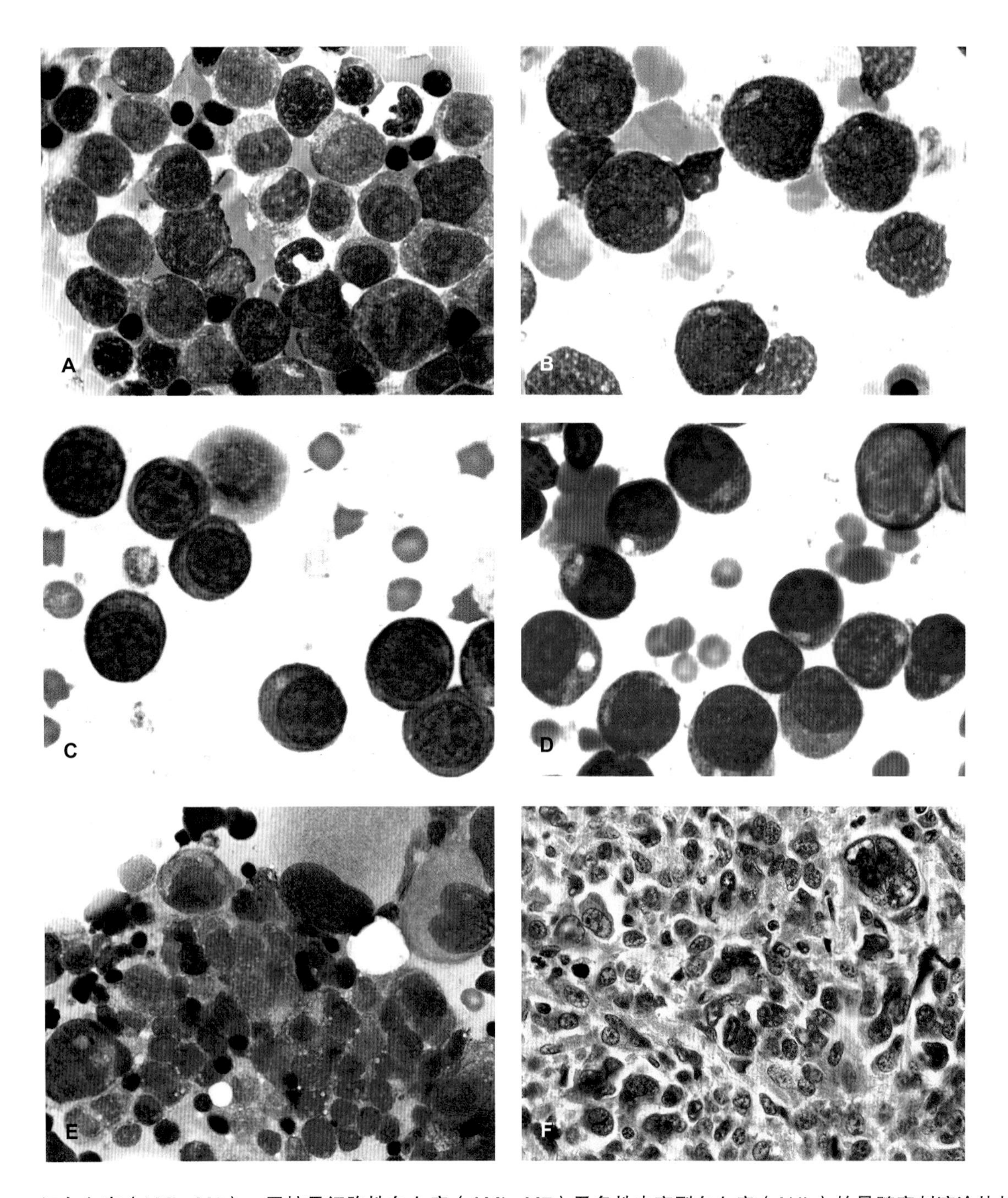

图70 红白血病（AML-M6）、巨核母细胞性白血病（AML-M7）及急性未定型白血病（AUL）的骨髓穿刺液涂片与骨髓活检切片

A. 患有AML-M6猫的骨髓穿刺涂片中的原始粒细胞及原始红细胞增多。瑞氏-姬姆萨染色。

B. 患AML-M6Er犬骨髓穿刺液涂片中的原始红细胞。还有若干个游离细胞核（篮子细胞）。瑞氏-姬姆萨染色。

C. 患有AML-M6Er猫骨髓穿刺液涂片中的原始红细胞。瑞氏-姬姆萨染色。

D. 患有AUL猫的骨髓穿刺液涂片中的显著的母细胞。其中赘生细胞不能确切的分类。瑞氏-姬姆萨染色。

E. 患有AML-M7犬的骨髓穿刺液涂片中的显著的原始巨核细胞及异常的巨核细胞。瑞氏-姬姆萨染色。

F. 患有AML-M7犬的骨髓活检切片中的显著的原始巨核细胞及异常的巨核细胞。H.E染色。

AML中一般出现单核细胞的增多。除此之外，一些患有AML-M7的动物出现血小板增多，然而在另外的其余动物都出现血小板减少症，就像在其他类型的AML中经常出现的一样。

感染动物频率　AML在猫中最为普遍，其中原始粒细胞性白血病（M1型和M2型复合型）最为普遍。在犬中报道最多的是髓单核细胞性白血病（M1型和M2型复合型）和单核细胞白血病（M4）。在马中虽然少见，所感染的AML一般是AML-M4或AML-M5。红白血病最早在猫中报道。巨核母细胞性白血病（M7）非常少见，仅在猫和犬中被报道。很少有报道AML能感染牛。

慢性骨髓增殖性疾病

慢性骨髓增殖性疾病是指造血细胞的肿瘤性增生，并导致血液中出现了大量的变异细胞。与MDS相似，动物感染慢性骨髓增殖性疾病后，骨髓中的母细胞数量少于30%，并且血液中无母细胞。当两种疾病混合感染时会出现混合的病症，但人们一般更关注MDS。这两种疾病的区别是，感染慢性骨髓增殖性疾病动物血液中的一种或几种血细胞数量增加，而在MDS中则一般出现细胞减少症。

慢性髓样白血病（CML）　CML在动物中很少出现，主要发生于犬。它能引起血液中白细胞的增加（50000/μL以上）并出现中性粒细胞核左移，而且还有可能出现单核细胞，嗜酸性粒细胞及/或嗜碱性粒细胞数量的增加。如果单核细胞成为主要的，则可以考虑是否感染了慢性单核细胞白血病。血液中的原始粒细胞或缺少或只有很少的数量。当发生非增生性贫血时经常会出现有核红细胞。血小板的数量可能降低，可能正常，也可能升高。

骨髓中出现粒细胞增生，可能伴随着，也可能不伴随着红细胞及巨核细胞增生。未成熟粒细胞的百分比增加，但是原始粒细胞的数量不会超过所有有核细胞的30%（图71 A）。在骨髓中的一个或更多的细胞会出现典型的发育不良情况。

CML必须与严重的炎性白血病相区分。炎症反应中细胞质毒性，炎性血浆蛋白的增加及炎症的一些物理性的证据暗示了白血病样反应的出现。脊髓发育不良也可能感染了CML。在一些犬科动物的病例中，曾有报道CML被母细胞在关键时刻终止，在此过程中粒细胞的成熟速度极其缓慢，并且母细胞在骨髓和血液中占主要地位。

慢性髓单核细胞性白血病　慢性髓单核细胞性白血病曾经在人身上被认为是CML的变异，但是现在一般被划分为MDS。曾经报道过一例关于猫的病例，表现为单核细胞增多并伴随着造血机能不全和骨髓中母细胞的增加。根据以上对MDS的划分，这个病例也应该被划分为MDS-EB。

嗜酸性白血病　嗜酸性白血病是CML的一种变异，它的特点是在血液和骨髓中主要是嗜酸性粒细胞。在猫上嗜酸性白血病和高嗜酸性粒细胞综合征很难区分。高嗜酸性粒细胞综合征的特点是持续的嗜酸性粒细胞增多，并常常包括肠道血液。嗜酸性白血病的特点则是在骨髓、血液和组织器官浸润的嗜酸性粒细胞核左移。

嗜碱性白血病　嗜碱性白血病与CML不同的是在血液和骨髓中主要是嗜碱性白细胞。在犬中很少发生此病。早期的报道易将嗜碱性白血病误诊为全身性肥大细胞增多症。嗜碱性白血病的特点是嗜碱性粒细胞的增多，主要是在骨髓和血液中含有大量的未成熟的嗜碱性粒细胞（图71 B）

原发性红细胞增多症　原发性红细胞增多症（真性细胞增多症）在成年的犬和猫上被认为是一种慢性的骨髓增生病，是由红细胞前体细胞自主（依靠促红细胞生成素）增生引起的，并导致血液中呈现大量的成熟红细胞。与人的真性红细胞增多症相比，血液中的粒细胞和血小板一般没有增加。骨髓由于细胞成熟而发生增生。在一些情况下红细胞系统的增生伴随着巨核细胞和/或粒细胞的增生。M：E一般正常，但是有时也会减少并导致红细胞系统的增生。骨髓中的铁含量减少，推测是由于红细胞生成量增加导致的。

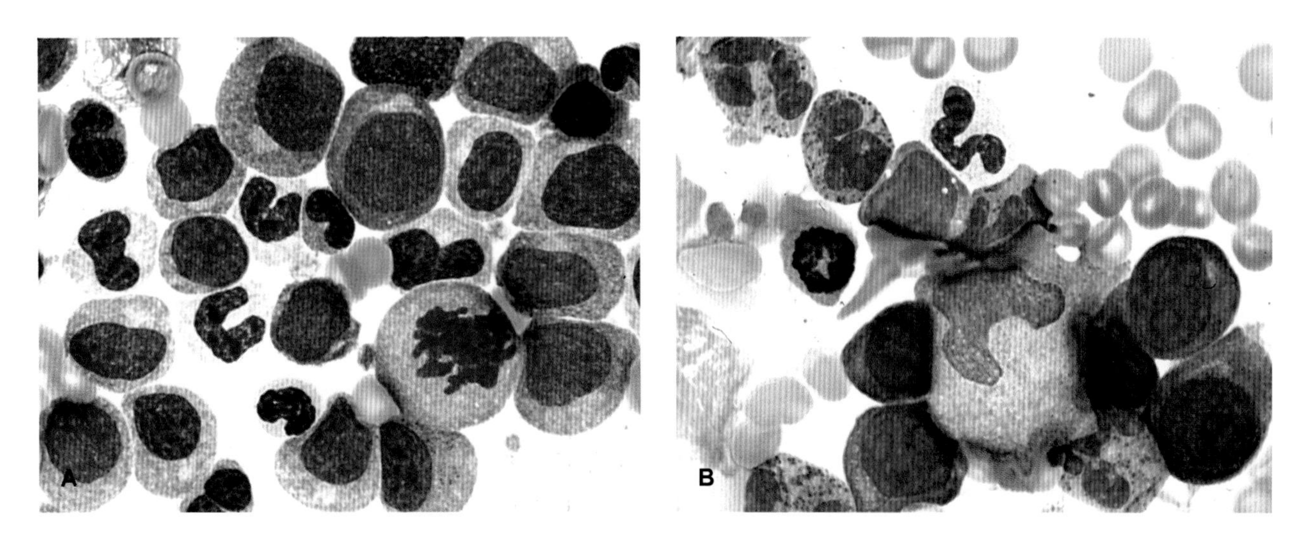

图71　慢性髓样白血病（CML）、嗜碱性白血病及肥大细胞浸润的骨髓穿刺液涂片（瑞氏-姬姆萨染色）

A. 患有CML犬的骨髓穿刺液涂片中的粒细胞增生并伴随着核左移。骨髓中原始粒细胞的数量低于有核细胞数量的30%。

B. 患有嗜碱性白血病犬骨髓穿刺液涂片中的嗜碱粒细胞及母细胞数量增加。在细胞过多的骨髓中嗜碱粒细胞的数量将近一半，并且母细胞的数量低于所有有核细胞数量的30%。图片由Dr.R.E.Raskin提供。

血小板增多症　血小板增多症是一种骨髓增生病，它的特点是在不发生铁缺乏的情况下，血小板也会出现显著而持续性的增加（一般在$1 \times 10^6/\mu L$以上）以及骨髓中的巨核细胞增生（图56 C，图56 D），发生在严重的出血后的恢复期，也可能是对血小板减少症的反应，也发生于脾切除术，一个潜在的慢性炎症，或其他的骨髓组织增生疾病等。在显微镜下可发现巨核细胞的形态正常或发育不良。血小板增多症被认为与原发性红细胞增多症极为相似，并且就像原发性红细胞增多症，只有排除了其他能引起细胞数目增多的疾病后，才能最后判定为是血小板增多症。

第十章

非造血系统肿瘤

（Nonhematopoietic Neoplasms）

骨髓的非造血系统肿瘤在其他组织形成后转移到骨髓。肿瘤转移到骨髓是比较普遍的，但是很难诊断，因为用组织活检针进行检测不容易检测到由肿瘤渗出物引起的多发性病灶。普遍认为，用成像技术诊断阳性病例，如果用活检将会增加肿瘤在骨髓内的转移率。

肥大细胞瘤

肥大细胞呈球形，有圆形的细胞核。肥大细胞的特点是细胞质有大量的紫红色的颗粒，而且这些颗粒用形态学快速染色法和其他水性瑞氏染色法不能着色。肥大细胞的前体细胞在骨髓里产生，但是前体细胞在骨髓内极少转化成肥大细胞。只有这些前体细胞离开骨髓后，随血液循环迁移到组织，才转化成肥大细胞。发生于皮肤、脾脏和外周部位的肥大细胞瘤，可能迁移到骨髓；因此，骨髓检查可能是检查这种肿瘤的一部分（图72 A，图72 B）。骨髓很可能对非皮肤系统肥大细胞增生症有促进作用。

转移癌

转移癌很少能在常规骨髓活检中检测到（图73 A ~ 图73 D），但经鉴定，通常在肿瘤病料或者实体中用活检针直接刺入骨伤口再用成像技术进行诊断。随肿瘤存在形态不同细胞形态也发生变化。在犬体内用常规的骨髓活检能查出弥漫性的腺癌，使上皮细胞聚集，导致细胞形态异常可能也使红细胞大小不均，细胞核大小不一，核质比率高，核染色质变粗，多核仁，细胞质深度嗜碱性，细胞质散离空泡化，核分化，形成腺泡。在诊断人骨髓里的转移癌时，组织学切片要优于对骨髓液涂片的方法。

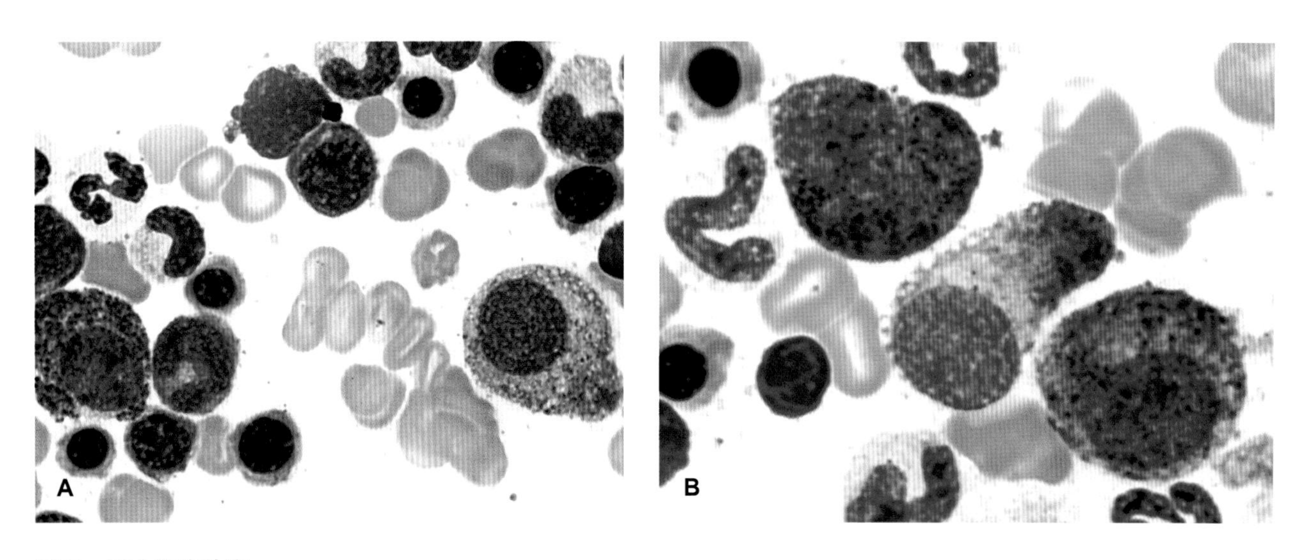

图72　肥大细胞肿瘤

A. 犬肥大细胞转移瘤的骨髓液涂片中的肥大细胞浸润（左、右边缘稍低于中心）。

B. 犬肥大细胞转移瘤的骨髓液涂片中的肥大细胞浸润。三个有圆形细胞核和紫红色颗粒的肥大细胞位于左上角到右下角的对角线上。

图73　骨髓中的转移性腺癌和骨源性肉瘤

A. 犬患有转移性胰腺癌的骨髓液涂片中嗜碱性上皮细胞聚集。瑞氏–姬姆萨染色。

B. 第二只患有未知组织的转移性腺癌的犬的骨髓液涂片中的嗜碱性上皮细胞聚集。瑞氏–姬姆萨染色。

C. 第三只患有弥漫性转移性腺癌的犬的骨髓液涂片中嗜碱性上皮细胞聚集，即使是进行了尸检也不能确定患病组织。瑞氏–姬姆萨染色。

D. 与图73 C同一只患犬，有转移性腺癌骨髓组织切片有的肿瘤上皮细胞（右侧）的迁徙性病灶。骨髓纤维化导致其他骨髓细胞过少。H.E染色。

E. 患有骨源性肿瘤的犬骨髓液涂片中多核破骨细胞（左侧）和核偏移的成骨细胞。瑞氏–姬姆萨染色。

F. 第二只患有骨源性肿瘤的犬的骨髓液涂片中多核破骨细胞（底部）和很多成骨细胞。瑞氏–姬姆萨染色。

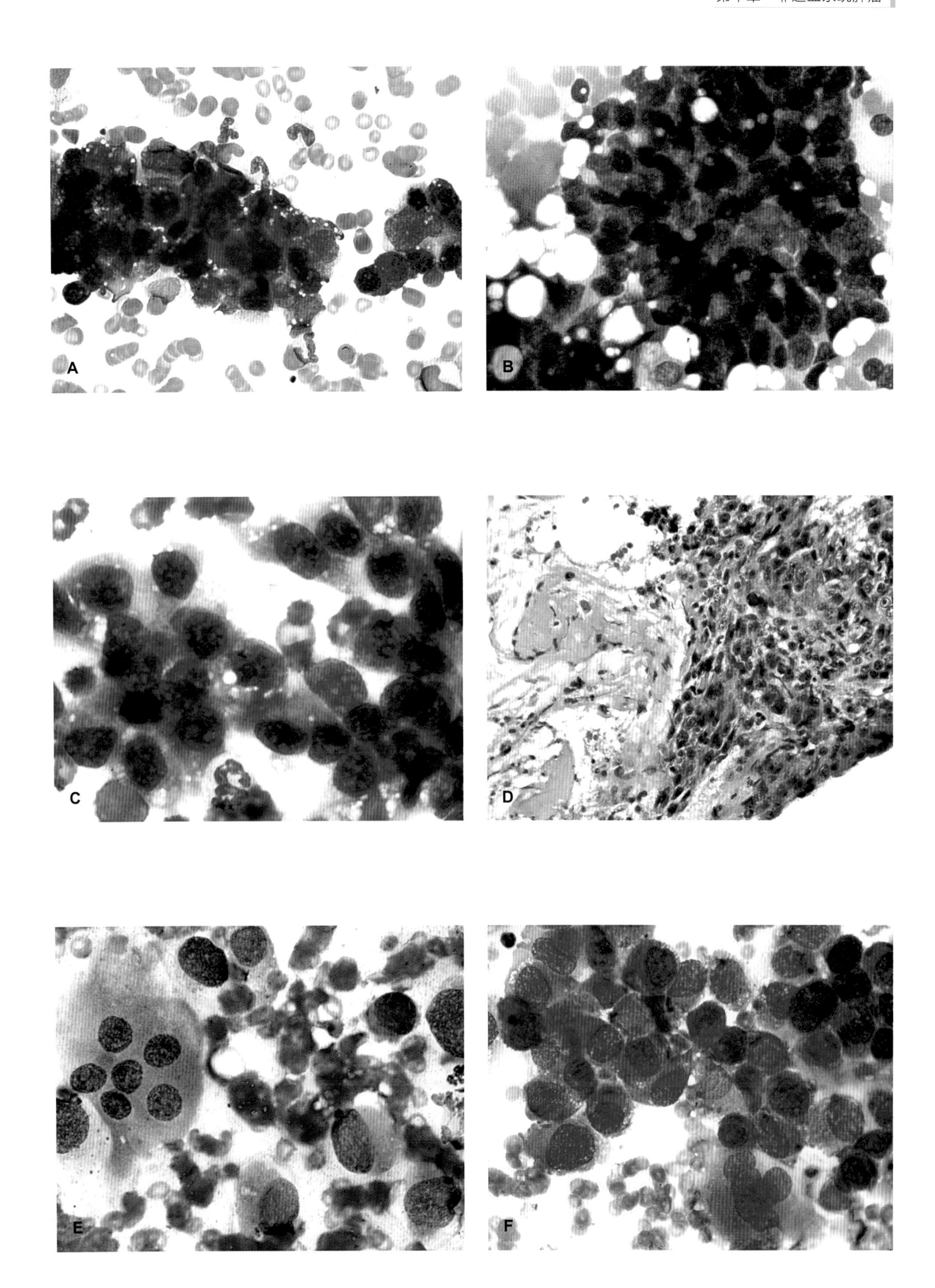
A
B
C
D
E
F

骨肉瘤

骨内肿瘤常扩散到骨髓。骨源性肉瘤是犬骨肿瘤中常见的一种，用源于骨损伤的活检病料很容易检测到表皮剥离的细胞（图73 E，图73 F）。恶性造骨细胞是多边形到纺锤形的细胞，细胞质有大量嗜碱性空泡。细胞核常异位，且大小不一，染色质变粗，多核仁。这些细胞产生类骨质，因此，它们的细胞质可能含有淡红色的颗粒或被嗜酸性粒细胞包围的骨基质。瘤体中也存在数量不定的非新生的破骨细胞。

软骨肉瘤与骨肉瘤在细胞学形态学中相似，但是和骨肉瘤相比，软骨肉瘤与更多的嗜酸性粒细胞相关联。其他潜在的骨肿瘤（如纤维肉瘤、血管肉瘤、骨巨细胞瘤）可通过对骨髓液涂片或组织切片法进行诊断。

附　录

骨髓的评估及病例分析

（Example of Bone Marrow Evaluation and Interpretation）

[患者] 去势的9岁杂种公猫

[病史] 食欲不振，精神萎靡，体重减轻，发病已2周。兽医已经诊断为严重的牙周疾病。猫FeLV和猫FIV检测都为阴性。四颗牙齿已被拔除，并且给予抗生素治疗。当被送到校兽医院进行诊断时，表现脱水、间歇热，并表现出不定期的厌食。

[临床检查] 精神萎靡，轻微脱水，消瘦，被毛蓬乱，牙周疾病导致临近齿龈充血。

[实验室检查] 血液学检查异常结果如下：血细胞压积27%，白细胞总数为1300个/μL，淋巴细胞数量增多，血小板没有计数，但是血涂片检测其数量正常，红细胞形态正常。尿液分析和临床化学成分检测均在正常范围内。猫FeLV检测阴性，但是猫FIV检测阳性。

[骨髓抽取物涂片检测]

13%不成熟髓样细胞[a]	4%不成熟的红细胞[b]
63%成熟髓样细胞	13%成熟红细胞
1%嗜酸性细胞	4%淋巴细胞
＞1%单核细胞	＞1%浆细胞

粒细胞与红细胞比率为4.5

存在多数微粒物并且细胞质增多。巨核细胞数量正常，大多数是成熟细胞。髓样细胞核左移，成熟的中性粒细胞减少。红细胞完整并且逐步成熟，但是多染色性红细胞减少。淋巴细胞、浆细胞、巨噬细胞的数量正常。不存在含铁血黄素，但其却是在猫体内应该能检测到的成分。几乎不能检测到噬红细胞作用和噬白细胞作用。

[说明] 粒细胞增生导致非正常成熟 。

注：[a]不成熟髓样细胞包括原始粒细胞和早幼粒细胞。成熟髓样细胞包括中性粒细胞、中性晚幼粒细胞、中性杆状核粒细胞和成熟中性白细胞。
[b]不成熟的红细胞包括原始红细胞和早幼红细胞。成熟红细胞包括嗜碱性中幼红细胞，多染性中幼红细胞和晚幼红细胞。

［小结］ 对这只猫来说，骨髓增生和骨髓功能紊乱导致严重的白细胞减少和轻度贫血症，粒细胞与红细胞比率增加，很可能是继发FIV感染。这种情况也能在严重的粒细胞耗竭后的复原期内的短暂阶段被检测到，尽管不太可能是在病史的基础上出现这种现象。如果动物处于中性白细胞减少症的复原期，几天后外周血中白细胞数量应该增加。

英汉专业名词词汇表

A

Acanthocytes　棘红细胞
Acute inflammation　急性炎症
Acute lymphoblastic leukemia (ALL)　急性成淋巴细胞白血病
Acute monocytic leukemia (AML-M5)　急性单核细胞白血病
Acute myeloblastic leukemia (AML-M2)　急性成髓细胞白血病
Acute myeloid leukemia (AML)　急性髓细胞白血病
Acute myelomonocytic leukemia (AML-M4)　急性髓-单核细胞白血病
Acute undifferentiated leukemia　急性未分化性白血病
Adipocytes　脂肪细胞
Anaplasma spp.　无形体属
Anemia　贫血
Anisocytosis　红细胞大小不等症
Apoptosis　细胞凋亡
Autoagglutination　自身凝集

B

Babesionsis　巴贝吸虫
Bacteria　细菌
Bacteria endocarditis　细菌性心内膜炎
Band basophils　杆状核嗜碱性粒细胞
Band eosinophils　杆状核嗜酸性粒细胞
Band neutrophils　杆状核中性粒细胞
Barr body　X染色体
Bartonella spp.　巴尔通氏体属
Basket cells　篮子细胞
Basophil (s)　嗜碱性的
Basophilic hyperplasia of　嗜碱性粒细胞异常增生
Basophilia　嗜碱性粒细胞增多
Basophilic hyperplasia　嗜碱性粒细胞增生
Basophilic leukemia　嗜碱性粒细胞白血病
Basophilic macroreticulocytes　嗜碱性巨网状红细胞
Basophilic stippling　嗜碱性颗粒
Birman cats　缅甸猫
Blast cells　母细胞
Biopsy sites　活组织检查位点
Bone marrow　骨髓
  Megakaryocytic cells of　巨核细胞
  Production of　产物
  Megakaryocytic hyperplasia of　巨核细胞增生
  Metastatic carcinoma of　转移性癌
  Microabscess of　微脓肿
  Mitotic cells of　有丝分裂细胞
  Monocytic cells of　单核细胞
  Monocytic hyperplasia of　单核细胞增生
  Mononuclear phagocytes of　单核-吞噬细胞
  Myelofibrosis of　骨髓纤维化
  Myeloid to erythroid ratio of　骨髓红细胞比率
  Neutrophilic hyperplasia of　中性粒细胞增生
  Nonhematopoietic neoplasms of　非造血系统肿瘤
  Osteoblasts of　成骨细胞
  Osteoclasts of　破骨细胞
  Osteosclerosis of　骨样硬化
  Phagocytosis in　吞噬作用
  Plasma cells of　浆细胞
  Reactive macrophage hyperplasia of　活性巨噬细胞增生
  Sarcoma of　肉瘤
  Selective megakaryocytic aplasia of　选择性巨核细胞发育不全
  Selective neutrophilic hypoplasia of　选择性中性粒细胞发育不良
  Smear preparation for　显微涂片制备
  Stromal cells of　间质细胞
Borrelia spp.　螺旋体
Bovine leukemia virus infection　牛白血病病毒感染
Buffy coat　血沉棕黄层
Burr cells　锯齿状红细胞

C

Chediak-higashi syndrome　切-东二氏综合症
Chloramphenicol　氯霉素
Chronic granulomatous inflammation　慢性肉芽肿性炎症
Chronic lymphocytic leukemia (CLL)　慢性淋巴细胞性白血病
Chronic myeloid leukemia (CML)　慢性髓细胞白血病

Chronic myelomonocytic leukemia 慢性髓–单核细胞白血病
Codocytes 编码细胞
Corynebacterium equi pneumonia 马棒杆菌肺炎
Coverslip blood film method 盖玻片血涂片方法
Crenated erythrocytes 锯齿形红细胞
Cryoglobulin 冷球蛋白
Crystallized hemoglobin 结晶血红蛋白
Cytauxzoon feils 猫胞殖原虫
Cytochemical stains 细胞化学染色
Cytoplasmic fragment 细胞质碎片

D

Dacryocytes 泪细胞
Dapsone 氨苯砜
Deoxyhemoglobin 脱氧血红蛋白
Differential cell count 细胞分类计数
Diff-quick stain 快速鉴别染色法
Dipetalonema reconditum 隐现棘唇线虫
Dirofilaria immitis 犬恶丝虫
Discocytes 盘状细胞
Disseminated intravascular coagulation 弥散性血管内凝血
Distemper inclusions 犬瘟热包含体
Döhle bodies 杜勒小体
Drepanocytes (sickle cells) 镰状红细胞
Dwarf megakaryocytes 发育不良巨核细胞
Dyserythropoiesis 红细胞生成异常
Dysgranulopoiesis 粒细胞生成障碍
Dysmegakaryocytopoiesis 巨核细胞生成异常

E

Eccentrocytes 偏心细胞
Echinocytosis 棘状红细胞
EDTA (ethylenediaminetetraacetic acid) 乙二胺四乙酸
Ehrlichia spp. 埃里希氏体属
Ehrlichiosis 埃里希氏体病
Elliptocytes (ovalocytes) 椭圆红细胞
Emperipolesis 伸入运动
Endothelial cells 内皮细胞
Envenomation 蜇刺毒作用
Echinocytosis after 棘状红细胞增多
Eosinophil (s) 嗜酸性粒细胞
Eosinophilic hyperplasia 嗜酸性粒细胞增生
Eosinophilic leukemia 嗜酸性粒细胞性白血病
Eperythrozoon spp. 附红细胞体
Equine infectious anemia 马传染性贫血
Erythroblastic island 幼红细胞岛
Erythrocytes 红细胞
Eccentrocytic 偏心细胞的
Elliptocytic 椭圆红细胞的
Eperythrozoon spp. 附红细胞体属
Erythrocytes (continued) 红细胞
Erythrocytosis 红细胞增多症
Erythroid aplasia 红细胞再生障碍
Erythroid hyperplasia 红细胞增生
Erythroid hypoplasia 红细胞再生不良
Erythroleukemia (AML-M6) 红白血病
Erythrophagocytosis 吞噬红细胞作用
Erythropoiesis 红细胞生成
Estrogen injection 雌激素注射液
Ethylenediaminetertraacetic acid (EDTA) 乙二胺四乙酸

F

Feline immunodeficiency virus infection 猫免疫缺乏症病毒感染
Feline leukemia virus infection 猫白血病病毒感染
Femoral head 股骨头
Fibrinogen 纤维蛋白原
Fibrous inflammation 纤维素性炎症
Free nuclei 游离核

G

Ghost erythrocyte 红细胞血影
Glucocorticoid therapy 糖皮质激素治疗
GM_2-gangliosidosis GM_2神经节苷脂沉积症
Granules 颗粒
Granulocyte-colony-stimulating factor (G-CSF) 粒细胞集落刺激因子
Granulocytic hyperplasia 粒细胞增生
Granulocytic hypoplasia 粒细胞发育不良
Granulomatous inflammation 肉芽肿性炎症
Griseofulvin 灰黄霉素

H

Haemobartonella spp. 血巴尔通氏体
Hemangiosarcoma 血管肉瘤
Hematophagic histiocytosis 噬血组织细胞增多症
Hematopoiesis 造血作用

Hematopoietic growth factors　造血生长因子
Hematopoietic neoplasms　造血系统肿瘤
Heme　亚铁血红蛋白
Hemighosts (eccentrocytes)　偏心细胞
Hemobartonellosis　血巴尔通氏体
Hemoglobin　血红蛋白
Heinz body　海因茨体
Hemolysis　溶血
Hemolytic anemia　溶血性贫血
Hemosiderin　含铁血红蛋白
Hepatozoon spp.　肝簇虫属
Histiocytosis hematophagic　组织细胞增多病
Histoplasma capsulatum　荚膜组织胞浆菌
Howell-Jolly bodies　豪-若二氏体
Humerus　肱骨
Hypereosinophilic syndrome　嗜酸性细胞增多综合症
Hyperostosis　骨质增生
Hypochromasia　红细胞血红蛋白减少

I

Ilium　髂骨
Immunoglobulin M (IgM) hyperglobulinermia　IgM高球蛋白血症
Inclusions　包含体
Iron-positive　铁阳性
Infectious agents　传染性病原微生物
Infectious agents　传染性病原微生物
Inflammatory disease　炎症疾病
Inherited cyclic hematopoiesis　遗传的循环的造血作用
Iron-deficiency anemia　缺铁性贫血
Isoerythrolysis　新生仔畜溶血

K

Karyorrhexis　核破裂
Keratocytes　角膜细胞
Knizocytes　连接细胞

L

Lead poisoning　铅中毒
Leishmania donovani　杜氏利士曼原虫
Leptocytes　薄红细胞
Leptospira spp.　钩端螺旋体
Leukemia　白血病
Leukemic lymphoma　白血病的淋巴瘤
Leukemoid reaction　白血病样反应
Leukocytes　白细胞
Leukocytosis　白细胞增多
Leukopoiesis　白细胞生成
Lipemia　脂血症
Lithium　锂
Lymphoblasts　淋巴母细胞
lymphoma　淋巴瘤
Lymphocyte (s)　淋巴细胞
Lymphocytic-plasmacytic gastritis　淋巴细胞-浆细胞胃炎
Lymphocytosis　淋巴细胞增生
Lymphoma　淋巴瘤
Lymphoproliferative disorders　淋巴增生性障碍
Lysosomal storage diseases　溶酶体蓄积疾病

M

Macrocytic polychromatophilic rubricytes　巨幼多染性中幼红细胞
Macroglobulinemia　巨球蛋白血症
Macrophage (s)　巨噬细胞
Macrophage hyperplasia　巨噬细胞增殖
Macroplatelets　巨血小板
Macroreticulocytes　巨网织细胞
Malignant melanoma　恶性黑色素瘤
Mast cells　肥大细胞
Mast cell tumors　肥大细胞瘤
Mastocytemia　良性肥大细胞瘤
Mastocytosis　肥大细胞增生症
Megakaryoblast　原始巨核细胞
Megakaryoblastic leukemia (AML-M7)　成巨核细胞性白血病
Megakaryocytes　巨核细胞
Megakaryocytic emperipolesis　巨核细胞的伸入运动
Megakaryocytic hyperplasia　巨核细胞增生
Megakaryocytic hypoplasia　巨核细胞再生不良
Melanin　黑色素
Metlanophages　噬黑素细胞
Metamyelocytes　晚幼粒细胞
Metarubricytes　晚幼红细胞
Metastatic blast cells　转移的母细胞
Metastatic carcinoma　转移性癌
Methemoglobinemia　高铁血红蛋白血症
Methylene blue stains　亚甲蓝染色
Microabscess　微脓肿
Microfilaria　微丝蚴

Microhematocrit　微量血细胞比容
Mitotic cells　有丝分裂细胞
Monoblasts　成单核细胞
Monocytes　单核细胞
Monocytic hyperplasia　单核细胞增生
Mott's cells　莫特细胞
Mucopolysaccharidosis　黏多糖增多症
Multiple myeloma　多发性骨髓瘤
Mycobacterium spp.　分支杆菌
Myeloblast (s)　原始粒细胞
Myeloblastic leukemia (AML-M2)　原始髓细胞性白血病
Myeloblastic leukemia without maturation (AML-M1)　未成熟的原始粒细胞性白血病
Myelocytes　中幼粒细胞
Myelodysplastic syndromes　骨髓增生异常综合症
Myelofibrosis　骨髓纤维化症
Myeloid:erythroid (M:E) ratio　粒细胞与红细胞比值
Myeloproliferative disorders　骨髓增生症
M1　原始粒细胞
M2　早幼粒细胞
M3　中幼粒细胞
M4　单核细胞
M5　晚幼粒细胞
M6　红细胞
M7　原始巨核细胞

N

Necrosis　坏死
Neonatal isoerythrolysis　新生儿溶血症
Neutropenia　中性粒细胞减少症
Neutrophil (s)　中性粒细胞
Neutrophilic hypoplasia　中性粒细胞再生不良
Niemann-Pick disease　尼–皮二氏病

O

Osteoblasts　成骨细胞
Osteoclasts　破骨细胞
Osteopetrosis　骨硬化症
Osteosclerosis　骨样硬化
Ovalocytes　卵形红细胞

P

Packed cells　压紧细胞
Pappenheimer bodies　帕彭海默尔小体
Parasites　寄生虫
Parvovirus infcction　细小病毒感染
Pelger-Huet anomaly　佩–休二氏异常
Phagocytosis　吞噬作用
Plasma　血浆
Plasma cells　浆细胞
Plasma protein　血浆蛋白
Plasmacytoma　浆细胞瘤
Platelet (s)　血小板
Platelet count　血小板计数
Poikilocytosis　异形红细胞病
Polyarthritis　多关节炎
Polychromasia　多染性
Polycythemia vera　红细胞增多症
Progenitor cells　祖细胞
Prolymphocytes　幼淋巴细胞
Promegakaryocyte　幼巨核细胞
Promonocytes　幼单核细胞
Promyelocytes　早幼粒细胞
Promyelocytic leukemia (AML-M3)　前髓细胞性白血病
Prorubricytes　早幼红细胞
Prussian blue stain　普鲁士蓝染色
Pyogranulomatous inflammation　脓性肉芽肿性炎症
Pyruvate kinase deficiency　丙酮酸激酶缺乏症

R

Red smudges　红色污点
Reticulocyte (s)　网织红细胞
Romanowsky-type stains　罗曼诺夫斯基血液染色
Rouleaux　钱串状
Rubriblasts　原始红细胞
Rubricytes　中幼红细胞
Russell bodies　瓦塞尔小体（浆细胞有时含有的一种致密颗粒）

S

Sarcoma　肉瘤
Schistocytes (schizocytes)　裂红细胞
Setaria spp.　丝虫
Sezary cells　西泽里利细胞（一种异常单核细胞）
Sickle cells (drepanocytes)　镰刀形红细胞
Sideroblasts　铁幼粒红细胞
Siderocytes　高铁红细胞

Sideroleukocytes　高铁白细胞
Slide blood film method　载玻片血涂片方法
Smudged erythrocytes　斑点红细胞
Snake bite　蛇咬伤
Spherocytes　球形红细胞
Spheroechinocytes　球形棘细胞
Spirochete　螺旋菌
Splenomegaly　脾肿大
Spot test for methemogoglobinermia　点滴试验测高铁血红蛋白
Spur cells　棘突红细胞
Stains　染色
Stomatocytes　裂红细胞
Stomatospherocytes　裂片红细胞
Stress reticulocytes　应激网织红细胞
Stromal cells　基质细胞
Systemic lupus erythematosus　全身性红斑狼疮

T

Theileria spp.　泰勒虫属
Thrombocythemia　血小板增多症
Thrombocytosis　血小板增多
Thrombopoiesis　血小板生成
Torocytes　环形红细胞
Trypanosome cruzi　克氏锥虫
Trypanosome theileri　泰勒锥虫

V

Vacuum tube　真空管
Valacyclovir　伐昔洛韦
Vincristine therapy　长春新碱（抗肿瘤）治疗

W

Wright-Giemsa stain　瑞氏-吉姆萨染色

参考文献

1. Meyer DJ, Harvey JW: Veterinary Laboratory Medicine. Interpretation and Diagnosis, 2nd ed. W.B. Saunders Co., Philadelphia, PA, 1998.
2. Harenberg J, Malsch R, Piazolo L, Huhle G, Heene DL: Preferential binding of heparin to granulocytes of various species. Am J Vet Res 57:1016–1020, 1996.
3. Hinchcliff KW, Kociba GJ, Mitten LA: Diagnosis of EDTA–dependent pseudothrombocytopenia in a horse. J Am Vet Med Assoc 203:1715–1716, 1993.
4. Savage RA: Pseudoleukocytosis due to EDTA–induced platelet clumping. Am J Clin Pathol 81:317–322, 1984.
5. Deol I, Hernandez AM, Pierre RV: Ethylenediamine tetraacetic acid–associated leukoagglutination. Am J Clin Pathol 103:338–340, 1995.
6. Bizzaro N: EDTA–dependent pseudothrombocytopenia: a clinical and epidemiological study of 112 cases, with 10–year follow–up. Am J Hematol 50:103–109, 1995.
7. Ragan HA: Platelet agglutination induced by ethylenediaminetetraacetic acid in blood samples from a miniature pig. Am J Vet Res 33:2601–2603, 1972.
8. Moraglio D, Banfi G, Arnelli A: Association of pseudothrombocytopenia and pseudoleukopenia: evidence for different pathogenic mechanisms. Scand J Clin Lab Invest 54:257–265, 1994.
9. Harvey JW: The erythrocyte: physiology, metabolism and biochemical disorders. In: Clinical Biochemistry of Domestic Animals, 5th ed. Kaneko JJ, Harvey JW, Bruss ML, eds. pp 157–203, Academic Press, San Diego, CA, 1997.
10. Harvey JW, King RR, Berry CR, Blue JT: Methaemoglobin reductase deficiency in dogs. Comp Haematol Int 1:55–59, 1991.
11. Jain NC: Essentials of Veterinary Hematology. Lea & Febiger, Philadelphia, PA, 1993.
12. Engelking LR: Evaluation of equine bilirubin and bile acid metabolism. Comp Cont Ed Pract Vet 11:328–336, 1989.
13. Whitney MS: Evaluation of hyperlipidemia in dogs and cats. Sem Vet Med Surg Small Anim 7:292–300, 1992.
14. Watson TDG, Gaffney D, Mooney CT, Thompson H, Packard CJ, Shepherd J: Inherited hyperchylomicronaemia in the cat: lipoprotein lipase function and gene structure. J Small Anim Pract 33:207–212, 1992.
15. Jeffcott LB, Field JR: Current concepts of hyperlipaemia in horses and ponies. Vet Rec 116:461–466, 1985.
16. Mogg TD, Palmer JE: Hyperlipidemia, hyperlipemia, and hepatic lipidosis in American miniature horses: 23 cases (1990–1994). J Am Vet Med Assoc 207:604–607, 1995.
17. Jain NC: Schalm's Veterinary Hematology, 4th ed. Lea & Febiger, Philadelphia, PA, 1986.
18. Dintenfass L, Kammer S: Re–evaluation of heat precipitation method for plasma fibrinogen estimation: effect of abnormal proteins and plasma viscosity. J Clin Pathol 29:130–134, 1976.
19. Blaisdell FS, Dodds WJ: Evaluation of two microhematocrit methods for quantitating plasma fibrinogen. J Am Vet Med Assoc 171:340–342, 1977.
20. Burkhard MJ, Baxter G, Thrall MA: Blood precipitate associated with intra–abdominal carboxymethylcellulose administration. Vet Clin Pathol 25:114–117, 1996.
21. Harvey JW: Hematology tip—stains for distemper inclusions. Vet Clin Pathol 11(1):12, 1982.
22. Alsaker RD, Laber J, Stevens JB, Perman V: A comparison of polychromasia and reticulocyte counts in assessing erythrocyte regenerative response in the cat. J Am Vet Med Assoc 170:39–41, 1977.
23. Perkins PC, Grindem CB, Cullins LD: Flow cytometric analysis of punctate and aggregate reticulocyte

responses in phlebotomized cats. Am J Vet Res 56:1564–1569, 1995.
24. Cramer DV, Lewis RM: Reticulocyte response in the cat. J Am Vet Med Assoc 160:61–67, 1972.
25. Fan LC, Dorner JL, Hoffman WE: Reticulocyte response and maturation in experimental acute blood loss anemia in the cat. J Am Anim Hosp Assoc 14:219–224, 1978.
26. Grindem CB: Blood cell markers. Vet Clin N Am Small Anim Pract 26:1043–1064, 1996.
27. Raskin RE, Valenciano A: Cytochemical tests for diagnosis of leukemia. In: Schalm's Veterinary Hematology, 5th ed. Feldman BF, Zinkl JG, Jain NC, eds. pp 755–763, Lippincott Williams & Wilkins, Philadelphia, PA, 2000.
28. Raskin RE, Valenciano A: Cytochemistry of normal leukocytes. In: Schalm's Veterinary Hematology, 5th ed. Feldman BF, Zinkl JG, Jain NC, eds. pp 337–346, Lippincott Williams & Wilkins, Baltimore, MD, 2000.
29. Weiss DJ: Uniform evaluation and semiquantitative reporting of hematologic data in veterinary laboratories. Vet Clin Pathol 13:27–31, 1984.
30. Tasker S, Cripps PJ, Macklin AJ: Estimation of platelet counts on feline blood smears. Vet Clin Pathol 28:42–45, 1999.
31. Moore JN, Mahaffey EA, Zboran M: Heparin–induced agglutination of erythrocytes in horses. Am J Vet Res 48:68–71, 1987.
32. Monreal L, Villatoro AJ, Monreal M, Espada Y, Angles AM, Ruiz–Gopegui R: Comparison of the effects of low–molecular–weight and unfractioned heparin in horses. Am J Vet Res 56:1281–1285, 1995.
33. Laber J, Perman V, Stevens JB: Polychromasia or reticulocytes—an assessment of the dog. J Am Anim Hosp Assoc 10:399–406, 1974.
34. Harvey JW: Canine bone marrow: normal hematopoiesis, biopsy techniques, and cell identification and evaluation. Comp Cont Ed Pract Vet 6:909–926, 1984.
35. Harvey JW: Microcytic anemias. In: Schalm's Veterinary Hematology, 5th ed. Feldman BF, Zinkl JG, Jain NC, eds. pp 200–204, Lippincott Williams & Wilkins, Philadelphia, PA, 2000.
36. Morin DE, Garry FB, Weiser MG: Hematologic responses in llamas with experimentally–induced iron deficiency anemia. Vet Clin Pathol 22:81–85, 1993.
37. Holman HH, Drew SM: The blood picture of the goat. II. Changes in erythrocyte shape, size and number associated with age. Res Vet Sci 5:274–285, 1964.
38. Sato T, Mizuno M: Poikilocytosis of newborn calves. Nippon Juigaku Zasshi 44:801–805, 1982.
39. Okabe J, Tajima S, Yamato O, Inaba M, Hagiwara S, Maede Y: Hemoglobin types, erythrocyte membrane skeleton and plasma iron concentration in calves with poikilocytosis. J Vet Med Sci 58:629–634, 1996.
40. Rebar AH, Lewis HB, DeNicola DB, Halliwell WH, Boon GD: Red cell fragmentation in the dog: an editorial review. Vet Pathol 18:415–426, 1981.
41. Badylak SF, Van Vleet JF, Herman EH, Ferrans VJ, Myers CE: Poikilocytosis in dogs with chronic doxorubicin toxicosis. Am J Vet Res 46:505–508, 1985.
42. O'Keefe DA, Schaeffer DJ: Hematologic toxicosis associated with doxorubicin administration in cats. J Vet Intern Med 6:276–283, 1992.
43. Holland CT, Canfield PJ, Watson ADJ, Allan GS: Dyserythropoiesis, polymyopathy, and cardiac disease in three related English springer spaniels. J Vet Intern Med 5:151–159, 1991.
44. Weiss DJ, Kristensen A, Papenfuss N, McClay CB: Quantitative evaluation of echinocytes in the dog. Vet Clin Pathol 19:114–118, 1990.
45. Brown DE, Meyer DJ, Wingfield WE, Walton RM: Echinocytosis associated with rattlesnake envenomation in dogs. Vet Pathol 31:654–657, 1994.
46. Walton RM, Brown DE, Hamar DW, Meador VP, Horn JW, Thrall MA: Mechanisms of echinocytosis induced by *Crotalus atrox* venom. Vet Pathol 34:442–449, 1997.
47. Marks SL, Mannella C, Schaer M: Coral snake envenomation in the dog: report of four cases and review of the

literature. J Am Anim Hosp Assoc 26:629–634, 1990.
48. Chandler FW, Prasse KW, Callaway CS: Surface ultrastructure of pyruvate kinasedeficient erythrocytes in the basenji dog. Am J Vet Res 36:1477–1480, 1975.
49. Rebar AH: Hemogram Interpretation for Dogs and Cats. Ralston Purina Co. St. Louis, 1998.
50. Geor RJ, Lund EM, Weiss DJ: Echinocytosis in horses: 54 cases (1990). J Am Vet Med Assoc 202:976–980, 1993.
51. Weiss DJ, Geor RJ: Clinical and rheological implications of echinocytosis in the horse: a review. Comp Haematol Int 3:185–189, 1993.
52. Bessis M: Living Blood Cells and Their Ultrastructure. Springer–Verlag, New York, NY, 1973.
53. Cooper RA, Leslie MH, Knight D, Detweiler DK: Red cell cholesterol enrichment and spur cell anemia in dogs fed a cholesterol–enriched atherogenic diet. J Lipid Res 21:1082–1089, 1980.
54. Weiss DJ, Kristensen A, Papenfuss N: Quantitative evaluation of irregularly spiculated red blood cells in the dog. Vet Clin Pathol 22:117–121, 1993.
55. Christopher MM, Lee SE: Red cell morphologic alterations in cats with hepatic disease. Vet Clin Pathol 23:7–12, 1994.
56. McGillivray SR, Searcy GP, Hirsch VM: Serum iron, total iron binding capacity, plasma copper and hemoglobin types in anemic and poikilocytic calves. Can J Comp Med 49:286–290, 1985.
57. Jain NC, Kono CS, Myers A, Bottomly K: Fusiform erythrocytes resembling sickle cells in angora goats: observations on osmotic and mechanical fragilities and reversal of shape during anaemia. Res Vet Sci 28:25–35, 1980.
58. Weiss DJ, Lulich J: Myelodysplastic syndrome with sideroblastic differentiation in a dog. Vet Clin Pathol 28:59–63, 1999.
59. Fletch SM, Pinkerton PH, Brueckner PJ: The Alaskan Malamute chondrodysplasia (dwarfism—anemia) syndrome—in review. J Am Anim Hosp Assoc 11:353–361, 1975.
60. Slappendel RJ, Renooij W, De Bruijne JJ: Normal cations and abnormal membrane lipids in the red blood cells of dogs with familial stomatocytosis–hypertrophic gastritis. Blood 84:904–909, 1994.
61. Brown DE, Weiser MG, Thrall MA, Giger U, Just CA: Erythrocyte indices and volume distribution in a dog with stomatocytosis. Vet Pathol 31:247–250, 1994.
62. Smith JE, Mohandas N, Shohet SB: Interaction of amphipathic drugs with erythrocytes from various species. Am J Vet Res 43:1041–1048, 1982.
63. Klag AR, Giger U, Shofer FS: Idiopathic immune–mediated hemolytic anemia in dogs: 42 cases (1986–1990). J Am Vet Med Assoc 202:783–788, 1993.
64. Noble S, Armstrong PJ: Bee sting envenomation resulting in secondary immune–mediated hemolytic anemia in two dogs. J Am Vet Med Assoc 214:1026–1027, 1999.
65. Breitschwerdt EB, Armstrong PJ, Robinette CL, Dillman RC, Karl ML: Three cases of acute zinc toxicosis in dogs. Vet Hum Toxicol 28:109–117, 1986.
66. Swenson C, Jacobs R: Spherocytosis associated with anaplasmosis in two cows. J Am Vet Med Assoc 188:1061–1063, 1986.
67. Ban A, Ogata Y, Kato T, et al: Erythrocyte morphology and the frequency of spherocytes in hereditary erythrocyte membrane protein disorder in Japanese Black cattle. Bulletin of Nippon Veterinary and Animal Science University 44:21–27, 1995.
68. English RV, Breitschwerdt EB, Grindem CB, Thrall DE, Gainsburg L: Zollinger–Ellison syndrome and myelofibrosis in a dog. J Am Vet Med Assoc 192:1430–1434, 1988.
69. Shelly SM: Causes of canine pancytopenia. Comp Cont Ed Pract Vet 10:9–16, 1988.
70. Lewis HB, Rebar AH: Bone Marrow Evaluation in Veterinary Practice. Ralston Purina Co., St. Louis, 1979.
71. Hammer AS, Couto CG, Swardson C, Getzy D: Hemostatic abnormalities in dogs with hemangiosarcoma. J Vet

Intern Med 5:11–14, 1991.
72. Prasse KW, Crouser D, Beutler E, Walker M, Schall WD: Pyruvate kinase deficiency anemia with terminal myelofibrosis and osteosclerosis in a beagle. J Am Vet Med Assoc 166:1170–1175, 1975.
73. Schaer M, Harvey JW, Calderwood Mays MB, Giger U: Pyruvate kinase deficiency causing hemolytic anemia with secondary hemochromatosis in a Cairn terrier dog. J Am Anim Hosp Assoc 28:233–239, 1992.
74. Cooper RA, Diloy–Puray M, Lando P, Greenberg MS: An analysis of lipoproteins, bile acids, and red cell membranes associated with target cells and spur cells in patients with liver disease. J Clin Invest 51:3182–3192, 1972.
75. Harvey JW: Methemoglobinemia and Heinz–body hemolytic anemia. In: Kirk's Current Veterinary Therapy XII, Small Animal Practice. Bonagura JD, ed. pp 443–446, W.B. Saunders Co., Philadelphia, PA, 1995.
76. Reagan WJ, Carter C, Turek J: Eccentrocytosis in equine red maple leaf toxicosis. Vet Clin Pathol 23:123–127, 1994.
77. MacWilliams P, Meadows R: Unpublished case submitted to the 1993 ASVCP microscopic slide review, 1993.
78. Stockham SL, Harvey JW, Kinden DA: Equine glucose–6–phosphate dehydrogenase deficiency. Vet Pathol 31:518–527, 1994.
79. Harvey JW, Stockham SL, Johnson PJ, Scott MA: Methemoglobinemia and eccentrocytosis in a horse with erythrocyte flavin adenine dinucleotide (FAD) deficiency (abstract) Revue Med Vet 151:710, 2000.
80. Scavelli TD, Hornbuckle WE, Roth L, et al: Portosystemic shunts in cats: seven cases (1976–1984). J Am Vet Med Assoc 189:317–325, 1986.
81. Hoff B, Lumsden JH, Valli VE: An appraisal of bone marrow biopsy in assessment of sick dogs. Can J Comp Med 49:34–42, 1985.
82. Smith JE, Moore K, Arens M, Rinderknecht GA, Ledet A: Hereditary elliptocytosis with protein band 4.1 deficiency in the dog. Blood 61:373–377, 1983.
83. Reagan WJ: A review of myelofibrosis in dogs. Toxicol Pathol 21:164–169, 1993.
84. Kuehn NF, Gaunt SD: Hypocellular marrow and extramedullary hematopoiesis in a dog: hematologic recovery after splenectomy. J Am Vet Med Assoc 188:1313–1315, 1986.
85. Taylor WJ: Sickled red cells in the Cervidae. Adv Vet Sci Comp Med 27:77–98, 1983.
86. Jain NC, Kono CS: Fusiform erythrocytes in angora goats resembling sickle cells: influence of temperature, pH, and oxygenation on cell shape. Am J Vet Res 38:983–990, 1977.
87. Rees Evans ET: Sickling phenomenon in sheep. Nature 217:74–75, 1968.
88. Altman NH, Melby EC, Squire RA: Intraerythrocytic crystalloid bodies in cats. Blood 39:801–803, 1972.
89. Altman NH: Intraerythrocytic crystalloid bodies in cats and their comparison with hemoglobinopathies of man. Ann N Y Acad Sci 241:589–593, 1974.
90. Simpson CF, Gaskin JM, Harvey JW: Ultrastructure of erythrocytes parasitized by *Haemobartonella felis*.J Parasitol 64:504–511, 1978.
91. Tvedten HW: What is your diagnosis? Vet Clin Pathol 19(3):77–78, 1990.
92. Van Houten D, Weiser MG, Johnson L, Garry F: Reference hematologic values and morphologic features of blood cells in healthy adult llamas. Am J Vet Res 53:1773–1775, 1992.
93. Lund JE: Hemoglobin crystals in canine blood. Am J Vet Res 35:575–577, 1974.
94. Tyler RD, Cowell RL: Normoblastemia. In: Consultations in Feline Internal Medicine 3. August JR, ed. pp 483–487, W.B. Saunders Co., Philadelphia, PA, 1997.
95. Mandell CP, Jain NC, Farver TB: The significance of normoblastemia and leukoerythroblastic reaction in the dog. J Am Anim Hosp Assoc 25:665–672, 1989.
96. George JW, Duncan JR: The hematology of lead poisoning in man and animals. Vet Clin Pathol 8:23–30, 1979.
97. Morgan RV, Moore FM, Pearce LK, Rossi T: Clinical and laboratory findings in small companion animals with

lead poisoning: 347 cases (1977–1986). J Am Vet Med Assoc 199:93–97, 1991.

98. Deldar A, Lewis H, Bloom J, Weiss L: Cephalosporin-induced changes in the ultrastructure of canine bone marrow. Vet Pathol 25:211 218, 1988.

99. Henson KL, Alleman AR, Fox LE, Richey LJ, Castleman WL: Diagnosis of disseminated adenocarcinoma by bone marrow aspiration in a dog with leukoerythroblastosis and fever of unknown origin. Vet Clin Pathol 27:80–84, 1998.

100. Steffen DJ, Elliott GS, Leipold HW, Smith JE: Congenital dyserythropoiesis and progressive alopecia in Polled Hereford calves: hematologic, biochemical, bone marrow cytologic, electrophoretic, and flow cytometric findings. J Vet Diagn Invest 4:31–37, 1992.

101. Couto CG, Kallet AJ: Preleukemic syndrome in a dog. J Am Vet Med Assoc 184:1389–1392, 1984.

102. Durando MM, Alleman AR, Harvey JW: Myelodysplastic syndrome in a quarter horse gelding. Equine Vet J 26:83–85, 1994.

103. Searcy GP, Orr JP: Chronic granulocytic leukemia in a horse. Can Vet J 22:148–151, 1981.

104. Christopher MM, Broussard JD, Peterson ME: Heinz body formation associated with ketoacidosis in diabetic cats. J Vet Intern Med 9:24–31, 1995.

105. Blue J, Weiss L: Vascular pathways in nonsinusal red pulp—an electron microscope study of the cat spleen. Am J Anat 161:135–168, 1981.

106. Christopher MM: Relation of endogenous Heinz bodies to disease and anemia in cats: 120 cases (1978–1987). J Am Vet Med Assoc 194:1089–1095, 1989.

107. Robertson JE, Christopher MM, Rogers QR: Heinz body formation in cats fed baby food containing onion powder. J Am Vet Med Assoc 212:1260–1266, 1998.

108. Desnoyers M, Hebert P: Heinz body anemia in a dog following possible naphthalene ingestion. Vet Clin Pathol 24:124–125, 1995.

109. Harvey JW: Unpublished findings, 2000.

110. Plier M: Unpublished findings, 2000.

111. De Waal DT: Equine piroplasmosis: a review. Br Vet J 148:6–14, 1992.

112. Kuttler KL: World-wide impact of babesiosis. In: Babesiosis of Domestic Animals and Man. Ristic M, ed. pp 2–22, CRC Press, Inc., Boca Raton, FL, 1988.

113. Taboada J: Babesiosis. In: Infectious Diseases of the Dog and Cat, 2nd ed. Greene CE, ed. pp 473–481, W.B. Saunders Co., Philadelphia, PA, 1998.

114. Urquhart GM, Armour J, Duncan JL, Dunn AM, Jennings FW: Veterinary Parasitology, 2nd ed. Blackwell Science, Cambridge, MA, 1996.

115. Stockham SL, Kjemtrup AM, Conrad PA, et al: Theilerosis in a Missouri beef herd caused by *Theileria buffeli*: case report, herd investigation, ultrastructure, phylogenetic analysis, and experimental transmission. Vet Pathol 37:11–21, 2000.

116. Kier AB, Greene CE: Cytauxzoonosis. In: Infectious Diseases of the Dog and Cat, 2nd ed. Greene CE, ed. pp 470–473, W.B. Saunders Co., Philadelphia, PA, 1998.

117. Wanduragala L, Ristic M: Anaplasmosis. In: Rickettsial and Chlamydial Diseases of Domestic Animals. Woldehiwet Z, Ristic M, eds. pp 65–87, Pergamon Press, New York, NY, 1993.

118. Watson ADJ, Wright RG: The ultrastructure of inclusions in blood cells of dogs with distemper. J Comp Pathol 84:417–427, 1974.

119. Gossett KA, MacWilliams PS, Fulton RW: Viral inclusions in hematopoietic precursors in a dog with distemper. J Am Vet Med Assoc 181:387–388, 1982.

120. Harvey JW: Haemobartonellosis. In: Infectious Diseases of the Dog and Cat, 2nd ed. Greene CE, ed. pp 166–171, W.B. Saunders Co., Philadelphia, PA, 1998.

121. Rikihisa Y, Kawahara M, Wen BH, Kociba G, Fuerst P, Kawamori F, Suto C, Shibata S, Futohashi M: Western immunoblot analysis of *Haemobartonella muris* and comparison of 16S rRNA gene sequences of *H-muris, H-felis,* and *Eperythrozoon suis*. J Clin Microbiol 35:823–829, 1997.

122. Messick JB, Berent LM, Cooper SK: Development and evaluation of a PCR-based assay for detection of *Haemobartonella felis* in cats and differentiation of *H. felis* from related bacteria by restriction fragment length polymorphism analysis. J Clin Microbiol 36:462–466, 1998.

123. Reagan WJ, Garry F, Thrall MA, Colgan S, Hutchison J, Weiser MG: The clinicopathologic, light, and scanning electron microscopic features of eperythrozoonosis in four naturally infected llamas. Vet Pathol 27:426–431, 1990.

124. Scott GR, Woldehiwet Z: Eperythrozoonoses. In: Rickettsial and Chlamydial Diseases of Domestic Animals. Woldehiwet Z, Ristic M, eds. pp 111–129, Pergamon Press, New York, NY, 1993.

125. Welles EG, Tyler JW, Wolfe DF: Hematologic and semen quality changes in bulls with experimental eperythrozoon infection. Theriogenology 43:427–437, 1995.

126. Smith JA, Thrall MA, Smith JL, Salman MD, Ching SV, Collins JK: *Eperythrozoon wenyonii* infection in dairy cattle. J Am Vet Med Assoc 196:1244–1250, 1990.

127. Neimark H, Kocan KM: The cell wall-less rickettsia *Eperythrozoon wenyonii* is a Mycoplasma. FEMS Microbiol Let 156:287–291, 1997.

128. Breitschwerdt EB, Greene CE: Bartonellosis. In: Infectious Diseases of the Dog and Cat, 2nd ed. Greene CE, ed. pp 337–343, W.B. Saunders Co., Philadelphia, PA, 1998.

129. Kordick DL, Breitschwerdt EB: Intraerythrocytic presence of *Bartonella henselae*. J Clin Microbiol 33:1655–1656, 1995.

130. Leifer CE, Matus RE, Patnaik AK, MacEwen EG: Chronic myelogenous leukemia in the dog. J Am Vet Med Assoc 183:686–689, 1983.

131. Harvey JW: Myeloproliferative disorders in dogs and cats. Vet Clin N Am Small Anim Pract 11:349–381, 1981.

132. Grindem CB, Stevens JB, Brost DR, Johnson DD: Chronic myelogenous leukaemia with meningeal infiltration in a dog. Comp Haematol Int 2:170–174, 1992.

133. Latimer KS, Duncan JR, Kircher IM: Nuclear segmentation, ultrastructure and cytochemistry of blood cells from dogs with Pelger-Huet anomaly. J Comp Pathol 97:61–72, 1987.

134. Latimer KS, Robertson SL: Inherited leukocyte disorders. In: Consultations in Feline Internal Medicine 2. August JR, ed. pp 503–507, W.B. Saunders Co., Philadelphia, PA, 1994.

135. Gossett KA, MacWilliams PS: Ultrastructure of canine toxic neutrophils. Am J Vet Res 43:1634–1637, 1982.

136. Gossett KA, MacWilliams PS, Cleghorn B: Sequential morphological and quantitative changes in blood and bone marrow neutrophils in dogs with acute inflammation. Can J Comp Med 49:291–297, 1985.

137. Duncan JR, Mahaffey EA: Unpublished case submitted to the 1983 ASVCP microscopic slide review, 1983.

138. Jolly RD, Walkley SU: Lysosomal storage diseases of animals: an essay in comparative pathology. Vet Pathol 34:527–548, 1998.

139. Neer TM, Dial SM, Pechman R, Wang P, Oliver JL, Giger U: Mucopolysaccharidosis VI in a miniature Pinscher. J Vet Intern Med 9:429–433, 1995.

140. Alroy J, Freden GO, Goyal V, Raghavan SS, Schunk KL: Morphology of leukocytes from cats affected with α-mannosidosis and mucopolysaccharidosis VI (MPS VI). Vet Pathol 26:294–302, 1989.

141. Cowell KR, Jezyk PF, Haskins ME, Patterson DF: Mucopolysaccharidosis in a cat. J Am Vet Med Assoc 169:334–339, 1976.

142. Haskins ME, Aguirre GD, Jezyk PF, Schuchman EH, Desnick RJ, Patterson DF: Mucopolysaccharidosis type VII (Sly syndrome): beta-glucuronidase-deficient. Am J Physiol 138:1553–1555, 1991.

143. Gitzelmann R, Bosshard NU, Superti–Furga A, et al: Feline mucopolysaccharidosis VII due to β–glucuronidase deficiency. Vet Pathol 31:435–443, 1994.
144. Haskins ME, Desnick RJ, DiFerrante N, Jezyk PF, Patterson DF: β–glucuronidase deficiency in a dog: a model of human mucopolysaccharidosis VII. Pediatr Res 18:980–984, 1984.
145. Johnsrude JD, Alleman AR, Schumacher J, et al: Cytologic findings in cerebrospinal fluid from two animals with G_{M2}–gangliosidosis. Vet Clin Pathol 25:80–83, 1996.
146. Kosanke SD, Pierce KR, Bay WW: Clinical and biochemical abnormalities in porcine G_{M2}–gangliosidosis. Vet Pathol 15:685–699, 1978.
147. Hirsch VM, Cunningham TA: Hereditary anomaly of neutrophil granulation in Birman cats. Am J Vet Res 45:2170–2174, 1984.
148. Padgett GA, Gorham JR, O'Mary CC: The familial occurrence of Chediak–Higashi syndrome in mink and cattle. Genetics 49:505–512, 1964.
149. Ayers JR, Leipold HW, Padgett GA: Lesions in Brangus cattle with Chediak–Higashi syndrome. Vet Pathol 25:432–436, 1988.
150. Ogawa H, Tu CH, Kagamizono H, et al: Clinical, morphologic, and biochemical characteristics of Chediak–Higashi syndrome in fifty–six Japanese black cattle. Am J Vet Res 58:1221–1226, 1997.
151. Rothenbacher HJ, Ishida K, Barner RD: Equine infectious anemia—part II. The sideroleukocyte test as an aid in the clinical diagnosis. Vet Med 57:886–890, 1962.
152. Henson JB, McGuire TC, Kobayashi K, Gorman JR: The diagnosis of equine infectious anemia using the complement–fixation test, siderocyte counts, hepatic biopsies, and serum protein alterations. J Am Vet Med Assoc 151:1830–1839, 1967.
153. Cello RM, Moulton JE, McFarland S: The occurrence of inclusion bodies in the circulating neutrophils of dogs with canine distemper. Cornell Vet 49:127–146, 1959.
154. Anderson BE, Greene CE, Jones DC, Dawson JE: *Ehrlichia ewingii* spp. nov., the etiologic agent of canine granulocytic ehrlichiosis. Int J Syst Bacteriol 42:299–302, 1992.
155. Engvall EO, Pettersson B, Persson M, Artursson K, Johansson KE: A 16S rRNA–based PCR assay for detection and identification of granulocytic *Ehrlichia* species in dogs, horses, and cattle. J Clin Microbiol 34:2170–2174, 1996.
156. Stockham SL, Schmidt DA, Curtis KS, Schauf BG, Tyler JW, Simpson ST: Evaluation of granulocytic ehrlichiosis in dogs of Missouri, including serologic status to *Ehrlichia canis, Ehrlichia equi*, and *Borrelia burgdorferi*. Am J Vet Res 53:63–68, 1992.
157. Madigan JE, Gribble D: Equine ehrlichiosis in northern California: 49 cases (1968–1981). J Am Vet Med Assoc 190:445–448, 1987.
158. Madigan JE, Richter PJ Jr, Kimsey RB, Barlough JE, Bakken JS: Transmission and passage in horses of the agent of human granulocytic ehrlichiosis. J Infect Dis 172:1141–1144, 1995.
159. Madigan JE, Barlough JE, Dumler JS, Schankman NS, DeRock E: Equine granulocytic ehrlichiosis in Connecticut caused by an agent resembling the human granulocytotropic Ehrlichia. J Clin Microbiol 34:434–435, 1996.
160. Pusterla N, Wolfensberger C, Gerber–Bretscher R, Lutz H: Comparison of indirect immunofluorescence for *Ehrlichia phagocytophila* and *Ehrlichia equi* in horses. Equine Vet J 29:490–492, 1997.
161. Lewis GE Jr, Huxsoll DL, Ristic M, Johnson AJ: Experimentally induced infection of dogs, cats, and nonhuman primates with *Ehrlichia equi*, etiologic agent of equine ehrlichiosis. Am J Vet Res 36:85–88. 1975.
162. Johansson K–E, Pettersson B, Uhlén M, Gunnarsson A, Malmqvist M, Olsson E: Identification of the causative agent of granulocytic ehrlichiosis in Swedish dogs and horses by direct solid phase sequencing of PCR products from the 16S rRNA gene. Res Vet Sci 58:109–112, 1995.

163. Greig B, Asanovich KM, Armstrong PJ, Dumler JS: Geographic, clinical, serologic, and molecular evidence of granulocytic ehrlichiosis, a likely zoonotic disease, in Minnesota and Wisconsin dogs. J Clin Microbiol 34:44–48, 1996.
164. Lilliehook I, Egenvall A, Tvedten HW: Hematopathology in dogs experimentally infected with a Swedish granulocytic *Ehrlichia* species. Vet Clin Pathol 27:116–122, 1998.
165. Woldehiwet Z, Scott GR: Tick–borne (pasture) fever. In: Rickettsial and Chlamydial Diseases of Domestic Animals. Woldehiwet Z, Ristic M, eds. pp 233–254, Pergamon Press, New York, NY, 1993.
166. Barlough JE, Madigan JE, Turoff DR, Clover JR, Shelly SM, Dumler S: An *Ehrlichia* strain from a llama (*Lama glama*) and llama–associated ticks (*Ixodes pacificus*). J Clin Microbiol 35:1005–1007, 1997.
167. Craig TM: Hepatozoonosis. In: Infectious Diseases of the Dog and Cat, 2nd ed. Greene CE, ed. pp 458–465, W.B. Saunders Co., Philadelphia, PA, 1998.
168. Vincent Johnson NA, Macintire DK, Lindsay DS, et al: A new Hepatozoon species from dogs: description of the causative agent of canine hepatozoonosis in North America. J Parasitol 83:1165–1172, 1997.
169. Mercer SH, Craig TM: Comparisons of various staining procedures in the identification of *Hepatozoon canis*. Vet Clin Pathol 17:63–65, 1988.
170. Pedersen NC: Feline infectious diseases. American Veterinary Publication, Goeleta, CA, 1988.
171. Jordan HL, Cohn LA, Armstrong PJ: Disseminated *Mycobacterium avium* complex infection in three Siamese cats. J Am Vet Med Assoc 204:90–93, 1994.
172. Latimer KS, Jameson PH, Crowell WA, Duncan JR, Currin KP: Disseminated *Mycobacterium avium* complex infection in a cat: presumptive diagnosis by blood smear examination. Vet Clin Pathol 26:85–89, 1997.
173. Blischok D, Bender H: What is your diagnosis? 15–year–old male domestic shorthair cat [disseminated histoplasmosis]. Vet Clin Pathol 25:113,152, 1996.
174. Clinkenbeard KD, Wolf AM, Cowell RL, Tyler RD: Feline disseminated histoplasmosis. J Am Anim Hosp Assoc 11:1223–1233, 1989.
175. Schalm OW: Uncommon hematologic disorders: spirochetosis, trypanosomiasis, leishmaniasis, and Pelger–Huet anomaly. Can Pract 6:46–49, 1979.
176. Ruiz–Gopegui R, Espada Y: What is your diagnosis? Peripheral blood and abdominal fluid from a dog with abdominal distention [leishmaniasis]. Vet Clin Pathol 27:64, 67, 1998.
177. Eichacker P, Lawrence C: Steroid–induced hypersegmentation in neutrophils. Am J Hematol 18:41–45, 1985.
178. Raskin RE, Krehbiel JD: Myelodysplastic changes in a cat with myelomonocytic leukemia. J Am Vet Med Assoc 187:171–174, 1985.
179. Prasse KW, George LW, Whitlock RH: Idiopathic hypersegmentation of neutrophils in a horse. J Am Vet Med Assoc 303–305, 1981.
180. Fyfe JC, Giger U, Hall CA, et al: Inherited selective intestinal cobalamin malabsorption and cobalamin deficiency in dogs. Pediatr Res 29:24–31, 1991.
181. Meyers S, Wiks K, Giger U: Macrocytic anemia caused by naturally occurring folate–deficiency in the cat (abstract). Vet Clin Pathol 25:30, 1996.
182. Gossett KA, Carakostas MC: Effect of EDTA on morphology of neutrophils of healthy dogs and dogs with inflammation. Vet Clin Pathol 13:22–25, 1984.
183. Raskin RE: Myelopoiesis and myeloproliferative disorders. Vet Clin N Am Small Anim Pract 26:1023–1042, 1996.
184. Toth SR, Nash AS, McEwan AM, Jarrett O: Chronic eosinophilic leukaemia in blast crises in a cat negative for feline leukaemia virus. Vet Rec 117:471–472, 1985.
185. Swenson CL, Carothers MA, Wellman ML, Kociba GJ: Eosinophilic leukemia in a cat with naturally acquired feline leukemia virus infection. J Am Anim Hosp Assoc 29:467–501, 1993.

186. Huibregtse BA, Turner JL: Hypereosinophilic syndrome and eosinophilic leukemia: a comparison of 22 hypereosinophilic cats. J Am Anim Hosp Assoc 30:591–599, 1994.
187. Aroch I, Ofri R, Aizenberg I: Haematological, ocular and skeletal abnormalities in a Samoyed family. J Small Anim Pract 37:333–339, 1996.
188. Clinkenbeard KD, Cowell RL, Tyler RD: Identification of *Histoplasma* organisms in circulating eosinophils of a dog. J Am Vet Med Assoc 192:217–218, 1988.
189. MacEwen EG, Drazner FH, McClelland AJ, Wilkins RJ: Treatment of basophilic leukemia in a dog. J Am Vet Med Assoc 166:376–380, 1975.
190. Mahaffey EA, Brown TP, Duncan JR, Latimer KS, Brown SA: Basophilic leukaemia in a dog. J Comp Pathol 97:393–399, 1987.
191. Moulton JE, Harvey JW: Tumors of lymphoid and hematopoietic system. In: Tumors of Domestic Animals, 3rd ed. Moulton JE, ed. pp 231–307, University of California Press, Berkley, CA, 1990.
192. Takahashi T, Kadosawa T, Nagase M, et al: Visceral mast cell tumors in dogs: 10 cases (1982–1997). J Am Vet Med Assoc 216:222–226, 2000.
193. Madewell BR, Munn RJ, Phillips LP: Endocytosis of erythrocytes *in vivo* and particulate substances *in vitro* by feline neoplastic mast cells. Can J Vet Res 51:517–520, 1987.
194. Madewell BR, Gunn C, Gribble DH: Mast cell phagocytosis of red blood cells in a cat. Vet Pathol 20:638–640, 1983.
195. Stockham SL, Basel DL, Schmidt DA: Mastocytemia in dogs with acute inflammatory diseases. Vet Clin Pathol 15(1):16–21, 1986.
196. Bookbinder PF, Butt MT, Harvey HJ: Determination of the number of mast cells in lymph node, bone marrow, and buffy coat cytologic specimens from dogs. J Am Vet Med Assoc 200:1648–1650, 1992.
197. Cayatte SM, McManus PM, Miller WH Jr, Scott DW: Identification of mast cells in buffy coat preparations from dogs with inflammatory skin diseases. J Am Vet Med Assoc 206:325–326, 1995.
198. McManus PM: Frequency and severity of mastocytemia in dogs with and without mast cell tumors: 120 cases (1995–1997). J Am Vet Med Assoc 215:355–357, 1999.
199. Ziemer EL, Whitlock RH, Palmer JE, Spencer PA: Clinical and hematologic variables in ponies with experimentally induced equine ehrlichial colitis (Potomac horse fever). Am J Vet Res 48:63–67, 1987.
200. Dutta SK, Penney BE, Myrup AC, Robl MG, Rice RM: Disease features in horses with induced equine monocytic ehrlichiosis (Potomac horse fever). Am J Vet Res 49:1747–1751, 1988.
201. Ristic M, Dawson J, Holland CJ, Jenny A: Susceptibility of dogs to infection with *Ehrlichia risticii*, causative agent of equine monocytic ehrlichiosis (Potomac horse fever). Am J Vet Res 49:1497–1500, 1988.
202. Dawson JE, Abeygunawardena I, Holland CJ, Buese MM, Ristic M: Susceptibility of cats to infection with *Ehrlichia risticii*, causative agent of equine monocytic ehrlichiosis. Am J Vet Res 49:2096–2100, 1988.
203. Kakoma I, Hansen RD, Anderson BE, et al: Cultural, molecular, and immunological characterization of the etiologic agent for atypical canine ehrlichiosis. J Clin Microbiol 32:170–175, 1994.
204. Wolf AM: Histoplasmosis. In: Infectious Diseases of the Dog and Cat, 2nd ed. Greene CE, ed. pp 378–383, W.B. Saunders Co., Philadelphia, PA, 1998.
205. Greene CE, Gunn–Moore DA: Tuberculous mycobacterial infections. In: Infectious Diseases of the Dog and Cat, 2nd ed. Greene CE, ed. pp 313–321, W.B. Saunders Co., Philadelphia, PA, 1998.
206. Hammer RF, Weber AF: Ultrastructure of agranular leukocytes in peripheral blood of normal cows. Am J Vet Res 35:527–536, 1974.
207. Dascanio JJ, Zhang CH, Antczak DF, Blue JT, Simmons TR: Differentiation of chronic lymphocytic leukemia in the horse. J Vet Intern Med 6:225–229, 1992.
208. Peterson JL, Couto CG: Lymphoid leukemias. In: Consultations in Feline Internal Medicine 2. August JR, ed.

pp 509–513, W.B. Saunders Co., Philadelphia, PA, 1994.
209. Leifer CE, Matus RE: Lymphoid leukemia in the dog. Acute lymphoblastic leukemia and chronic lymphocytic leukemia. Vet Clin N Am Small Anim Pract 15:723–739, 1985.
210. Hodgkins EM, Zinkl JG, Madewell BR: Chronic lymphocytic leukemia in the dog. J Am Vet Med Assoc 177:704–707, 1980.
211. Vernau W, Moore PF: An immunophenotypic study of canine leukemias and preliminary assessment of clonality by polymerase chain reaction. Vet Immunol Immunopathol 69:145–164, 1999.
212. Ferrer JF, Marshak RR, Abt DA, Kenyon SJ: Relationship between lymphosarcoma and persistent lymphocytosis in cattle: a review. J Am Vet Med Assoc 175:705–708, 1979.
213. Weiser MG, Thrall MA, Fulton R, Beck ER, Wise LA, Van Steenhouse JL: Granular lymphocytosis and hyperproteinemia in dogs with chronic ehrlichiosis. J Am Anim Hosp Assoc 27:84–88, 1991.
214. Wellman ML: Lymphoproliferative disorders of large granular lymphocytes. In: Proc 15th ACVIM Forum, pp 20–21, Lake Buena Vista, FL, 1997.
215. Wellman ML, Couto CG, Starkey RJ, Rojko JL: Lymphocytosis of large granular lymphocytes in three dogs. Vet Pathol 26:158–163, 1989.
216. Kramer J, Tornquist S, Erfle J, Sloeojan G: Large granular lymphocyte leukemia in a horse. Vet Clin Pathol 22:126–128, 1993.
217. Franks PT, Harvey JW, Mays MC, Senior DF, Bowen DJ, Hall BJ: Feline large granular lymphoma. Vet Pathol 23:200–202, 1986.
218. Kariya K, Konno A, Ishida T: Perforin–like immunoreactivity in four cases of lymphoma of large granular lymphocytes in the cat. Vet Pathol 34:156–159, 1997.
219. Darbès J, Majzoub M, Breuer W, Hermanns W: Large granular lymphocytic leukemia/lymphoma in six cats. Vet Pathol 35:370–379, 1998.
220. Neuwelt EA, Johnson WG, Blank NK, et al: Characterization of a new model of G_{M2}–gangliosidosis (Sandloff's disease) in Korat cats. J Clin Invest 76:482–490, 1985.
221. Dial SM, Mitchell TW, LeCouteur RA, Wenger DA, Roberts SM, Gasper PW, Thrall MA: G_{M1}–gangliosidosis (Type II) in three cats. J Am Anim Hosp Assoc 30:355–359, 1994.
222. Alroy J, Orgad U, Ucci AA, et al: Neurovisceral and skeletal G_{M1}–gangliosidosis in dogs with beta–galactosidase deficiency. Science 229:470–472, 1985.
223. Pearce RD, Callahan JW, Little PB, Klunder LR, Clarke JTR: Caprine β–D–mannosidosis: Characterization of a model lysosomal storage disorder. Can J Vet Res 54:22–29, 1990.
224. Brown DE, Thrall MA, Walkley SU, et al: Feline Niemann–Pick disease type C. Am J Pathol 144:1412–1415, 1994.
225. Keller CB, Lamarre J: Inherited lysosomal storage disease in an English Springer Spaniel. J Am Vet Med Assoc 200:194–195, 1992.
226. Matus RE, Leifer CE, MacEwen EG: Acute lymphoblastic leukemia in the dog: a review of 30 cases. J Am Vet Med Assoc 183:859–862, 1983.
227. Grindem CB, Stevens JB, Perman V: Morphological classification and clinical and pathological characteristics of spontaneous leukemia in 17 dogs. J Am Anim Hosp Assoc 21:219–226, 1985.
228. Lester GD, Alleman AR, Raskin RE, Meyer JC: Pancytopenia secondary to lymphoid leukemia in three horses. J Vet Intern Med 7:360–363, 1993.
229. Carlson GP: Lymphosarcoma in horses. Leukemia 9:S101, 1995.
230. Raskin RE, Krehbiel JD: Prevalence of leukemic blood and bone marrow in dogs with multicentric lymphoma. J Am Vet Med Assoc 194:1427–1429, 1989.
231. Weber WT: Cattle leukemia—hematologic and biochemical studies. Ann N Y Acad Sci 108:1270–1283, 1963.

232. Madewell BR, Munn RJ: Canine lymphoproliferative disorders. An ultrastructural study of 18 cases. J Vet Intern Med 4:63–70, 1990.
233. Thrall MA, Macy DW, Snyder SP, Hall RL: Cutaneous lymphosarcoma and leukemia in a dog resembling Sezary syndrome in man. Vet Pathol 21:182–186, 1984.
234. Foster AP, Evans E, Kerlin RL, Vail DM: Cutaneous T-cell lymphoma with Sezary syndrome in a dog. Vet Clin Pathol 26:188–192, 1997.
235. Schick RO, Murphy GF, Goldschmidt MH: Cutaneous lymphosarcoma and leukemia in a cat. J Am Vet Med Assoc 203:1155–1158, 1993.
236. Jain NC, Blue JT, Grindem CB, et al: Proposed criteria for classification of acute myeloid leukemia in dogs and cats. Vet Clin Pathol 20:63–82, 1991.
237. Grindem CB, Perman V, Stevens JB: Morphological classification and clinical and pathological characteristics of spontaneous leukemia in 10 cats. J Am Anim Hosp Assoc 21:227–236, 1985.
238. Jain NC: Classification of myeloproliferative disorders in cats using criteria proposed by the animal leukaemia study group: a retrospective study of 181 cases (1969–1992). Comp Haematol Int 3:125–134, 1993.
239. Bienzle D, Hughson SL, Vernau W: Acute myelomonocytic leukemia in a horse. Can Vet J 34:36–37, 1993.
240. Latimer KS, White SL: Acute monocytic leukemia (M5a) in a horse. Comp Haematol Int 6:111–114, 1996.
241. Shull RM, DeNovo RC, McCraken MD: Megakaryoblastic leukemia in a dog. Vet Pathol 23:533–536, 1986.
242. Bolon B, Buergelt CD, Harvey JW, Meyer DJ, Kaplan-Stein D: Megakaryoblastic leukemia in a dog. Vet Clin Pathol 18:69–72, 1989.
243. Michel RL, O'Handley P, Dade AW: Megakaryocytic myelosis in a cat. J Am Vet Med Assoc 168:1021–1025, 1976.
244. Messick J, Carothers M, Wellman M: Identification and characterization of megakaryoblasts in acute megakaryoblastic leukemia in a dog. Vet Pathol 27:212–214, 1990.
245. Russell KE, Perkins PC, Grindem CB, Walker KM, Sellon DC: Flow cytometric method for detecting thiazole orange-positive (reticulated) platelets in thrombocytopenic horses. Am J Vet Res 58:1092–1096, 1997.
246. Wolf RF, Peng J, Friese P, Gilmore LS, Burstein SA, Dale GL: Erythropoietin administration increases production and reactivity of platelets in dogs. Thromb Haemost 78:1505–1509, 1997.
247. Dunn JK, Heath MF, Jefferies AR, Blackwood L, McKay JS, Nicholls PK: Diagnosis and hematologic features of probable essential thrombocythemia in two dogs. Vet Clin Pathol 28:131–138, 1999.
248. Brown SJ, Simpson KW, Baker S, Spagnoletti MA, Elwood CM: Macrothrombocytosis in cavalier King Charles spaniels. Vet Rec 135:281–283, 1994.
249. Dodds WJ: Familial canine thrombocytopathy. Thromb Diath Haemorrh 26:241–247, 1967.
250. Cain GR, Feldman BF, Kawakami TG, Jain NC: Platelet dysplasia associated with megakaryoblastic leukemia in a dog. J Am Vet Med Assoc 188:529–530, 1986.
251. Weiser MG, Cockerell GL, Smith JA, Jensen WA: Cytoplasmic fragmentation associated with lymphoid leukemia in ruminants: interference with electronic determination of platelet concentration. Vet Pathol 26:177–178, 1989.
252. Harvey JW: Canine thrombocytic ehrlichiosis. In: Infectious Diseases of the Dog and Cat, 2nd ed. Greene CE, ed. pp 147–149, W.B. Saunders Co., Philadelphia, PA, 1998.
253. Santarém VA, Laposy CB, Farias MR: *Ehrlichia platys*-like inclusions bodies and morulae in platelets of a cat. Brazilian J Vet Science (abstract) 7:130, 2000.
254. Roszel J, Prier JE, Koprowska I: The occurrence of megakaryocytes in the peripheral blood of dogs. J Am Vet Med Assoc 147:133–137, 1965.
255. Matthews DM, Kingston N, Maki L, Nelms G: *Trypanosoma theileri* Laveran, 1902, in Wyoming cattle. Am J Vet Res 40:623–629, 1979.

256. Schlafer DH: *Trypanosoma theileri*: a literature review and report of incidence in New York cattle. Cornell Vet 69:411–425, 1979.

257. Barr SC: American trypanosomiasis. In: Infectious Diseases of the Dog and Cat, 2nd ed. Greene CE, ed. pp 445–448, W.B. Saunders Co., Philadelphia, PA, 1998.

258. Breitschwerdt EB, Nicholson WL, Kiehl AR, Steers C, Meuten DJ, Levine JF: Natural infections with *Borrelia* spirochetes in two dogs in Florida. J Clin Microbiol 32:352–357, 1994.

259. Quesenberry PJ: Hemopoietic stem cells, progenitor cells, and cytokines. In: Williams Hematology, 5th ed. Beutler E, Lichtman MA, Coller BS, Kipps TJ, eds. pp 211–228, McGraw–Hill, New York, NY, 1995.

260. Waller EK, Olweus J, Lund–Johansen F, et al: The "common stem cell" hypothesis reevaluated: human fetal bone marrow contains separate populations of hematopoietic and stromal progenitors. Blood 85:2422–2435, 1995.

261. Hayase Y, Muguruma Y, Lee MY: Osteoclast development from hematopoietic stem cells: apparent divergence of the osteoclast lineage prior to macrophage commitment. Exp Hematol 25:19–25, 1997.

262. Mbalaviele G, Jaiswal N, Meng A, Cheng L, Van den Bos C, Thiede M: Human mesenchymal stem cells promote osteoclast differentiation from CD34+ bone marrow hematopoietic progenitors. Endocrinology 140:3736–3743, 1999.

263. Kirshenbaum AS, Goff JP, Semere T, Foster B, Scott LM, Metcalfe DD: Demonstration that human mast cells arise from a progenitor cell population that is CD34(+), c–kit(+), and expresses aminopeptidase N (CD13). Blood 94:2333–2342, 1999.

264. Rosenzwajg M, Canque B, Gluckman JC: Human dendritic cell differentiation pathway from CD34(+) hematopoietic precursor cells. Blood 87:535–544, 1996.

265. Herbst B, Köhler G, Mackensen A, Veelken H, Lindemann A: GM–CSF promotes differentiation of a precursor cell of monocytes and Langerhans–type dendritic cells from CD34+ haemopoietic progenitor cells. Br J Haematol 101:231–241, 1998.

266. Herbst B, Köhler G, Mackensen A, et al: In vitro differentiation of CD34(+) hematopoietic progenitor cells toward distinct dendritic cell subsets of the Birbeck granule and MIIC–positive Langerhans cell and the interdigitating dendritic cell type. Blood 88:2541–2548, 1996.

267. Yoder MC, Williams DA: Matrix molecule interactions with hematopoietic stem cells. Exp Hematol 23:961–967, 1995.

268. Pantel K, Nakeff A: The role of lymphoid cells in hematopoietic regulation. Exp Hematol 21:738–742, 1993.

269. Campbell AD: The role of hemonectin in the cell adhesion mechanisms of bone marrow. Hematol Pathol 6:51–60, 1992.

270. Gordon MY: Physiology and function of the haemopoietic microenvironment. Br J Haematol 86:241–243, 1994.

271. Asahara T, Masuda H, Takahashi T, et al: Bone marrow origin of endothelial progenitor cells responsible for postnatal vasculogenesis in physiological and pathological neovascularization. Circ Res 85:221–228, 1999.

272. Park SR, Oreffo RO, Triffitt JT: Interconversion potential of cloned marrow adipocytes in vitro. Bone 24:549–554, 1999.

273. Pittenger MF, Mackay AM, Beck SC, et al: Multilineage potential of adult human mesenchymal stem cells. Science 284:143–147, 1999.

274. Majumdar MK, Thiede MA, Mosca JD, Moorman MA, Gerson SL: Phenotypic and functional comparison of cultures of marrow–derived mesenchymal stem cells (MSCs) and stromal cells. J Cell Physiol 176:57–66, 1998.

275. Metcalf D: Hematopoietic regulators: redundancy or subtlety. Blood 82:3515–3523, 1993.

276. Erslev AJ, Beutler E: Production and destruction of erythrocytes. In: Williams Hematology, 5th ed. Beutler E,

Lichtman MA, Coller BS, Kipps TJ, eds. pp 425–441, McGraw–Hill, New York, NY, 1995.
277. Babior BM, Golde DW: Production, distribution, and fate of neutrophils. In: Williams Hematology, 5th ed. Beutler E, Lichtman MA, Coller BS, Kipps TJ, eds. pp 773–779, McGraw–Hill, New York, NY, 1995.
278. Wardlaw AJ, Kay AB: Eosinophils: production, biochemistry and function. In: Williams Hematology, 5th ed. Beutler E, Lichtman MA, Coller BS, Kipps TJ, eds. pp 798–805, McGraw–Hill, New York, NY, 1995.
279. Galli SJ, Dvorak AM: Production, biochemistry, and function of basophils and mast cells. In: Williams Hematology, 5th ed. Beutler E, Lichtman MA, Coller BS, Kipps TJ, eds. pp 805–810, McGraw–Hill, New York, NY, 1995.
280. Födinger M, Fritsch G, Winkler K, et al: Origin of human mast cells: development from transplanted hematopoietic stem cells after allogeneic bone marrow transplantation. Blood 84:2954–2959, 1994.
281. Lebien TW: Lymphocyte otogeny and homing receptors. In: Williams Hematology, 5th ed. Beutler E, Lichtman MA, Coller BS, Kipps TJ, eds. pp 921–929, McGraw–Hill, New York, NY, 1995.
282. Spits H, Lanier LL, Phillips JH: Development of human T and natural killer cells. Blood 85:2654–2670, 1995.
283. Burstein SA, Breton–Gorius J: Megakaryopoiesis and platelet formation. In: Williams Hematology, 5th ed. Beutler E, Lichtman MA, Coller BS, Kipps TJ, eds. pp 1149–1161, McGraw–Hill, New York, NY, 1995.
284. Perman V, Osborne CA, Stevens JB: Bone marrow biopsy. Vet Clin North Am 4:293–310, 1974.
285. Grindem CB: Bone marrow biopsy and evaluation. Vet Clin North Am Small Anim Pract 19:669–696, 1989.
286. Schalm OW, Lasmanis J: Cytologic features of bone marrow in normal and mastitic cows. Am J Vet Res 37:359–363, 1976.
287. Russell KE, Sellon DC, Grindem CB: Bone marrow in horses: indications, sample handling, and complications. Comp Cont Ed Pract Vet 16:1359–1365, 1994.
288. Berggren PC: Aplastic anemia in a horse. J Am Vet Med Assoc 179:1400–1402, 1981.
289. Brunning RD, Bloomfield CD, McKenna RW, Peterson L: Bilateral trephine bone marrow biopsies in lymphoma and other neoplastic diseases. Ann Intern Med 82:365–366, 1975.
290. El–Okda M, Ko YH, Xie SS, Hsu SM: Russell bodies consist of heterogenous glycoproteins in B–cell lymphoma cells. Am J Clin Pathol 97:866–871, 1992.
291. Zinkl JG, LeCouteur RA, Davis DC, Saunders GK: "Flaming" plasma cells in a dog with IgA multiple myeloma. Vet Clin Pathol 12(3):15–19, 1983.
292. Altman DH, Meyer DJ, Thompson JP, Bailey EA: Canine IgG_{2c} myeloma with Mott and flame cells. J Am Anim Hosp Assoc 27:419–423, 1991.
293. Norrdin RW, Powers BE: Bone changes in hypercalcemia of malignancy in dogs. J Am Vet Med Assoc 183:441–444, 1983.
294. Rozman C, Reverter JC, Feliu E, Rozman M, Climent C: Variations of fat tissue fractions in abnormal human bone marrow depend both on size and number of adipocytes: a stereologic study. Blood 76:892–895, 1990.
295. Tyler RD, Cowell RL, Meador V: Bone marrow evaluation. In: Consultations in Feline Internal Medicine 2. August JR, ed. pp 515–523, W.B. Saunders, Co., Philadelphia, PA, 1994.
296. Penny RH, Carlisle CH: The bone marrow of the dog: a comparative study of biopsy material obtained from the iliac crest, rib and sternum. J Small Anim Pract 11:727–734, 1970.
297. Stokol T, Blue JT: Pure red cell aplasia in cats: 9 cases (1989–1997). J Am Vet Med Assoc 214:75–79, 1999.
298. Weiss DJ: Histopathology of canine nonneoplastic bone marrow. Vet Clin Pathol 15(2):7–11, 1986.
299. Blue JT: Myelofibrosis in cats with myelodysplastic syndrome and acute myelogenous leukemia. Vet Pathol 25:154–160, 1988.
300. Fauci AS: Mechanisms of corticosteroid action on lymphocyte subpopulations. I. Redistribution of circulating T and B lymphocytes to the bone marrow. Immunology 28:669–680, 1975.
301. Bloemena E, Weinreich S, Schellekens PTA: The influence of prednisolone on the recirculation of peripheral

blood lymphocytes *in vivo*. Clin Exp Immunol 80:460–466, 1990.
302. Jasper DE, Jain NC: The influence of adrenocorticotropic hormone and prednisolone upon marrow and circulating leukocytes in the dog. Am J Vet Res 26:844–850, 1965.
303. Weiss DJ, Raskin RE, Zerbe C: Myelodysplastic syndrome in two dogs. J Am Vet Med Assoc 187:1038–1040, 1985.
304. Holloway SA, Meyer DJ, Mannella C: Prednisolone and danazol for treatment of immune–mediated anemia, thrombocytopenia, and ineffective erythroid regeneration in a dog. J Am Vet Med Assoc 197:1045–1048, 1990.
305. Walton RM, Modiano JF, Thrall MA, Wheeler SL: Bone marrow cytological findings in 4 dogs and a cat with hemophagocytic syndrome. J Vet Intern Med 10:7–14, 1996.
306. Canfield PJ, Watson ADJ, Ratcliffe RCC: Dyserythropoiesis, sideroblasts/siderocytes and hemoglobin crystallization in a dog. Vet Clin Pathol 16(1):21–28, 1987.
307. Weiss DJ, Reidarson TH: Idiopathic dyserythropoiesis in a dog. Vet Clin Pathol 18:43–46, 1989.
308. Bloom JC, Thiem PA, Sellers TS, Deldar A, Lewis HB: Cephalosporin–induced immune cytopenia in the dog: demonstration of erythrocyte–, neutrophil–, and platelet–associated IgG following treatment with cefazedone. Am J Hematol 28:71–78, 1988.
309. Raza A, Mundle S, Iftikhar A, et al: Simultaneous assessment of cell kinetics and programmed cell death in bone marrow biopsies of myelodysplastics reveals extensive apoptosis as the probable basis for ineffective hematopoiesis. Am J Hematol 48:143–154, 1995.
310. Weiss DJ, Armstrong PJ, Reimann K: Bone marrow necrosis in the dog. J Am Vet Med Assoc 187:54–59, 1985.
311. Felchle LM, McPhee LA, Kerr ME, Houston DM: Systemic lupus erythematosus and bone marrow necrosis in a dog. Can Vet J 37:742–744, 1996.
312. Terpstra V, van Berkel TJC: Scavenger receptors on liver Kupffer cells mediate the in vivo uptake of oxidatively damaged red cells in mice. Blood 95:2157–2163, 2000.
313. Alleman AR, Harvey JW: The morphologic effects of vincristine sulfate on canine bone marrow cells. Vet Clin Pathol 22:36–41, 1993.
314. Walker D, Cowell RL, Clinkenbeard KD, Feder B, Meinkoth JH: Bone marrow mast cell hyperplasia in dogs with aplastic anemia. Vet Clin Pathol 26:106–111, 1997.
315. Sheridan WP, Hunt P, Simonet S, Ulich TR: Hematologic effects of cytokines. In: Cytokines in Health and Disease, 2nd ed. Remick DG, Friedland JS, eds. pp 487–505, Marcel Dekker, Inc. New York, NY, 1997.
316. Garner FM, Lingeman CH: Mast–cell neoplasms in the domestic cat. Pathol Vet 7:517–530, 1970.
317. Liska WD, MacEwen EG, Zaki FA, Garvey M: Feline systemic mastocytosis: a review and results of splenectomy in seven cases. J Am Anim Hosp Assoc 15:589–597, 1979.
318. Davies AP, Hayden DW, Klausner JS, Perman V: Noncutaneous systemic mastocytosis and mast cell leukemia in a dog: case report and literature review. J Am Anim Hosp Assoc 17:361–368, 1981.
319. O'Keefe DA, Couto CG, Burke Schwartz C, Jacobs RM: Systemic mastocytosis in 16 dogs. J Vet Intern Med 1:75–80, 1987.
320. Schalm OW: Autoimmune hemolytic anemia in the dog. Can Pract 2:37–45, 1975.
321. Weiss DJ, Evanson O, Sykes J: A retrospective study of canine pancytopenia. Vet Clin Pathol 28:83–88, 1999.
322. Khanna C, Bienzle D: Polycythemia vera in a cat: bone marrow culture in erythropoietin–deficient medium. J Am Anim Hosp Assoc 30:45–49, 1994.
323. Shadduck RK: Aplastic anemia. In: Williams Hematology, 5th ed. Beutler E, Lichtman MA, Coller BS, Kipps TJ, eds. pp 238–251, McGraw–Hill, New York, NY, 1995.
324. Bowen RA, Olson PN, Behrendt MD, Wheeler SL, Husted PW, Nett TM: Efficacy and toxicity of estrogens commonly used to terminate canine pregnancy. J Am Vet Med Assoc 186:783–788, 1985.

325. Miura N, Sasaki N, Ogawa H, Takeuchi A: Bone marrow hypoplasia induced by administration of estradiol benzoate in male beagle dogs. Jpn J Vet Sci 47:731–739, 1985.
326. Weiss DJ, Klausner JS: Drug–associated aplastic anemia in dogs: eight cases (1984–1988). J Am Vet Med Assoc 196:472–475, 1990.
327. Watson AD, Wilson JT, Turner DM, Culvenor JA: Phenylbutazone–induced blood dyscrasias suspected in three dogs. Vet Rec 107:239–241, 1980.
328. Dunavant ML, Murry ES: Clinical evidence of phenylbutazone induced hypoplastic anemia. In: Proceedings First International Symposium on Equine Hematology. Kitchen H, Krehbiel JD, eds. pp 383–385, American Association of Equine Practitioners, Golden, CO, 1975.
329. Fox LE, Ford S, Alleman AR, Homer BL, Harvey JW: Aplastic anemia associated with prolonged high–dose trimethoprim–sulfadiazine administration in two dogs. Vet Clin Pathol 22:89–92, 1993.
330. Sippel WL: Bracken fern poisoning. J Am Vet Med Assoc 121:9–13, 1952.
331. Parker WH, McCrea CT: Bracken (Pteris aquilina) poisoning of sheep in the North York moors. Vet Rec 77:861–865, 1965.
332. Strafuss AC, Sautter JH: Clinical and general pathologic findings of aplastic anemia associated with S–(dichlorovinyl)–L–cysteine in calves. Am J Vet Res 28:25–37, 1967.
333. Stokol T, Randolph JF, Nachbar S, Rodi C, Barr SC: Development of bone marrow toxicosis after albendazole administration in a dog and cat. J Am Vet Med Assoc 1753–1756, 1997.
334. Helton KA, Nesbitt GH, Caciolo PL: Griseofulvin toxicity in cats: literature and report of seven cases. J Am Anim Hosp Assoc 22:453–458, 1986.
335. Rottman JB, English RV, Breitschwerdt EB, Duncan DE: Bone marrow hypoplasia in a cat treated with griseofulvin. J Am Vet Med Assoc 198:429–431, 1991.
336. Weiss DJ: Leukocyte response to toxic injury. Toxicol Pathol 21:135–140, 1993.
337. Rosenthal RC: Chemotherapy induced myelosuppression. In: Current Veterinary Therapy X, Small Animal Practice. Kirk RW, ed. pp 494–496, W.B. Saunders Co., Philadelphia, PA, 1989.
338. Phillips B: Severe, prolonged bone marrow hypoplasia secondary to the use of carboplatin in an azotemic dog. J Am Vet Med Assoc 215:1250–1252, 1999.
339. Seed TM, Carnes BA, Tolle DV, Fritz TE: Blood responses under chronic low daily dose gamma irradiation: I. Differential preclinical responses of irradiated male dogs in progression to either aplastic anemia or myeloproliferative disease. Leuk Res 13:1069–1084, 1989.
340. Seed TM, Kaspar LV: Changing patterns of radiosensitivity of hematopoietic progenitors from chronically irradiated dogs prone either to aplastic anemia or to myeloproliferative disease. Leuk Res 14:299–307, 1990.
341. Nash RA, Schuening FG, Seidel K, et al: Effect of recombinant canine granulocyte–macrophage colony–stimulating factor on hematopoietic recovery after otherwise lethal total body irradiation. Blood 83:1963–1970, 1994.
342. Watson ADJ: Bone marrow failure in a dog. J Small Anim Pract 20:681–690, 1979.
343. Morgan RV: Blood dyscrasias associated with testicular tumors in the dog. J Am Anim Hosp Assoc 18:970–975, 1982.
344. Sherding RG, Wilson GP, Kociba GJ: Bone marrow hypoplasia in eight dogs with Sertoli cell tumor. J Am Vet Med Assoc 178:497–501, 1981.
345. Suess RP, Jr, Barr SC, Sacre BJ, French TW: Bone marrow hypoplasia in a feminized dog with an interstitial cell tumor. J Am Vet Med Assoc 200:1346–1348, 1992.
346. McCandlish IAP, Munro CD, Breeze RG, Nash AS: Hormone producing ovarian tumour in the dog. Vet Rec 105:9–11, 1979.
347. Brockus CW: Endogenous estrogen myelotoxicity associated with functional cystic ovaries in a dog. Vet Clin

Pathol 27:55–56, 1998.
348. Kociba GJ, Caputo CA: Aplastic anemia associated with estrus in pet ferrets. J Am Vet Med Assoc 178:1293–1294, 1981.
349. Bernard SL, Leathers CW, Brobst DF, Gorham JR: Estrogen–induced bone marrow depression in ferrets. Am J Vet Res 44:657–661, 1983.
350. Robinson WF, Wilcox GE, Fowler RLP: Canine parvoviral disease: experimental reproduction of the enteric form with a parvovirus isolated from a case of myocarditis. Vet Pathol 17:589–599, 1980.
351. Potgieter LN, Jones JB, Patton CS, Webb Martin TA: Experimental parvovirus infection in dogs. Can J Comp Med 45:212–216, 1981.
352. Brock KV, Jones JB, Shull RM, Potgieter LND: Effect of canine parvovirus on erythroid progenitors in phenylhydrazine–induced regenerative hemolytic anemia in dogs. Am J Vet Res 50:965–969, 1989.
353. Larsen S, Flagstad A, Aalbaek B: Experimental panleukopenia in the conventional cat. Vet Pathol 13:216–240, 1976.
354. Langheinrich KA, Nielsen SW: Histopathology of feline panleukopenia: a report of 65 cases. J Am Vet Med Assoc 158:863–872, 1971.
355. Cotter SM: Anemia associated with feline leukemia virus infection. J Am Vet Med Assoc 175:1191–1194, 1979.
356. Rojko JL, Olsen RG: The immunobiology of the feline leukemia virus. Vet Immunol Immunopathol 6:107–165, 1984.
357. Lutz H, Castelli I, Ehrensperger F, et al: Panleukopenia–like syndrome of FeLV caused by co–infection with FeLV and feline panleukopenia virus. Vet Immunol Immunopathol 46:21–33, 1995.
358. Buhles WC, Jr, Huxsoll DL, Hildebrandt PK: Tropical canine pancytopenia: role of aplastic anaemia in the pathogenesis of severe disease. J Comp Pathol 85:511–521, 1975.
359. Neer TM: Canine monocytic and granulocytic ehrlichiosis. In: Infectious Diseases of the Dog and Cat, 2nd ed. Greene CE, ed. pp 139–147, W.B. Saunders Co., Philadelphia, PA, 1998.
360. Toribio RE, Bain FT, Mrad DR, Messer NT IV, Sellers RS, Hinchcliff KW: Congenital defects in newborn foals of mares treated for equine protozoal myeloencephalitis during pregnancy. J Am Vet Med Assoc 212:697–701, 1998.
361. Ammann VJ, Fecteau G, Helie P, Desnoyers M, Hebert P, Babkine M: Pancytopenia associated with bone marrow aplasia in a Holstein heifer. Can Vet J 37:493–495, 1996.
362. Milne EM, Pyrah ITG, Smith KC, Whitewell KE: Aplastic anemia in a Clydesdale foal: a case report. J Equine Vet Sci 15:129–131, 1995.
363. Kohn CW, Swardson C, Provost P, Gilbert RO, Couto CG: Myeloid and megakaryocytic hypoplasia in related standardbreds. J Vet Intern Med 9:315–323, 1995.
364. Eldor A, Hershko C, Bruchim A: Androgen–responsive aplastic anemia in a dog. J Am Vet Med Assoc 173:304–305, 1978.
365. Weiss DJ, Christopher MM: Idiopathic aplastic anemia in a dog. Vet Clin Pathol 14(2):23–25, 1985.
366. Lavoie JP, Morris DD, Zinkl JG, Lloyd K, Divers TJ: Pancytopenia caused by marrow aplasia in a horse. J Am Vet Med Assoc 191:1462–1464, 1987.
367. Ward MV, Mountan PC, Dodds WJ: Severe idiopathic refractory anemia and leukopenia in a horse. Calif Vet 12:19–22, 1980.
368. Nakao S: Immune mechanism of aplastic anemia. Int J Hematol 66:127–134, 1997.
369. Cohen JJ: Apoptosis: physiologic cell death. J Lab Clin Med 124:761–765, 1994.
370. Hoshi H, Weiss L: Rabbit bone marrow after administration of saponin. Lab Invest 38:67–80, 1978.
371. Hoenig M: Six dogs with features compatible with myelonecrosis and myelofibrosis. J Am Anim Hosp Assoc

25:335–339, 1989.
372. Rebar AH: General responses of the bone marrow to injury. Toxicol Pathol 21:118–129, 1993.
373. Doigc CE: Bonc and bonc marrow nccrosis associatcd with thc calf form of sporadic bovinc lcukosis. Vet Pathol 24:186–188, 1987.
374. Weiss DJ, Armstrong PJ: Secondary myelofibrosis in three dogs. J Am Vet Med Assoc 187:423–425, 1985.
375. Bloom JC, Lewis HB, Sellers TS, Deldar A, Morgan DG: The hematopathology of cefonicid– and cefazedone–induced blood dyscrasias in the dog. Toxicol Appl Pharmacol 90:143–155, 1987.
376. Scruggs DW, Fleming SA, Maslin WR, Groce AW: Osteopetrosis, anemia, thrombocytopenia, and marrow necrosis in beef calves naturally infected with bovine virus diarrhea virus. J Vet Diagn Invest 7:555–559, 1995.
377. Boosinger TR, Rebar AH, DeNicola DB, Boon GD: Bone marrow alterations associated with canine parvoviral enteritis. Vet Pathol 19:558–561, 1982.
378. Weiss DJ, Miller DC: Bone marrow necrosis associated with pancytopenia in a cow. Vet Pathol 22:90–92, 1985.
379. Fenger CK, Bertone JJ, Biller D, Merryman J: Generalized medullary infarction of the long bones in a horse. J Am Vet Med Assoc 202:621–623, 1993.
380. Villiers EJ, Dunn JK: Clinicopathological features of seven cases of canine myelofibrosis and the possible relationship between the histological findings and prognosis. Vet Rec 145:222–228, 1999.
381. Canfield PJ, Church DB, Russ IG: Myeloproliferative disorder involving the megakaryocytic line. J Small Anim Pract 34:296–301, 1993.
382. Breuer W, Darbès J, Hermanns W, Thiele J: Idiopathic myelofibrosis in a cat and in three dogs. Comp Haematol Int 9:17–24, 1999.
383. Angel KL, Spano JS, Schumacher J, Kwapien RP: Myelophthisic pancytopenia in a pony mare. J Am Vet Med Assoc 198:1039–1042, 1991.
384. Cain GR, East N, Moore PF: Myelofibrosis in young pygmy goats. Comp Haematol Int 4:167–172, 1994.
385. Hoff B, Lumsden JH, Valli VEO, Kruth SA: Myelofibrosis: review of clinical and pathological features in fourteen dogs. Can Vet J 32:357–361, 1991.
386. Searcy GP, Tasker JB, Miller DR: Animal model: pyruvate kinase deficiency in dogs. Am J Physiol 94:689–692, 1979.
387. Randolph JF, Center SA, Kallfelz FA, et al: Familial nonspherocytic hemolytic anemia in poodles. Am J Vet Res 47:687–695, 1986.
388. Bader R, Bode G, Rebel W, Lexa P: Stimulation of bone marrow by administration of excessive doses of recombinant human erythropoietin. Pathol Res Pract 188:676–679, 1992.
389. Whyte MP: Skeletal disorders characterized by osteosclerosis or hyperostosis. In: Metabolic Bone Disease and Clinically Related Disorders, 3rd ed. Avioli LV, Krane SM, eds. pp 697–738, Academic Press, San Diego, CA, 1998.
390. Lees GE, Sautter JH: Anemia and osteopetrosis in a dog. J Am Vet Med Assoc 175:820–824, 1979.
391. O'Brien SE, Riedesel EA, Miller LD: Osteopetrosis in an adult dog. J Am Anim Hosp Assoc 23:213–216, 1987.
392. Kramers P, Fluckiger MA, Rahn BA, Cordey J: Osteopetrosis in cats. J Small Anim Pract 29:153–164, 1988.
393. Berry CR, House JK, Poulos PP, et al: Radiographic and pathologic features of osteopetrosis in two Peruvian Paso foals. Vet Radiol Ultrasound 35:355–361, 1994.
394. Leipold HW, Cook JE: Animal model: osteopetrosis in Angus and Hereford calves. Am J Pathol 86:745–748, 1977.
395. Dunn JK, Doige CE, Searcy GP, Tamke P: Myelofibrosis–osteosclerosis syndrome associated with erythroid hypoplasia in a dog. J Small Anim Pract 27:799–806, 1986.

396. Hoover EA, Kociba GJ: Bone lesions in cats with anemia induced by feline leukemia virus. J Natl Cancer Inst 53:1277–1284, 1974.
397. Smith JE, Agar NS: The effect of phlebotomy on canine erythrocyte metabolism. Res Vet Sci 18:231–236, 1975.
398. Bremner KC: The reticulocyte response in calves made anaemic by phlebotomy. Aust J Exp Biol Med Sci 44:251–258, 1966.
399. Ulich TR, Del Castillo J, Yin S, Egrie JC: The erythropoietic effects of interleukin 6 and erythropoietin in vivo. Exp Hematol 19:29–34, 1991.
400. McGrath C: Polycythemia vera in dogs. J Am Vet Med Assoc 164:1117–1122, 1974.
401. Hasler AH, Giger U: Serum erythropoietin values in polycythemic cats. J Am Anim Hosp Assoc 32:294–301, 1996.
402. Couto CG, Boudrieau RJ, Zanjani ED: Tumor–associated erythrocytosis in a dog with nasal fibrosarcoma. J Vet Intern Med 3:183–185, 1989.
403. Waters DJ, Prueter JC: Secondary polycythemia associated with renal disease in the dog: two case reports and review of literature. J Am Anim Hosp Assoc 24:109–114, 1988.
404. Miyamoto T, Horie T, Shimada T, Kuwamura M, Baba E: Long–term case study of myelodysplastic syndrome in a dog. J Am Anim Hosp Assoc 35:475–481, 1999.
405. Jonas LD, Thrall MA, Weiser MG: Nonregenerative form of immune–mediated hemolytic anemia in dogs. J Am Anim Hosp Assoc 23:201–204, 1987.
406. Stockham SL, Ford RB, Weiss DJ: Canine autoimmune hemolytic disease with delayed erythroid regeneration. J Am Anim Hosp Assoc 16:927–931, 1980.
407. Dessypris EN: The biology of pure red cell aplasia. Semin Hematol 28:275–284, 1991.
408. Erslev AJ, Soltan A: Pure red–cell aplasia: a review. Blood Rev 10:20–28, 1996.
409. Weiss DJ: Antibody–mediated suppression of erythropoiesis in dogs with red blood cell aplasia. Am J Vet Res 47:2646–2648, 1986.
410. Weiss DJ, Stockham SL, Willard MD, Schirmer RG: Transient erythroid hypoplasia in the dog: report of five cases. J Am Anim Hosp Assoc 18:353–359, 1982.
411. Dodds WJ: Immune–mediated diseases of the blood. Adv Vet Sci Comp Med 27:163–196, 1983.
412. Watson AD: Chloramphenicol toxicity in dogs. Res Vet Sci 23:66–69, 1977.
413. Watson AD, Middleton DJ: Chloramphenicol toxicosis in cats. Am J Vet Res 39:1199–1203, 1978.
414. Hotston Moore A, Day MJ, Graham MWA: Congenital pure red blood cell aplasia (Diamond–Blackfan anaemia) in a dog. Vet Rec 132:414–415, 1993.
415. Lange RD, Jones JB, Chambers C, Quirin Y, Sparks JC: Erythropoiesis and erythrocytic survival in dogs with cyclic hematopoiesis. Am J Vet Res 37:331–334, 1976.
416. Abkowitz JL, Holly RD: Cyclic hematopoiesis in dogs: studies of erythroid burst–forming cells confirm an early stem cell defect. Exp Hematol 16:941–945, 1988.
417. Scott RE, Dale DC, Rosenthal AS, Wolff SM: Cyclic neutropenia in grey collie dogs. Ultrastructural evidence for abnormal neutrophil granulopoiesis. Lab Invest 28:514–525, 1973.
418. Rojko JL, Hartke JR, Cheney CM, Phipps AJ, Neil JC: Cytopathic feline leukemia viruses cause apoptosis in hemolymphatic cells. Prog Mol Subcell Biol 16:13–43, 1996.
419. Cowgill LD, James KM, Levy JK, et al: Use of recombinant human erythropoietin for management of anemia in dogs and cats with renal failure. J Am Vet Med Assoc 212:521–528, 1998.
420. Piercy RJ, Swardson CJ, Hinchcliff KW: Erythroid hypoplasia and anemia following administration of recombinant human erythropoietin to two horses. J Am Vet Med Assoc 212:244–247, 1998.
421. Woods PR, Campbell G, Cowell RL: Nonregenerative anaemia associated with administration of recombinant human erythropoietin to a thoroughbred racehorse. Equine Vet J 29:326–328, 1997.

422. Means RT, Jr, Krantz SB: Progress in understanding the pathogenesis of the anemia of chronic disease. Blood 80:1639–1647, 1992.

423. Anderson TD: Cytokine–induced changes in the leukon. Toxicol Pathol 21:147–157, 1993.

424. Hirsch V, Dunn J: Megaloblastic anemia in the cat. J Am Anim Hosp Assoc 19:873–880, 1983.

425. McManus PM, Hess RS: Myelodysplastic changes in a dog with subsequent acute myeloid leukemia. Vet Clin Pathol 27:112–115, 1998.

426. Shelton GH, Linenberger ML, Grant CK, Abkowitz JL: Hematologic manifestations of feline immunodeficiency virus infection. Blood 76:1104–1109, 1990.

427. Thenen SW, Rasmussen SD: Megaloblastic erythropoiesis and tissue depletion of folic acid in the cat. Am J Vet Res 39:1205–1207, 1978.

428. Canfield PJ, Watson ADJ: Investigations of bone marrow dyscrasia in a poodle with macrocytosis. J Comp Pathol 101:269–278, 1989.

429. Schalm OW: Erythrocyte macrocytosis in miniature and toy poodles. Can Pract 3(6):55–57, 1976.

430. Baker RJ, Valli VEO: Dysmyelopoiesis in the cat: a hematological disorder resembling anemia with excess blasts in man. Can J Vet Res 50:3–6, 1985.

431. Blue JT, French TW, Kranz JS: Non–lymphoid hematopoietic neoplasia in cats: a retrospective study of 60 cases. Cornell Vet 78:21–42, 1988.

432. Schalm OW: Bone marrow cytology as an aid to diagnosis. Vet Clin North Am Small Anim Pract 11:383–404, 1981.

433. Harvey JW, Wolfsheimer KJ, Simpson CF, French TW: Pathologic sideroblasts and siderocytes associated with chloramphenicol therapy in a dog. Vet Clin Pathol 14(1):36–42, 1985.

434. Thompson JP, Christopher MM, Ellison GW, Homer BL, Buchanan BA: Paraneoplastic leukocytosis associated with a rectal adenomatous polyp in a dog. J Am Vet Med Assoc 201:737–738, 1992.

435. Finco DR, Duncan JR, Schall WD, Prasse KW: Acetaminophen toxicosis in the cat. J Am Vet Med Assoc 166:469–472, 1975.

436. Obradovich JE, Ogilvie GK, Powers BE, Boone T: Evaluation of recombinant canine granulocyte colony–stimulating factor as an inducer of granulopoiesis. J Vet Intern Med 5:75–79, 1991.

437. Nash RA, Schuening F, Appelbaum F, Hammond WP, Boone T, Morris CF, Slichter SJ, Storb R: Molecular cloning and in vivo evaluation of canine granulocyte–macrophage colony–stimulating factor. Blood 78:930–937, 1991.

438. Cullor JS, Smith W, Zinkl JG, Dellinger JD, Boone T: Hematologic and bone marrow changes after short– and long–term administration of two recombinant bovine granulocyte colony–stimulating factors. Vet Pathol 29:521–527, 1992.

439. Lappin MR, Latimer KS: Hematuria and extreme neutrophilic leukocytosis in a dog with renal tubular carcinoma. J Am Vet Med Assoc 192:1289–1292, 1988.

440. Sharkey LC, Rosol IJ, Gröne A, Ward H, Steinmeyer C: Production of granulocyte colony–stimulating factor and granulocyte–macrophage colony–stimulating factor by carcinomas in a dog and a cat with paraneoplastic leukocytosis. J Vet Intern Med 10:405–408, 1996.

441. Trowald–Wigh G, Håkansson L, Johannisson A, Norrgren L, Hård af Segerstad C: Leucocyte adhesion protein deficiency in Irish setter dogs. Vet Immunol Immunopathol 32:261–280, 1992.

442. Nagahata H, Nochi H, Tamoto K, Yamashita K, Noda H, Kociba GJ: Characterization of functions of neutrophils from bone marrow of cattle with leukocyte adhesion deficiency. Am J Vet Res 56:167–171, 1995.

443. Giger U, Boxer LA, Simpson PJ, Lucchesi BR, Dodd RF: Deficiency of leukocyte surface glycoproteins Mo1, LFA–1, and Leu M5 in a dog with recurrent bacterial infections: an animal model. Blood 69:1622–1630, 1987.

444. Nagahata H, Kehrli ME, Jr, Murata H, Okada H, Noda H, Kociba GJ: Neutrophil function and pathologic findings in Holstein calves with leukocyte adhesion deficiency. Am J Vet Res 55:40–48, 1994.

445. Cheville NF: The gray collie syndrome. J Am Vet Med Assoc 152:620–630, 1968.
446. Dale DC, Alling DW, Wolff SM: Cyclic hematopoiesis: the mechanism of cyclic neutropenia in grey collie dogs. J Clin Invest 51:2197–2204, 1972.
447. Cooper BJ, Watson ADJ: Myeloid neoplasia in a dog. Aust Vet J 51:150–154, 1975.
448. Joiner GN, Fraser CJ, Jardine JH, Trujillo JM: A case of chronic granulocytic leukemia in a dog. Can J Comp Med 40:153–160, 1976.
449. Pollet L, Van Hove W, Mattheeuws D: Blastic crisis in chronic myelogenous leukaemia in a dog. J Small Anim Pract 19:469–475, 1978.
450. Mandell CP, Sparger EE, Pedersen NC, Jain NC: Long–term haematological changes in cats experimentally infected with feline immunodeficiency virus (FIV). Comp Haematol Int 2:8–17, 1992.
451. Beebe AM, Gluckstern TG, George J, Pedersen NC, Dandekar S: Detection of feline immunodeficiency virus infection in bone marrow of cats. Vet Immunol Immunopathol 35:37–49, 1992.
452. Jacobs G, Calvert C, Kaufman A: Neutropenia and thrombocytopenia in three dogs treated with anticonvulsants. J Am Vet Med Assoc 212:681–684, 1998.
453. Maddison JE, Hoff B, Johnson RP: Steroid responsive neutropenia in a dog. J Am Anim Hosp Assoc 19:881–886, 1982.
454. Duckett WM, Matthews HK: Hypereosinophilia in a horse with intestinal lymphosarcoma. Can Vet J 38:719–720, 1997.
455. Pollack MJ, Flanders JA, Johnson RC: Disseminated malignant mastocytoma in a dog. J Am Anim Hosp Assoc 27:435–440, 1991.
456. Sellon RK, Rottman JB, Jordan HL, et al: Hypereosinophilia associated with transitional cell carcinoma in a cat. J Am Vet Med Assoc 201:591–593, 1992.
457. Latimer KS, Bounous DI, Collatos C, Charmichael KP, Howerth EW: Extreme eosinophilia with disseminated eosinophilic granulomatous disease in a horse. Vet Clin Pathol 25:23–26, 1996.
458. Jensen AL, Nielsen OL: Eosinophilic leukaemoid reaction in a dog. J Small Anim Pract 33:337–340, 1992.
459. Ndikuwera J, Smith DA, Obwolo MJ, Masvingwe C: Chronic granulocytic leukaemia/eosinophilic leukaemia in a dog? J Small Anim Pract 33:553–557, 1992.
460. Morris DD, Bloom JC, Roby KA, Woods K, Tablin F: Eosinophilic myeloproliferative disorder in a horse. J Am Vet Med Assoc 185:993–996, 1984.
461. Fine DM, Tvedten H: Chronic granulocytic leukemia in a dog. J Am Vet Med Assoc 214:1809–1812, 1999.
462. Deldar A, Lewis H, Bloom J, Weiss L: Cephalosporin–induced alterations in erythroid (CFU–E) and granulocyte–macrophage (CFU–GM) colony–forming capacity in canine bone marrow. Fundam Appl Toxicol 11:450–463, 1988.
463. Rawlings CA: Clinical laboratory evaluations of seven heartworm infected beagles: during disease development and following treatment. Cornell Vet 72:49–56, 1982.
464. Atkins CE, DeFrancesco TC, Miller MW, Meurs KM, Keene B: Prevalence of heartworm infection in cats with signs of cardiorespiratory abnormalities. J Am Vet Med Assoc 212:517–520, 1998.
465. Allan GS, Watson AD, Duff BC, Howlett CR: Disseminated mastocytoma and mastocytemia in a dog. J Am Vet Med Assoc 165:346–349, 1974.
466. Bortnowski HB, Rosenthal RC: Gastrointestinal mast cell tumors and eosinophilia in two cats. J Am Anim Hosp Assoc 28:271–275, 1992.
467. Postorino NC, Wheeler SL, Park RD, Powers BE, Withrow SJ: A syndrome resembling lymphomatoid granulomatosis in the dog. J Vet Intern Med 3:15–19, 1989.
468. Hopper PE, Mandell CP, Turrel JM, Jain NC, Tablin F, Zinkl JG: Probable essential thrombocythemia in a dog. J Vet Intern Med 3:79–85, 1989.

469. Mears EA, Raskin RE, Legendre AM: Basophilic leukemia in a dog. J Vet Intern Med 11:92–94, 1997.
470. Juliá A, Olona M, Bueno J, et al: Drug–induced agranulocytosis: prognostic factors in a series of 168 episodes. Br J Haematol 79:366–371, 1991.
471. Dale DC: Neutropenia. In: Williams Hematology, 5th ed. Beutler E, Lichtman MA, Coller BS, Kipps TJ, eds. pp 815–824, McGraw–Hill, New York, NY, 1995.
472. Chickering WR, Prasse KW: Immune–mediated neutropenia in man and animals: a review. Vet Clin Pathol 10(1):6–16, 1981.
473. Beale KM, Altman D, Clemmons RR, Bolon B: Systemic toxicosis associated with azathioprine administration in domestic cats. Am J Vet Res 53:1236–1240, 1992.
474. Kunkle GA, Meyer DJ: Toxicity of high doses of griseofulvin in cats. J Am Vet Med Assoc 191:322–323, 1987.
475. Shelton GH, Grant CK, Linenberger ML, Abkowitz JL: Severe neutropenia associated with griseofulvin therapy in cats with feline immunodeficiency virus infection. J Vet Intern Med 4:317–319, 1990.
476. Peterson ME, Kintzer PP, Hurvitz AI: Methimazole treatment of 262 cats with hyperthyroidism. J Vet Intern Med 2:150–157, 1988.
477. Moreb J, Shemesh O, Manor C, Hershko C: Transient methimazole–induced bone marrow aplasia: in vitro evidence of a humoral mechanism of bone marrow suppression. Acta Haematol 69:127–131, 1983.
478. Reagan WJ, Murphy D, Battaglino M, Bonney P, Boone TC: Antibodies to canine granulocyte colony–stimulating factor induce persistent neutropenia. Vet Pathol 32:374–378, 1995.
479. Hammond WP, Csiba E, Canin A, et al: Chronic neutropenia. A new canine model induced by human granulocyte colony–stimulating factor. J Clin Invest 87:704–710, 1991.
480. Machado EA, Jones JB, Aggio MC, Chernoff AI, Maxwell PA, Lange RD: Ultrastructural changes of bone marrow in canine cyclic hematopoiesis (CH dog). A sequential study. Virchows Arch Pathol Anat 390:93–108, 1981.
481. Swenson CL, Kociba GJ, O'Keefe DA, Crisp MS, Jacobs RM, Rojko JL: Cyclic hematopoiesis associated with feline leukemia virus infection in two cats. J Am Vet Med Assoc 191:93–96, 1987.
482. Morley A, Stohlman F: Cyclophosphamide–induced cyclical neutropenia: an animal model of human periodic disease. N Engl J Med 12:643–646, 1970.
483. Dieringer TM, Brown SA, Rogers KS, Lees GE, Whitney MS, Weeks BR: Effects of lithium carbonate administration to healthy cats. Am J Vet Res 53:721–726, 1992.
484. Nasisse MP, Dorman DC, Jamison KC, Weigler BJ, Hawkins EC, Stevens JB: Effects of valacyclovir in cats infected with feline herpesvirus. Am J Vet Res 58:1141–1144, 1997.
485. Fyfe JC, Jezyk PF, Giger U, Patterson DF: Inherited selective malabsorption of vitamin B12 in giant schnauzers. J Am Anim Hosp Assoc 25:533–539, 1989.
486. Hill RJ, Levin J: Regulators of thrombopoiesis: their biochemistry and physiology. Blood Cells 15:141–166, 1989.
487. Kaushansky K: Thrombopoietin: in vitro predictions, in vivo realities. Am J Hematol 53:188–191, 1996.
488. Joshi BC, Raplee RG, Powell AL, Hancock F: Autoimmune thrombocytopenia in a cat. J Am Anim Hosp Assoc 15:585–588, 1979.
489. Peterson ME, Hurvitz AI, Leib MS, Cavanaugh PG, Dutton RE: Propylthiouracil–associated hemolytic anemia, thrombocytopenia, and antinuclear antibodies in cats with hyperthyroidism. J Am Vet Med Assoc 184:806–808, 1984.
490. Williams DA, Maggio Price L: Canine idiopathic thrombocytopenia: clinical observations and long–term follow–up in 54 cases. J Am Vet Med Assoc 185:660–663, 1984.
491. Grindem CB, Breitschwerdt EB, Corbett WT, Page RL, Jans HE: Thrombocytopenia associated with neoplasia in dogs. J Vet Intern Med 8:400–405, 1994.

492. Lewis DC: Canine idiopathic thrombocytopenia purpura. J Vet Intern Med 10:207–218, 1996.
493. Breitschwerdt EB: Infectious thrombocytopenia in dogs. Comp Cont Ed Pract Vet 10:1177–1190, 1988.
494. Reardon MJ, Pierce KR: Acute experimental canine ehrlichiosis. I. Sequential reaction of the hemic and lymphoreticular systems. Vet Pathol 18:48–61, 1981.
495. Edwards JF, Dodds WJ, Slauson DO: Megakaryocytic infection and thrombocytopenia in African swine fever. Vet Pathol 22:171–176, 1985.
496. McAnulty JF, Rudd RG: Thrombocytopenia associated with vaccination of a dog with a modified–live paramyxovirus vaccine. J Am Vet Med Assoc 186:1217–1219, 1985.
497. Handagama PJ, Feldman BF: Drug–induced thrombocytopenia. Vet Res Commun 10:1–20, 1986.
498. Bloom JC, Blackmer SA, Bugelski PJ, Sowinski JM, Saunders LZ: Gold–induced immune thrombocytopenia in the dog. Vet Pathol 22:492–499, 1985.
499. Davis WM: Hapten–induced immune–mediated thrombocytopenia in a dog. J Am Vet Med Assoc 184:976–977, 1984.
500. Harrus S, Waner T, Weiss DJ, Keysary A, Bark H: Kinetics of serum antiplatelet antibodies in experimental acute canine ehrlichiosis. Vet Immunol Immunopathol 51:13–20, 1996.
501. Nimer SD: Essential thrombocythemia: another "heterogeneous disease" better understood? Blood 93:415–416, 1999.
502. Evans RJ, Jones DRE, Gruffydd–Jones TJ: Essential thrombocythaemia in the dog and cat: a report of four cases. J Small Anim Pract 23:457–467, 1982.
503. Mandell CP, Goding B, Degen MA, Hopper PE, Zinkl JG: Spurious elevation of serum potassium in two cases of thrombocythemia. Vet Clin Pathol 17:32–33, 1988.
504. Hammer AS, Couto CG, Getzy D, Bailey MQ: Essential thrombocythemia in a cat. J Vet Intern Med 4:87–91, 1990.
505. Bass MC, Schultze AE: Essential thrombocythemia in a dog: case report and literature review. J Am Anim Hosp Assoc 34:197–203, 1998.
506. Hoffman R: Acquired pure amegakaryocytic thrombocytopenic purpura. Semin Hematol 28:303–312, 1991.
507. Joshi BC, Jain NC: Detection of antiplatelet antibody in serum and on megakaryocytes in dogs with autoimmune thrombocytopenia. J Am Vet Med Assoc 681–685, 1976.
508. Murtaugh RJ, Jacobs RM: Suspected immune–mediated megakaryocytic hypoplasia or aplasia in a dog. J Am Vet Med Assoc 186:1313–1315, 1985.
509. Gaschen FP, Smith Meyer B, Harvey JW: Amegakaryocytic thrombocytopenia and immune–mediated haemolytic anaemia in a cat. Comp Haematol Int 2:175–178, 1992.
510. Sockett DC, Traub Dargatz J, Weiser MG: Immune–mediated hemolytic anemia and thrombocytopenia in a foal. J Am Vet Med Assoc 190:308–310, 1987.
511. Lees GE, McKeever PJ, Ruth GR: Fatal thrombocytopenic hemorrhagic diathesis associated with dapsone administration to a dog. J Am Vet Med Assoc 175:49–52, 1979.
512. Weiss RC, Cox NR, Boudreaux MK: Toxicologic effects of ribavirin in cats. J Vet Pharmacol Ther 16:301–316, 1993.
513. Joshi BC, Jain NC: Experimental immunologic thrombocytopenia in dogs: a study of thrombocytopenia and megakaryocytopoiesis. Res Vet Sci 22:11–17, 1977.
514. Tolle DV, Cullen SM, Seed TM, Fritz TE: Circulating micromegakaryocytes preceding leukemia in three dogs exposed to 2.5 R/day gamma radiation. Vet Pathol 20:111–114, 1983.
515. Sahebekhtiari HA, Tavassoli M: Marrow cell uptake by megakaryocytes in routine bone marrow smears during blood loss. Scand J Haematol 16:13–17, 1976.
516. Cashell AW, Buss DH: The frequency and significance of megakaryocytic emperipolesis in myeloproliferative

and reactive states. Ann Hematol 64:273–276, 1992.

517. Lee KP: Emperipolesis of hematopoietic cells within megakaryocytes in bone marrow of the rat. Vet Pathol 26:473–478, 1989.
518. Tavassoli M: Modulation of megakaryocyte emperipolesis by phlebotomy: megakaryocytes as a component of marrow–blood barrier. Blood Cells 12:205–216, 1986.
519. Stahl CP, Zucker Franklin D, Evatt BL, Winton EF: Effects of human interleukin–6 on megakaryocyte development and thrombocytopoiesis in primates. Blood 78:1467–1475, 1991.
520. Stenberg PE, McDonald TP, Jackson CW: Disruption of microtubules in vivo by vincristine induces large membrane complexes and other cytoplasmic abnormalities in megakaryocytes and platelets of normal rats like those in human and Wistar Furth rat hereditary macrothrombocytopenias. J Cell Physiol 162:86–102, 1995.
521. Tanaka M, Aze Y, Fujita T: Adhesion molecule LFA–1/ICAM–1 influences on LPS–induced megakaryocytic emperipolesis in the rat bone marrow. Vet Pathol 34:463–466, 1997.
522. Prater MR, De Gopegui RR, Burdette K, Veit H, Feldman B: Bone marrow aspirate from a cat with cutaneous lesions. Vet Clin Pathol 28:52, 57–58, 1999.
523. Woda BA, Sullivan JL: Reactive histiocytic disorders. Am J Clin Pathol 99:459–463, 1993.
524. Walsh KM, Losco PE: Canine mycobacteriosis: a case report. J Am Anim Hosp Assoc 20:295–299, 1984.
525. Meinkoth J, Crystal M, Cowell R, Thiessen A: What is your diagnosis? Cytology of post–treatment histoplasmosis. Vet Clin Pathol 26:118,133–134, 1997.
526. Clinkenbeard KD, Cowell RL, Tyler RD: Disseminated histoplasmosis in cats: 12 cases (1981–1986). J Am Vet Med Assoc 190:1445–1448, 1987.
527. Clinkenbeard KD, Cowell RL, Tyler RD: Disseminated histoplasmosis in dogs: 12 cases (1981–1986). J Am Vet Med Assoc 193:1443–1447, 1988.
528. Slappendel RJ, Ferrer L: Leishmaniasis. In: Infectious Diseases of the Dog and Cat, 2nd ed. Greene CE, ed. pp 450–458, W.B. Saunders Co., Philadelphia, PA, 1998.
529. Ciaramella P, Oliva G, Luna RD, et al: A retrospective clinical study of canine leishmaniasis in 150 dogs naturally infected by *Leishmania infantum*. Vet Rec 141:539–543, 1997.
530. Ozon C, Marty P, Pratlong F, et al: Disseminated feline leishmaniosis due to *Leishmania infantum* in Southern France. Vet Parasitol 75:273–277, 1998.
531. Franks PT, Harvey JW, Shields RP, Lawman MJP: Hematological findings in experimental feline cytauxzoonosis. J Am Anim Hosp Assoc 24:395–401, 1988.
532. Smith AN, Spencer JA, Stringfellow JS, Vygantas KR, Welch JA: Disseminated infection with *Phialemonium obovatum* in a German Shepherd dog. J Am Vet Med Assoc 216:708–712, 2000.
533. Cork LC, Munnell JF, Lorenz MD: The pathology of feline G_{M2} gangliosidosis. Am J Pathol 90:723–734, 1978.
534. Hanichen T, Breuer W, Hermanns W: Lipid storage disease. Lab Anim Sci 47:275–279, 1997.
535. Chang CS, Wang CH, Su IJ, Chen YC, Shen MC: Hematophagic histiocytosis: a clinicopathologic analysis of 23 cases with special reference to the association with peripheral T–cell lymphoma. J Formos Med Assoc 93:421–428, 1994.
536. Majluf Cruz A, Sosa Camas R, Perez Ramirez O, Rosas Cabral A, Vargas Vorackova F, Labardini Mendez J: Hemophagocytic syndrome associated with hematological neoplasias. Leuk Res 22:893–898, 1998.
537. Risti B, Flury RF, Schaffner A: Fatal hematophagic histiocytosis after granulocyte–macrophage colony–stimulating factor and chemotherapy for high–grade malignant lymphoma. Clin Investig 72:457–461, 1994.
538. Stockhaus C, Slappendel RJ: Haemophagocytic syndrome with disseminated intravascular coagulation in a dog. J Small Anim Pract 39:203–206, 1998.
539. Reiner AP, Spivak JL: Hematophagic histiocytosis. A report of 23 new patients and a review of the literature. Medicine (Baltimore) 67:369–388, 1988.

540. Cline MJ: Histiocytes and histiocytosis. Blood 84:2840–2853, 1994.
541. Peastron AE, Munn RJ, Madewell BR: Malignant histiocytosis. J Vet Intern Med 7:101–103, 1993.
542. Court EA, Earnest–Koons KA, Barr SC, Gould WJ II: Malignant histiocytosis in a cat. J Am Vet Med Assoc 203:1300–1302, 1993.
543. Newlands CE, Houston DM, Vasconcelos DY: Hyperferritinemia associated with malignant histiocytosis in a dog. J Am Vet Med Assoc 205:849–851, 1994.
544. Freeman L, Stevens J, Loughman C, Tompkins M: Malignant histiocytosis in a cat. J Vet Intern Med 9:171–173, 1995.
545. Brown DE, Thrall MA, Getzy DM, Weiser MG, Ogilvie GK: Cytology of canine malignant histiocytosis. Vet Clin Pathol 23:118–122, 1994.
546. Moore PF, Rosin A: Malignant histiocytosis of Bernese mountain dogs. Vet Pathol 23:1–10, 1986.
547. Lester GD, Alleman AR, Raskin RE, Calderwood Mays MB: Malignant histiocytosis in an Arabian filly. Equine Vet J 25:471–473, 1993.
548. Wellman ML, Davenport DJ, Morton D, Jacobs RM: Malignant histiocytosis in four dogs. J Am Vet Med Assoc 187:919–921, 1985.
549. Moore P: Systemic histiocytosis of Bernese mountain dogs. Vet Pathol 21:554–563, 1984.
550. Weiss DJ, Greig B, Aird B, Geor RJ: Inflammatory disorders of bone marrow. Vet Clin Pathol 21:79–84, 1992.
551. Johnson KA: Osteomyelitis in dogs and cats. J Am Vet Med Assoc 204:1882–1887, 1994.
552. Fossum TW, Hulse DA: Osteomyelitis. Semin Vet Med Surg Small Anim 7:85–97, 1992.
553. Perdue BD, Collier MA, Dzata GK, Mosier DA: Multisystemic granulomatous inflammation in a horse. J Am Vet Med Assoc 198:663–664, 1991.
554. Brearley MJ, Jeffery N: Cryptococcal osteomyelitis in a dog. J Small Anim Pract 33:601–604, 1992.
555. Canfield PJ, Malik R, Davis PE, Martin P: Multifocal idiopathic pyogranulomatous bone disease in a dog. J Small Anim Pract 35:370–373, 1994.
556. Lehrer RI, Ganz T: Biochemistry and function of monocytes and macrophages. In: Williams Hematology, 5th ed. Beutler E, Lichtman MA, Coller BS, Kipps TJ, eds. pp 869–875, McGraw–Hill, New York, NY, 1995.
557. MacEwen EG: Feline lymphoma and leukemias. In: Small Animal Clinical Oncology. Withrow SJ, MacEwen EG, eds. pp 479–495, W.B. Saunders Co., Philadelphia, PA, 1996.
558. MacEwen EG, Young KM: Canine lymphoma and lymphoid leukemias. In: Small Animal Clinical Oncology. Withrow SJ, MacEwen EG, eds. pp 451–479, W.B. Saunders Co., Philadelphia, PA, 1996.
559. Hopper CD, Sparkes AH, Gruffydd–Jones TJ, et al: Clinical and laboratory findings in cats infected with feline immunodeficiency virus. Vet Rec 125:341–346, 1989.
560. Sparkes AH, Hopper CD, Millard WG, Gruffydd–Jones TJ, Harbour DA: Feline immunodeficiency virus infection. Clinicopathologic findings in 90 naturally occurring cases. J Vet Intern Med 7:85–90, 1993.
561. Ruslander DA, Gebhard DH, Tompkins MB, Grindem CB, Page RL: Immunophenotypic characterization of canine lymphoproliferative disorders. In Vivo 11:169–172, 1997.
562. Leifer CE, Matus RE: Chronic lymphocytic leukemia in the dog: 22 cases (1974–1984). J Am Vet Med Assoc 214–217, 1986.
563. MacEwen EG, Hurvitz AI, Hayes A: Hyperviscosity syndrome associated with lymphocytic leukemia in three dogs. J Am Vet Med Assoc 170:1309–1312, 1977.
564. Vernau W, Jacobs RM, Valli VEO, Heeney JL: The immunophenotypic characterization of bovine lymphomas. Vet Pathol 34:222–225, 1997.
565. Vernau W, Valli VEO, Dukes TW, Jacobs RM, Shoukri M, Heeney JL: Classification of 1,198 cases of bovine lymphoma using the National Cancer Institute Working Formulation for human non–Hodgkin's lymphomas. Vet Pathol 29:183–195, 1992.

566. Callanan JJ, Jones BA, Irvine J, Willett BJ, McCandlish IAP, Jarrett O: Histologic classification and immunophenotype of lymphosarcomas in cats with naturally and experimentally acquired feline immunodeficiency virus infections. Vet Pathol 33:264–272, 1996.
567. Savage CJ: Lymphoproliferative and myeloproliferative disorders. Vet Clin North Am Equine Pract 14:563–578, 1998.
568. van den Hoven R, Franken P: Clinical aspects of lymphosarcoma in the horse: a clinical report of 16 cases. Equine Vet J 15:49–53, 1983.
569. Madewell BR: Hematologic and bone marrow cytological abnormalities in 75 dogs with malignant lymphoma. J Am Anim Hosp Assoc 22:235–240, 1986.
570. Raskin RE, Krehbiel JD: Histopathology of canine bone marrow in malignant lymphoproliferative disorders. Vet Pathol 25:83–88, 1988.
571. Wellman ML, Hammer AS, DiBartola SP, Carothers MA, Kociba GJ, Rojko JL: Lymphoma involving large granular lymphocytes in cats: 11 cases (1982–1991). J Am Vet Med Assoc 201:1265–1269, 1992.
572. McEntee MF, Horton S, Blue J, Meuten DJ: Granulated round cell tumor of cats. Vet Pathol 30:195–203, 1993.
573. Drobatz KJ, Fred R, Waddle J: Globule leukocyte tumor in six cats. J Am Anim Hosp Assoc 29:391–396, 1993.
574. Grindem CB, Roberts MC, McEntee MF, Dillman RC: Large granular lymphocyte tumor in a horse. Vet Pathol 26:86–88, 1989.
575. Drazner FH: Multiple myeloma in the cat. Comp Cont Ed Pract Vet 4:206–216, 1982.
576. Matus RE, Leifer CE: Immunoglobulin–producing tumors. Vet Clin North Am Small Anim Pract 15:741–753, 1985.
577. Matus RE, Leifer CE, MacEwen EG, Hurvitz AI: Prognostic factors for multiple myeloma in the dog. J Am Vet Med Assoc 188:1288–1292, 1986.
578. Forrester SD, Greco DS, Relford RL: Serum hyperviscosity syndrome associated with multiple myeloma in two cats. J Am Vet Med Assoc 200:79–82, 1992.
579. Edwards DF, Parker JW, Wilkinson JE, Helman RG: Plasma cell myeloma in the horse. J Vet Intern Med 7:169–176, 1993.
580. Kato H, Momoi Y, Omori K, et al: Gammopathy with two M–components in a dog with IgA–type multiple myeloma. Vet Immunol Immunopathol 49:161–168, 1995.
581. Vail DM: Plasma cell neoplasms. In: Small Animal Clinical Oncology. Withrow SJ, MacEwen EG, eds. pp 509–520, W.B. Saunders Co., Philadelphia, PA, 1996.
582. Sheafor SE, Gamblin RM, Couto CG: Hypercalcemia in two cats with multiple myeloma. J Am Anim Hosp Assoc 32:503–508, 1996.
583. MacEwen EG, Patnaik AK, Hurvitz AI, et al: Nonsecretory multiple myeloma in two dogs. J Am Vet Med Assoc 184:1283–1286, 1984.
584. Marks SL, Moore PF, Taylor DW, Munn RJ: Nonsecretory multiple myeloma in a dog: immunohistologic and ultrastructural observations. J Vet Intern Med 9:50–54, 1995.
585. Jacobs RM, Couto CG, Wellman ML: Biclonal gammopathy in a dog with myeloma and cutaneous lymphoma. Vet Pathol 23:211–213, 1986.
586. Peterson EN, Meininger AC: Immunoglobulin A and immunoglobulin G biclonal gammopathy in a dog with multiple myeloma. J Am Anim Hosp Assoc 33:45–47, 1997.
587. Hurvitz AI, Kehoe JM, Capra JD, Prata R: Bence Jones proteinemia and proteinuria in a dog. J Am Vet Med Assoc 159:1112–1116, 1971.
588. Hoenig M: Multiple myeloma associated with the heavy chains of immunoglobulin A in a dog. J Am Vet Med Assoc 190:1191–1192, 1987.
589. MacEwen EG, Patnaik AK, Johnson GF, Hurvitz AI, Erlandson RA, Lieberman PH: Extramedullary

plasmacytoma of the gastrointestinal tract in two dogs. J Am Vet Med Assoc 184:1396–1398, 1984.
590. Carothers MA, Johnson GC, DiBartola SP, Liepnicks J, Benson MD: Extramedullary plasmacytoma and immunoglobulin–associated amyloidosis in a cat. J Am Vet Med Assoc 195:1593–1597, 1989.
591. Kyriazidou A, Brown PJ, Lucke VM: An immunohistochemical study of canine extramedullary plasma cell tumours. J Comp Pathol 100:259–266, 1989.
592. Rakich PM, Latimer KS, Weiss R, Steffens WL: Mucocutaneous plasmacytomas in dogs: 75 cases (1980–1987). J Am Vet Med Assoc 194:803–810, 1989.
593. Trevor PB, Saunders GK, Waldron DR, Leib MS: Metastatic extramedullary plasmacytoma of the colon and rectum in a dog. J Am Vet Med Assoc 203:406–409, 1993.
594. Brunnert SR, Dee LA, Herron AJ, Altman NH: Gastric extramedullary plasmacytoma in a dog. J Am Vet Med Assoc 200:1501–1502, 1992.
595. Jackson MW, Helfand SC, Smedes SL, Bradley GA, Schultz RD: Primary IgG secreting plasma cell tumor in the gastrointestinal tract of a dog. J Am Vet Med Assoc 204:404–406, 1994.
596. Mandel NS, Esplin DG: A retroperitoneal extramedullary plasmacytoma in a cat with a monoclonal gammopathy. J Am Anim Hosp Assoc 30:603–608, 1994.
597. Larsen AE, Carpenter JL: Hepatic plasmacytoma and biclonal gammopathy in a cat. J Am Vet Med Assoc 205:708–710, 1994.
598. Lester SJ, Mesfin GM: A solitary plasmacytoma in a dog with progression to a disseminated myeloma. Can Vet J 21:284–286, 1980.
599. Kipps TJ: Macroglobulinemia. In: Williams Hematology, 5th ed. Beutler E, Lichtman MA, Coller BS, Kipps TJ, eds. pp 1127–1131, McGraw–Hill, New York, NY, 1995.
600. Hurvitz AI, Haskins SC, Fischer CA: Macroglobulinemia with hyperviscosity syndrome in a dog. J Am Vet Med Assoc 157:455–460, 1970.
601. Hurvitz AI, MacEwen EG, Middaugh CR, Litman GW: Monoclonal cryoglobulinemia with macroglobulinemia in a dog. J Am Vet Med Assoc 170:511–513, 1977.
602. Young KM, MacEwen EG: Canine myeloproliferative disorders and malignant histiocytosis. In: Small Animal Clinical Oncology. Withrow SJ, MacEwen EG, eds. pp 495–509, W.B. Saunders Co., Philadelphia, PA, 1996.
603. Harvey JW, Shields RP, Gaskin JM: Feline myeloproliferative disease. Changing manifestations in the peripheral blood. Vet Pathol 15:437–448, 1978.
604. Maggio L, Hoffman R, Cotter SM, Dainiak N, Mooney S, Maffei LA: Feline preleukemia: an animal model of human disease. Yale J Biol Med 51:469–476, 1978.
605. Madewell BR, Jain NC, Weller RE: Hematologic abnormalities preceding myeloid leukemia in three cats. Vet Pathol 16:510–519, 1979.
606. Toth SR, Onions DE, Jarrett O: Histopathological and hematological findings in myeloid leukemia induced by a new feline leukemia virus isolate. Vet Pathol 23:462–470, 1986.
607. Raskind WH, Steinmann L, Najfeld V: Clonal development of myeloproliferative disorders: clues to hematopoietic differentiation and multistep pathogenesis of cancer. Leukemia 12:108–116, 1998.
608. Shelton GH, Linenberger ML, Abkowitz JL: Hematologic abnormalities in cats seropositive for feline immunodeficiency virus. J Am Vet Med Assoc 199:1353–1357, 1991.
609. Ford SL, Raskin RE, Snyder PS: Clinical implications of feline bone marrow dysplasia—a retrospective study of 16 cats (abstract). J Vet Intern Med 12:226, 1998.
610. Lester SJ, Searcy GP: Hematologic abnormalities preceding apparent recovery from feline leukemia virus infection. J Am Vet Med Assoc 178:471–474, 1981.
611. Cheson BD, Cassileth PA, Head DR, et al: Report of the National Cancer Institute–sponsored workshop on definitions of diagnosis and response in acute myeloid leukemia. J Clin Oncol 8:813–819, 1990.

612. Grindem CB: Classification of myeloproliferative diseases. In: Consultations in Feline Medicine 3. August JR, ed. pp 499–508, W.B. Saunders Co., Philadelphia, PA, 1997.
613. Bounous DI, Latimer KS, Campagnoli RP, Hynes PF: Acute myeloid leukemia with basophilic differentiation (AML, M–2B) in a cat. Vet Clin Pathol 23:15–18, 1994.
614. Colbatzky F, Hermanns W: Acute megakaryoblastic leukemia in one cat and two dogs. Vet Pathol 30:186–194, 1993.
615. Pucheu–Haston CM, Camus A, Taboada J, Gaunt SD, Snider TG III, Lopez MK: Megakaryoblastic leukemia in a dog. J Am Vet Med Assoc 207:194–196, 1995.
616. Burton S, Miller L, Horney B, Marks C, Shaw D: Acute megakaryoblastic leukemia in a cat. Vet Clin Pathol 25:6–9, 1996.
617. Woods PR, Gossett RE, Jain NC, Smith R III, Rappaport ES, Kasari TR: Acute myelomonocytic leukemia in a calf. J Am Vet Med Assoc 203:1579–1582, 1993.
618. Takayama H, Gejima S, Honma A, Ishikawa Y, Kadota K: Acute myeloblastic leukaemia in a cow. J Comp Pathol 115:95–101, 1996.
619. Lichtman MA, Brennan JK: Myelodysplastic disorders. In: Williams Hematology, 5th ed. Beutler E, Lichtman MA, Coller BS, Kipps TJ, eds. pp 257–272, McGraw–Hill, New York, NY, 1995.
620. Peterson ME, Randolph JF: Diagnosis of canine primary polycythemia and management with hydroxyurea. J Am Vet Med Assoc 180:415–418, 1982.
621. Degen MA, Feldman BF, Turrel JM, Goding B, Kitchell B, Mandell CP: Thrombocytosis associated with a myeloproliferative disorder in a dog. J Am Vet Med Assoc 194:1457–1459, 1989.
622. Powers BE, LaRue SM, Withrow SJ, Straw RC, Richter SL: Jamshidi needle biopsy for diagnosis of bone lesions in small animals. J Am Vet Med Assoc 193:205–210, 1988.
623. Wykes PM, Withrow SJ, Powers BE, Park RD: Closed biopsy for diagnosis of long bone tumors: accuracy and results. J Am Anim Hosp Assoc 21:489–494, 1985.
624. Durham SK, Dietze AE: Prostatic adenocarcinoma with and without metastasis to bone in dogs. J Am Vet Med Assoc 188:1432–1436, 1986.
625. Hahn KA, Matlock CL: Nasal adenocarcinoma metastatic to bone in two dogs. J Am Vet Med Assoc 197:491–494, 1990.
626. Roeckel IE: Diagnosis of metastatic carcinoma by bone marrow biopsy versus bone marrow aspiration. Ann Clin Lab Sci 4:193–197, 1974.
627. Mahaffey EA: Cytology of the musculoskeletal system. In: Diagnostic Cytology and Hematology of the Dog and Cat, 2nd ed. Cowell RL, Tyler RD, Meinkoth JH, eds. pp 120–124, Mosby, St. Louis, MO, 1999.